U0267825

计算机网络技术项目化教程

主　编　张敬斋　王　晨
副主编　杨旭东　包西平　于本成
　　　　鲁卫平　秦　健　杨　勇

北京理工大学出版社
BEIJING INSTITUTE OF TECHNOLOGY PRESS

内 容 简 介

本书采用"项目导向、任务驱动"的方式，着眼实践应用，采用"纸质教材＋电子活页"的形式全面、系统地介绍了计算机网络技术基础知识和典型项目实例。

本书包含 6 个项目：计算机网络基础、数据通信基础、交换机与虚拟局域网、路由器与路由选择、Windows Server 2016 网络及其应用、Internet 接入技术，知识全面且实例丰富，语言通俗易懂，易教易学，既可作为计算机网络及其他相关专业的计算机网络课程教材，又可以作为网络爱好者的参考书。

版权专有　侵权必究

图书在版编目（CIP）数据

计算机网络技术项目化教程 / 张敬斋，王晨主编
. -- 北京：北京理工大学出版社，2023.1
ISBN 978 - 7 - 5763 - 1858 - 6

Ⅰ. ①计… Ⅱ. ①张… ②王… Ⅲ. ①计算机网络 -
高等学校 - 教材 Ⅳ. ①TP393

中国版本图书馆 CIP 数据核字（2022）第 221821 号

出版发行 / 北京理工大学出版社有限责任公司
社　　址 / 北京市海淀区中关村南大街 5 号
邮　　编 / 100081
电　　话 / （010）68914775（总编室）
　　　　　（010）82562903（教材售后服务热线）
　　　　　（010）68944723（其他图书服务热线）
网　　址 / http：//www.bitpress.com.cn
经　　销 / 全国各地新华书店
印　　刷 / 涿州市新华印刷有限公司
开　　本 / 787 毫米 × 1092 毫米　1/16
印　　张 / 19.5　　　　　　　　　　　　　　　责任编辑 / 王玲玲
字　　数 / 435 千字　　　　　　　　　　　　　文案编辑 / 王玲玲
版　　次 / 2023 年 1 月第 1 版　2023 年 1 月第 1 次印刷　　责任校对 / 周瑞红
定　　价 / 91.00 元　　　　　　　　　　　　　责任印制 / 施胜娟

图书出现印装质量问题，请拨打售后服务热线，本社负责调换

前　言

本书编写目的是使学生了解和掌握网络的基本知识，对网络技术有全面的认识，以提高对网络技术学习的兴趣，并对其他网络课程的学习起到启发和引导作用。本书的每个项目任务编写体例围绕项目内容逐步实施，分步展开，并穿插相关知识点、操作技巧和设置引导性的实践问题，将理论知识学习和操作技能训练有机融合，最终编写出以职业能力培养为主线，基于工作过程的模块化、项目化的实训教材，努力实现学校学习与职业岗位的零距离对接。

学校与企业人员共同编写本书过程中，承担不同的分工。企业技术人员主要负责审定选择项目任务典型性、科学性，以及本书内容与实际工作过程的关联性，并提供企业的培训资料和行业技术标准，补充教材内容，加强实践教学内容的深度和广度。学校教师根据职业教育教学规律与学生职业成长规律，将课程标准中包含的知识与技能合理分配在各个项目任务，安排项目任务的学习顺序及设计实施每个项目的环节。本书内容丰富，章节安排合理，叙述清楚，难易适度，既可作为高职高专计算机网络及其他相关专业的课程教材，也可作为网络工程师、网络用户及网络爱好者的学习参考书，还可作为计算机网络的培训教材。

本书由徐州工业职业技术学院张敬斋、王晨担任主编，徐州工业职业技术学院杨旭东、包西平、于本成、鲁卫平、杨勇和江苏万和系统工程有限公司秦健担任副主编，其中，张敬斋编写了项目1、项目4；王晨编写了项目2、项目5；秦健编写了项目3；杨旭东编写了项目6。徐州工业职业技术学院包西平、鲁卫平、于本成、杨勇老师提供了大量案例。徐州工业职业技术学院阿热孜古力·阿吾提、计煜等同学参与了文稿的校对和实例的验证工作。全书由张敬斋负责统稿工作。

在编写本书的过程中，编者参阅了大量的相关资料，在此一并表示感谢！

由于编者水平有限，书中难免出现疏漏之处，衷心希望广大读者批评指正！读者如有意见或建议，可发送电子邮件到 1952951538@ qq. com。

编　者

目 录

项目 1

计算机网络基础

某一天一直使用正常的公司计算机突然打不开任何网页了。张明焦急万分，却不知从何处下手，聊天室里面早已约好时间的王军也打电话催促他赶快上网和他联系。张明的计算机究竟出现了什么问题？该如何检查和维护呢？

【项目分析】

随着网络应用的日益广泛，计算机和各种网络设备出现这样那样的故障是在所难免的。网络管理员除了使用各种硬件检测设备和测试工具之外，还可利用操作系统本身内置的一些网络命令对所在的网络进行故障检测和维护。例如，使用 ipconfig 命令可以查看主机当前的 TCP/IP 配置信息（如 IP 地址、网关、子网掩码等）；使用 ping 命令可以测试网络的连通性；使用 tracert 命令可以获得 IP 数据报访问目的主机时从本地计算机到达目的主机的路径信息；使用 netstat 命令可以查看本机各端口的网络连接情况；使用 arp 命令可以查看 IP 地址与 MAC 地址的映射关系，因此，利用这些网络命令可以解决许多常见的网络故障。

【知识目标】

- 掌握计算机网络的定义。
- 了解计算机网络的产生及发展趋势。
- 掌握计算机网络的组成、功能。
- 掌握几种典型的网络拓扑结构。
- 了解 IP 地址分类知识。
- 掌握子网掩码及子网划分的方法。
- 通过实训激发学生对网络技术的学习兴趣并了解课程的学习目的。

【能力目标】

- 具备创新思维并熟练运用常见的网络命令。
- 能独立自主地利用网络命令排除网络故障。
- 具备较强的操作能力。
- 在操作的过程中能独立克服出现的困难。

【素质目标】

- 培养学生耐心、专注、专业的工匠精神。
- 培养良好的创新思维能力。
- 培养良好的沟通合作能力和表达能力。

【相关知识】

知识点 1 计算机网络概述

1.1 计算机网络的基本概念

计算机网络就是"将分布在不同地理位置上的具有独立工作能力的多台计算机、终端及其附属设备用通信设备和通信线路连接起来，并配置网络软件，以实现计算机资源共享的系统"。其包含3层含义：

（1）必须有至少两台或两台以上具有独立功能的计算机系统相互连接起来，以共享资源为目的。这两台或两台以上的计算机所处的地理位置不同，相隔一定的距离，并且每台计算机均能独立地工作，即不需要借助其他系统的帮助就能独立地处理数据。

（2）必须通过一定的通信线路（传输介质）将若干台计算机连接起来，以交换信息。这条通信线路可以是双绞线、电缆、光纤等有线介质，也可以是微波、红外线或卫星等无线介质。

（3）计算机系统交换信息时，必须遵守某种约定和规则，即"协议"。"协议"可以由硬件或软件来完成。

计算机网络的主要功能是共享资源和信息。其基本功能包括以下几个方面：

（1）数据通信。

数据通信是计算机网络的最基本的功能，可以使分散在不同地理位置的计算机之间相互传送信息。该功能是计算机网络实现其他功能的基础。通过计算机网络传送电子邮件、进行电子数据交换、发布新闻消息等，极大地方便了用户。

（2）资源共享。

计算机网络中的资源可分成三大类：硬件资源、软件资源和信息资源。相应地，资源共享也分为硬件共享、软件共享和信息共享。计算机网络可以在全网范围内提供如打印机、大容量磁盘阵列等各种硬件设备的共享及各种数据，如各种类型的数据库、文件、程序等资源的共享。

（3）进行数据信息的集中和综合处理。

将分散在各地计算机中的数据资料适时集中或分级管理，并经综合处理后形成各种报表，提供给管理者或决策者分析和参考，如自动订票系统、政府部门的计划统计系统、银行财政及各种金融系统、数据的收集和处理系统、地震资料的收集与处理系统、地质资料的采集与处理系统等。

（4）均衡负载，相互协作。

当某个计算中心的任务量很大时，可通过网络将此任务传递给空闲的计算机去处理，以调节忙闲不均的现象。此外，地球上不同区域的时差也为计算机网络带来很大的灵活性，一般白天计算机负荷较重，晚上则负荷较小，地球时差正好为人们提供了调节负载均衡的余地。

（5）提高计算机的可靠性和可用性。

其主要表现在计算机连成网络之后，各计算机之间可以通过网络互为备份：当某个计算机发生故障后，可通过网络由别处的计算机代为处理；当网络中计算机负载过重时，可以将作业传送给网络中另一较空闲的计算机去处理，从而缩短了用户的等待时间、均衡了各计算机的负载，进而提高系统的可靠性和可用性。

（6）进行分布式处理。

对于综合性的大型问题可采用合适的算法，将任务分散到网络中不同的计算机上进行分布式处理，这对局域网尤其有意义，利用网络技术将计算机连成高性能的分布式计算机系统，它具有解决复杂问题的能力。

1.2 计算机网络的组成

从计算机网络各部分实现的功能来看，计算机网络可分成通信子网和资源子网两部分，其中，通信子网主要负责网络通信，它是网络中实现网络通信功能的设备和软件的集合；资源子网主要负责网络的资源共享，它是网络中实现资源共享的设备和软件的集合。从计算机网络的实际构成来看，网络主要由网络硬件和网络软件两部分组成（图1-1）。

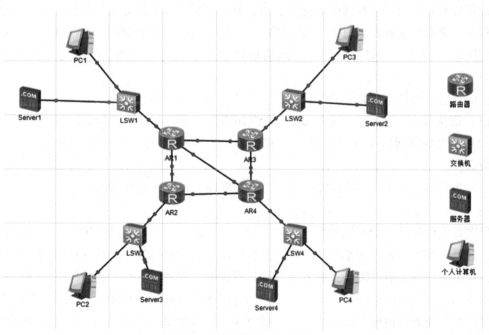

图1-1 计算机网络的组成

1. 网络硬件

网络硬件包括网络拓扑结构、网络服务器（Server）、网络工作站（Workstation）、传输介质和网络连接设备等。

网络服务器是网络的核心，它为用户提供网络服务和网络资源。网络工作站实际上是一台入网的计算机，它是用户使用网络的窗口。网络拓扑结构决定了网络中服务器和工作站之间通信线路的连接方式。传输介质是网络通信用的信号线。常用的有线传输介质有双绞线、同轴电缆和光纤；无线传输介质有红外线、微波和激光等。网络连接设备用来实现网络中各计算机之间的连接、网络与网络的互连、数据信号的变换以及路由选择等功能，主要包括中继器、集线器、调制解调器、交换机和路由器等。

2. 网络软件

网络软件包括网络操作系统和通信协议等。网络操作系统一方面授权用户对网络资源的访问，帮助用户方便、安全地使用网络；另一方面管理和调度网络资源，提供网络通信和用户所需的各种网络服务。网络协议是实现计算机之间、网络之间相互识别并正确进行通信的一组标准和规则，它是计算机网络工作的基础。

1.3 计算机网络体系结构

计算机网络体系结构精确定义了计算机网络及其组成部分的功能和各部分之间的交互功能。计算机网络体系采用分层对等结构，对等层之间有交互作用。计算机网络是一种十分复杂的系统，应从物理、逻辑和软件结构来描述其体系结构。

1. 基本概念

1）协议（Protocol）

计算机网络是由多个互连的节点组成的，节点之间需要不断地交换数据与控制信息。要做到有条不紊地交换数据，每个节点必须遵守一些事先约定好的规则。这些规则明确地规定了所交换数据的格式和时序。这些为网络数据交换而制定的规则、约定与标准称为网络协议。

任何种通信协议都包括3个组成部分：语法、语义和时序。

（1）语法规定通信双方"如何讲"，确定用户数据和控制制信息的结构与格式。

（2）语义规定通信双方"讲什么"，即需要发出何种控制信息、完成何种动作以及做出何种响应。

（3）时序规定双方"何时进行通信"，即对事件实现顺序的详细说明。

2）层次（Layer）

层次是人们处理复杂问题的基本方法。对于一些难以处理的复杂问题，人们通常会将其分解为若干个较容易处理的小问题。在计算机网络中，将总体要实现的功能分配在不同的模块中，每个模块要完成的服务及服务实现的过程都有明确规定；每个模块叫作一个层次，不同的网络系统分成相同的层次；不同系统的同等层次具有相同的功能；高层使用低层提供的服务时，并不需要知道低层服务的具体实现方法。这种层次结构可以大大降低复杂问题处理的难度，因此，层次是计算机网络体系结构中一个重要与基本的概念。

在层次结构中，各层有各层的协议。一台机器上的第 n 层与另一台机器上的第 n 层进行通话，通话的规则就是第 n 层协议。

3）接口（Interface）

接口是同一节点内相邻层之间交换信息的连接点。同一个节点的相邻层之间存在着明确规定的接口，低层向高层通过接口提供服务。只要接口条件不变、低层功能不变，低层功能的具体实现方法与技术的变化就不会影响整个系统的工作。

4）网络体系结构（Network Architecture）

网络协议对计算机网络是不可缺少的，一个功能完备的计算机网络需要制定一整套复杂的协议集。对于结构复杂的网络协议来说，最好的组织方式是层次结构模型。计算机网络协议就是按照层次结构模型来组织的。将网络层次结构模型与各层协议的集合定义为计算机网络体系结构。

为了简化问题，减少协议设计的复杂性，现在计算机网络都采用类似邮政问题的层次化体系结构，这种层次结构具有以下性质：

（1）各层独立完成一定的功能，每一层的活动元素称为实体，对等层称为对等实体。

（2）下层为上层提供服务，上层可调用下层的服务。

（3）相邻层之间的界面称为接口，接口是相邻层之间的服务、调用的集合。

（4）上层须与下层的地址完成某种形式的地址映射。

（5）两个对等实体之间的通信规则的集合称为该层的协议。

2. 层次化的优点

层次化具有以下优点：

（1）各层之间相互独立。高层只需通过接口向低层提出服务请求，并使用下层提供的服务，并不需要了解下层执行的细节。

（2）结构独立分割。各层独立划分，这样可以使每层都选择最为合适的实现技术。

（3）灵活性好。如果某层发生变化，只要接口条件不变，则以上各层和以下各层的工作均不受影响，有利于技术的革新和模型的修改。

（4）易于实现和维护。整个系统被划分为多个不同的层次，这使整个复杂的系统变得容易管理、维护和实现。

（5）易于标准化的实现。由于每一层都有明确的定义，这非常有利于标准化的实现。

1.3.1 OSI 参考模型

OSI 是 Open System Interconnect 的缩写，意为开放式系统互连，一般称为 OSI 参考模型，是 ISO（国际标准化组织）在 1985 年研究的网络互连模型。该体系结构标准定义了网络互连的 7 层框架（物理层、数据链路层、网络层、传输层、会话层、表示层和应用层），也称为 ISO 开放系统互连参考模型。在这一框架下进一步详细规定了每一层的功能，以实现开放系统环境中的互连性、互操作性和应用的可移植性（图 1-2）。

1. 物理层的功能

（1）有关物理设备通过物理媒体进行互连的描述和规定。

（2）以比特流的方式传送数据，物理层识别"0"和"1"。

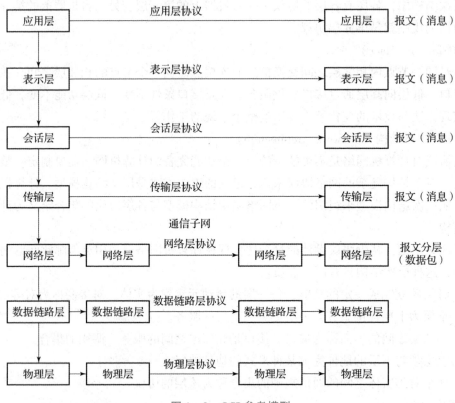

图 1-2 OSI 参考模型

（3）定义了接口的机械特性、电气特性、功能特性和规程特性。

2. 数据链路层的功能

（1）通过物理层在两台计算机之间无差错地传输数据帧。

（2）允许网络层通过网络连接进行虚拟无差错的传输。

（3）实现点对点的连接。

3. 网络层的功能

（1）负责寻址，将 IP 地址转换为 MAC 地址。

（2）选择合适的路径并转发数据包。

（3）能协调发送、传输及接收设备能力的不平衡。

4. 传输层的功能

（1）保证不同子网设备间数据包的可靠、顺序、无错传输。

（2）实现端到端的连接。

（3）将收到的乱序数据包重新排序，并验证所有的分组是否都已收到。

5. 会话层的功能

（1）负责不同的数据格式之间的转换。

（2）负责数据的加密。

（3）负责文件的压缩。

6. 表示层的功能

（1）向表示层或会话层的用户提供会话服务。

（2）在两节点间建立、维护和释放面向用户的连接。

（3）对会话进行管理和控制，保证会话数据可靠传送。

7. 应用层的功能

应用层是 OSI 参考模型中的最高层，它直接面向用户，是用户访问网络的接口层。其主要任务是提供计算机网络与最终用户的界面，提供完成特定网络服务功能所需的各种应用程序协议。

8. OSI 参考模型示例

可以把传统的写信按照 OSI 分层的思想设计成一个计算机网络系统（图 1－3）。

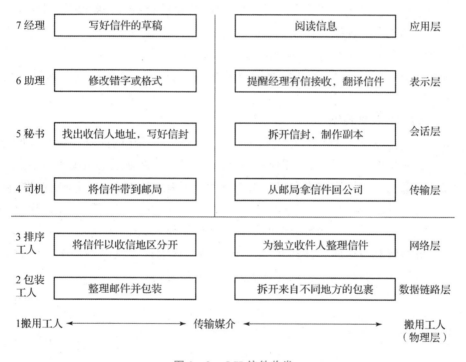

图 1－3 OSI 信件收发

（1）应用层：经理为了写好信件，必须使用纸和笔。这些工具是完成写信这个任务所必需的。在计算机中，实现某种功能的相应程序就相当于写信的工具，例如聊天所使用的"腾讯 QQ"、发送邮件所使用的"Outlook"、看电影所使用的"暴风影音"，这些程序都是很方便的应用程序。

（2）表示层：经理助理对写好的信件按照一定的规范和格式进行修改。计算机网络中对应用程序的数据也有不同的描述方法。比如 Word 文档可以用专门的 Word 工具编辑，图片可以用 JPEG 格式、BMP 格式等来表示。

（3）会话层：写好信件后，需要确定收件人，因为有可能很多人对应着同一通信地址，为了区分通信对象，用收件人姓名进行区分。在网络通信中，计算机可能有多个程序同时进行通信。计算机使用端口区分同计算机上的各个程序，端口是计算机与外界通信交流的出口。

（4）传输层：公司职员将信件送到邮局，根据信件的重要程度可以选择挂号信或平信，然后使用不同的方式将信件邮寄到目的地。在计算机网络中，传递数据也可以根据数据对可靠性和效率的要求选择相应的通信协议。网络通信协议分为两大类，即可靠传递的传输协议和不可靠传递的传输协议，两者各有优缺点。

（5）网络层：邮局的排序工人根据信件的收件人地址和邮政编码决定一条送往目的地的最佳路径。在计算机网络的数据传递过程中，网络设备也需要根据数据包的去向选择一条最合适的路径。

（6）数据链路层：邮局的包装工人根据选择好的路径，将邮件重新封装到一个大盒子中，并打上新的标签，以便快速地送到目的地的邮局。计算机在数据的传递过程中，也根据选好的路径，再加上一些标签，传递给目的地。

（7）物理层：最后邮局的搬运工人通过交通工具将重新分类好的大盒子分别运送到目的地的邮局。计算机网络的数据也会通过双绞线或者其他传输介质传送到目的地的计算机上。

1.3.2 TCP/IP 参考模型

TCP/IP 参考模型是基于网间互连的构造模型，它是 Internet 的前身 ARPAnet 所开创的参考模型。ARPAnet 是由美国国防部赞助的军方研究网络，它逐渐通过租用的电话线连接了数百所大学和政府部门。当无线网络和卫星出现以后，现有的协议在和它们相连的时候出现了问题，所以需要一种新的参考体系结构。这个体系结构在它的两个主要协议出现以后，被称为 TCP/IP 参考模型。TCP/IP 参考模型的结构及各层协议如图 1–4 所示。由于 Internet 的影响及其自身的开放性和灵活性，TCP/IP 网络体系结构作为计算机网络层次结构的事实标准已被广泛接纳和采用，并得到了全球计算机网络厂商的支持。

用户应用						应用层
HTTP	Telnet	FTP	SMTP	NNTP	DNS	
TCP				UDP		TCP层
IP协议簇（ICMP、ARP、RARP等）						IP层
以太网、FDDI、ATM、X.25等						网络接口层

图 1–4　TCP/IP 参考模型的结构及各层协议

TCP/IP 参考模型共有 4 层，自底向上分别是网络接口层（IP 子网层）、IP 层、TCP 层和应用层。

1. 网络接口层

网络接口层又名 IP 子网层。它主要定义各种物理网络互连的网络接口。由于 IP 协议是一簇物理层无关协议，因此，TCP/IP 参考模型没有真正描述这一部分，只是指出主机必须使用某种协议与网络互连。这层相当于 OSI 参考模型中的数据链路层和部分物理层接口。

2. IP 层

IP（网间互连协议）层是整个体系结构的关键部分。IP 层负责向上层（TCP 层）提供无连接的、不可靠的、"尽力而为"的数据报传送服务。IP层的功能是使主机可以把数据包发往任何网络并使数据包独立地传向目标（可能经由不同的网络）。这些数据包到达的顺序和发送的顺序可能不同，因此，如果需要按顺序发送和接收，高层必须对数据包进行排序。

IP层的主要协议包括用来控制网络报文传输的网间控制报文协议（ICMP）和用来转换IP地址与MAC地址的ARP/RARP协议。IP层的主要功能就是把IP数据包发送到它应该去的地方。路由和避免阻塞是该层主要的设计问题。IP层和OSI参考模型中的网络层在功能上非常相似。

3. TCP层

TCP（传输控制协议）层位于IP层之上。它的功能是使源端和目标主机上的对等实体可以进行会话。TCP层负责提供面向连接的端到端无差错报文传输。由于它下面使用的IP层服务的不可靠性，所以要求TCP层能够进行纠错与连接的管理。在这一层定义了两个端到端的协议：

（1）传输控制协议（Transmission Control Protocol，TCP），它是一个面向连接的协议，允许从一台机器发出的字节流无差错地发往另一台机器。它将输入的字节流分成报文段并传输给IP层。TCP还要处理流量控制，以避免快速发送方向低速接收方发送过多的报文而使接收方无法处理。

（2）用户数据报协议（User Datagram Protocol，UDP），它是一个不可靠的无连接的协议，用于不需要TCP排序和流量控制能力而由自己完成这些功能的应用程序。这层相当于OSI参考模型中的传输层，还具有会话层的部分功能。

4. 应用层

在TCP/IP参考模型的最上层是应用层（Application Layer），它包含所有的高层协议。高层协议有虚拟终端协议（Telnet）、文件传输协议（FTP）、电子邮件传输协议（SMTP）、域名系统服务（DNS）、网络新闻传输协议（NNTP）和HTTP协议。

1.4 计算机网络的拓扑结构分类

计算机网络设计的首要任务就是在给定计算机的分布位置及保证一定的网络响应时间、吞吐量和可靠性的条件下，通过选择适当的传输线路、连接方式，使整个网络的结构合理、成本低廉。为了应付复杂的网络结构设计，人们引入了网络拓扑的概念。

拓扑学是几何学的一个分支，它是从图论演变过来的。拓扑学中首先把实体抽象成与其大小、形状无关的点，将连接实体的线路抽象成线，进而研究点、线、面之间的关系。计算机网络的拓扑结构是指网络中的通信线路和各节点之间的几何排列，它表示网络的整体结构外貌，同时也反映了各个模块之间的结构关系。它影响着整个网络的设计、功能、可靠性和通信费用等，是研究计算机网络的主要内容之一。

网络拓扑结构有总线型（图1-5）、星型（图1-6）、环型（图1-7）、网状（图1-8）、树型、混合型。

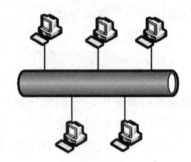

图 1-5 总线型网络拓扑结构

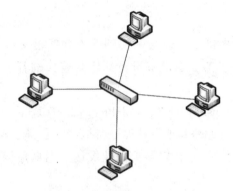

图 1-6 星型网络拓扑结构

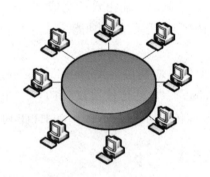

图 1-7 环型网络拓扑结构

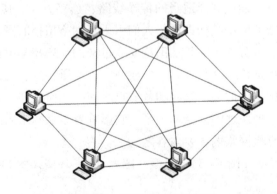

图 1-8 网状网络拓扑结构

1. 总线型网络拓扑结构

总线型拓扑结构是用一条电缆作为公共总线，如图 1－5 所示。入网的节点通过相应接口连接到线路上。网络中的任何节点都可以把自己要发送的信息送入总线，使信息在总线上传播，供目的节点接收。网络上的每个节点既可接收其他节点发出的信息，又可发送信息到其他节点，它们处于平等的通信地位，具有分布式传输控制的特点。

在这种网络拓扑结构中，节点的插入或撤出非常方便，并且易于对网络进行扩充，但可靠性不高。如果总线出了问题，则整个网络都不能工作，而且故障点很难被查找出来。

2. 星型网络拓扑结构

在星型网络拓扑结构中，节点通过点到点的通信线路与中心节点连接，如图 1－6 所示。中心节点负责控制全网的通信，任何两个节点之间的通信都要通过中心节点。星型网络拓扑结构具有简单、易于实现以及便于管理的优点，但是网络的中心节点是全网可靠性的瓶颈，中心节点的故障将会造成全网瘫痪。

3. 环型网络拓扑结构

在环型网络拓扑结构中，节点通过点到点的通信线路连接成闭合环路，如图 1－7 所示。环中数据将沿一个方向逐站传送。环型网络拓扑结构简单，控制简便，结构对称性好，传输速率高，应用较为广泛，但是环中每个节点与实现节点之间连接的通信线路都会成为网络可靠性的瓶颈，因为环中任何一个节点出现线路故障都可能造成网络瘫痪。为保证环型网络的正常工作，需要较复杂的维护处理，环中节点的插入和撤出过程也比较复杂。

4. 网状网络拓扑结构

这种网络拓扑结构主要指各节点通过传输线互相连接起来，并且每个节点至少与其他两个节点相连，如图 1－8 所示。网状网络拓扑结构具有较高的可靠性，但其结构复杂，实现起来费用较高，不易管理和维护。规模大的广域网，特别是 Internet，无法采用这种网络拓扑结构。

以上介绍的是最基本的网络拓扑结构，树型是总线型和星型的拓展，混合型采用不规则型。在组建局域网时，常采用以星型为主的几种网络拓扑结构的混合。

知识点 2　计算机网络的功能和应用

2.1　计算机网络的功能

计算机网络功能主要包括实现数据信息的快速传递，实现资源共享，提供负载均衡与分布式处理能力，提高可靠性，集中管理以及综合信息服务。

1. 信息交换

这是计算机网络最基本的功能，主要完成计算机网络中各个节点之间的系统通信。用户可以在网上传送电子邮件、发布新闻消息，以及进行电子购物、电子贸易、远程电子教育等。

2. 资源共享

所谓的资源，是指构成系统的所有要素，包括软、硬件资源，如：计算处理能力、大容量磁盘、高速打印机、绘图仪、通信线路、数据库、文件和其他计算机上的有关信息。由于受经济和其他因素的制约，这些资源并非所有用户都能独立拥有，所以网络上的计算机不仅可以使用自身的资源，也可以共享网络上的资源，因而增强了网络上计算机的处理能力，提高了计算机软硬件的利用率。

3. 分布处理

通过算法将大型的综合性问题交给不同的计算机同时进行处理。用户可以根据需要合理选择网络资源，就近快速地进行处理。

4. 提高性能

网络中的每台计算机都可通过网络相互成为后备机。一旦某台计算机出现故障，它的任务就可由其他的计算机代为完成，这样可以避免在单机情况下，一台计算机发生故障引起整个系统瘫痪的现象，从而提高系统的可靠性。而当网络中的某台计算机负担过重时，网络又可以将新的任务交给较空闲的计算机完成，均衡负载，从而提高了每台计算机的可用性。

2.2 计算机网络的应用

计算机网络最主要的应用便是资源共享和信息交换，在交通、教育、科研、工业以及农业方面都有着普遍且广泛的应用，这是由于计算机网络技术有着非常高的可行性以及可靠性，比如说：在广播分组交换方面，计算机网络技术是一种以在线系统和无线广播相结合的方式来进行数据和信息的交换，像新闻和电子邮件等传输服务都采用这种方式；在交换电子数据方面，计算机网络技术能够帮助各企业之间交换数据，像贸易、运输和金融行业等都在利用电子数据进行数据交换；在办公自动化方面，计算机网络技术更是一种全新的方式，它是一种将自身的先进技术和功能与数据库、远程服务、局域网等技术相互融合起来的综合应用型技术；计算机网络技术也可以作为较为常见的网络应用，比如组件校园网、家庭网等一些小型的网络，这些小型网络就是应用了计算机网络技术的资源共享功能；在远程服务方面，主要利用了计算机网络技术的在线系统功能，能够借助远程服务来实现信息的交换。

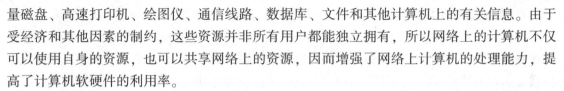

知识点 3 IP 地址与子网划分

3.1 IP 地址

随着电脑技术的普及和因特网技术的迅猛发展，因特网已成为 21 世纪人类的一种新的生活方式而深入寻常百姓家。谈到因特网，IP 地址就不能不提，因为无论是从学习还是从使用因特网的角度来看，IP 地址都是一个十分重要的概念，Internet 的许多服务和特点都是通过 IP 地址体现出来的。

3.1.1 IP 地址的概念

我们知道因特网是全世界范围内的计算机连为一体而构成的通信网络的总称。连在某个网络上的两台计算机在相互通信时，在它们所传送的数据包里都会含有某些附加信息，这些附加信息就是发送数据的计算机的地址和接收数据的计算机的地址。像这样，人们为了通信的方便，给每一台计算机都事先分配一个类似于我们日常生活中的电话号码的标识地址，该标识地址就是我们要介绍的 IP 地址。根据 TCP/IP 协议规定，IP 地址是由 32 位二进制数组成的，而且在 Internet 范围内是唯一的。例如，某台连在因特网上的计算机的 IP 地址为：

11010010 01001001 10001100 00000010

很明显，这些数字对于人来说不太好记忆。人们为了方便记忆，就将组成计算机 IP 地址的 32 位二进制分成四段，每段 8 位，中间用小数点隔开，然后将每八位二进制转换成十进制数，这样上述计算机的 IP 地址就变成了 210.73.140.2。

3.1.2　IP 地址的分类

我们说过因特网是把全世界无数个网络连接起来的一个庞大的网间网，每个网络中的计算机通过其自身的 IP 地址而被唯一标识的，据此我们也可以设想，在因特网上这个庞大的网间网中，每个网络也有自己的标识符。这与我们日常生活中的电话号码很相像，例如有一个电话号码为 0515163，这个号码中的前四位表示该电话是属于哪个地区的，后面的数字表示该地区的某个电话号码。与上面的例子类似，我们把计算机的 IP 地址也分成两部分，分别为网络标识和主机标识。同一个物理网络上的所有主机都用同一个网络标识，网络上的一个主机（包括网络上工作站、服务器和路由器等）都有一个主机标识与其对应。IP 地址的 4 个字节划分为 2 个部分，一部分用于标明具体的网络段，即网络标识；另一部分用于标明具体的节点，即主机标识，也就是说，某个网络中的特定的计算机号码。例如，盐城市信息网络中心的服务器的 IP 地址为 210.73.140.2，对于该 IP 地址，我们可以把它分成网络标识和主机标识两部分，这样，上述 IP 地址就可以写成：

网络标识：210.73.140.0

主机标识：2

合起来：210.73.140.2

由于网络中包含的计算机有可能不一样多，有的网络可能含有较多的计算机，也有的网络包含较少的计算机，于是人们按照网络规模的大小，把 32 位地址信息设成三种划分方式，这三种划分方法分别对应于 A 类、B 类、C 类 IP 地址。

1. A 类 IP 地址

一个 A 类 IP 地址是指，在 IP 地址的四段号码中，第一段号码为网络号码，剩下的三段号码为本地计算机的号码。如果用二进制表示 IP 地址的话，A 类 IP 地址就由 1 字节的网络地址和 3 字节主机地址组成，网络地址的最高位必须是 "0"。A 类 IP 地址中网络的标识长度为 7 位，主机标识的长度为 24 位，A 类网络地址数量较少，可以用于主机数达 1 600 多万台的大型网络。

2. B 类 IP 地址

一个 B 类 IP 地址是指，在 IP 地址的四段号码中，前两段号码为网络号码，剩下的两段号码为本地计算机的号码。如果用二进制表示 IP 地址的话，B 类 IP 地址就由 2 字节的网络地址和 2 字节主机地址组成，网络地址的最高位必须是 "10"。B 类 IP 地址中网络的标识长度为 14 位，主机标识的长度为 16 位，B 类网络地址适用于中等规模的网络，每个网络所能容纳的计算机数为 6 万多台。

3. C 类 IP 地址

一个 C 类 IP 地址是指，在 IP 地址的四段号码中，前三段号码为网络号码，剩下的一段号码为本地计算机的号码。如果用二进制表示 IP 地址的话，C 类 IP 地址就由 3 字节的网络地址和 1 字节主机地址组成，网络地址的最高位必须是 "110"。C 类 IP 地址中网络的标识长度为 21 位，主机标识的长度为 8 位，C 类网络地址数量较多，适用于小规模的局域网络，每个网络最多只能包含 254 台计算机。

除了上面三种类型的 IP 地址外，还有几种特殊类型的 IP 地址，TCP/IP 协议规定，凡 IP 地址中的第一个字节以 "1110" 开始的地址，都叫多点广播地址。因此，任何第一个字节大于 223 小于 240 的 IP 地址都是多点广播地址；IP 地址中的每一个字节都为 0 的地址（0.0.0.0）对应于当前主机；IP 地址中的每一个字节都为 1 的 IP 地址（255.255.255.255）是当前子网的广播地址；IP 地址中凡是以 "11110" 开始的地址，都留着将来作为特殊用途使用；IP 地址中不能以十进制 "127" 作为开头，27.1.1.1 用于回路测试，同时，网络 ID 的第一个 6 位组也不能全置为 "0"，全 "0" 表示本地网络。

3.1.3 IP 的寻址规则

1. 网络寻址规则

（1）网络地址必须唯一。

（2）网络标识不能以数字 127 开头。在 A 类地址中，数字 127 保留给内部回送函数。

（3）网络标识的第一个字节不能为 255。数字 255 作为广播地址。

（4）网络标识的第一个字节不能为 "0"，"0" 表示该地址是本地主机，不能传送。

2. 主机寻址规则

（1）主机标识在同一网络内必须是唯一的。

（2）主机标识的各个位不能都为 "1"，如果所有位都为 "1"，则该机地址是广播地址，而非主机的地址。

（3）主机标识的各个位不能都为 "0"，如果各个位都为 "0"，则表示 "只有这个网络"，而这个网络上没有任何主机。

3.1.4 IP 子网掩码概述

1. 子网掩码的概念

子网掩码是一个 32 位地址，用于屏蔽 IP 地址的一部分，以区别网络标识和主机标识，并说明该 IP 地址是在局域网上还是在远程网上。

2. 确定子网掩码数

用于子网掩码的位数取决于可能的子网数目和每个子网的主机数目。在定义子网掩码前，必须弄清楚本来使用的子网数和主机数目。

定义子网掩码的步骤为：

（1）确定哪些组地址归我们使用。比如我们申请到的网络号为 "210.73.a.b"，该网络地址为 C 类 IP 地址，网络标识为 "210.73"，主机标识为 "a.b"。

（2）根据我们现在所需的子网数以及将来可能扩充到的子网数，用宿主机的一些位来

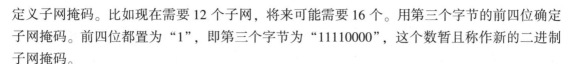

定义子网掩码。比如现在需要 12 个子网，将来可能需要 16 个。用第三个字节的前四位确定子网掩码。前四位都置为"1"，即第三个字节为"11110000"，这个数暂且称作新的二进制子网掩码。

（3）把对应初始网络的各个位都置为"1"，即前两个字节都置为"1"，第四个字节都置为"0"，则子网掩码的间断二进制形式为"11111111.11111111.11110000.00000000"。

（4）把这个数转化为间断十进制形式为"255.255.240.0"。

这个数为该网络的子网掩码。

3. IP 掩码的标注

1）无子网的标注法

对无子网的 IP 地址，可写成主机号为 0 的掩码。如 IP 地址 210.73.140.5，掩码为 255.255.255.0，也可以默认掩码，只写 IP 地址。

2）有子网的标注法

有子网时，一定要二者配对出现。以 C 类地址为例。

（1）IP 地址中的前 3 个字节表示网络号，后 1 个字节既表明子网号，又说明主机号，还说明两个 IP 地址是否属于一个网段。如果属于同一网络区间，这两个地址间的信息交换就不通过路由器。如果不属于同一网络区间，也就是子网号不同，两个地址的信息交换就要通过路由器进行。例如：对于 IP 地址为 210.73.140.5 的主机来说，其主机标识为 00000101，对于 IP 地址为 210.73.140.16 的主机来说，它的主机标识为 00010000，以上两个主机标识的前面三位全是 000，说明这两个 IP 地址在同一个网络区域中。

（2）掩码的功用是说明有子网和有几个子网，但子网数只能表示为一个范围，不能确切讲具体几个子网，掩码不说明具体子网号，有子网的掩码格式（对 C 类地址）：主机标识前几位为子网号，后面不写主机，全写 0。

3.2　子网划分

3.2.1　对 IPv4 网络划分子网

IPv4 地址由 32 位二进制数组成，因此 IP 地址的总数即为 2 个，这个数字约为 43 亿。在互联网尚未普及的年代，网络设备的数量相当有限，IPv4 地址的数量在当时看上去几乎是不可耗尽的。于是，人们定义了以 IPv4 地址的左侧 8 位固定作为网络位，后 24 位作为主机位的地址分层方式。在这种地址规划方式下，每当地址分配机构划分出去一个网络地址，剩余可用的 IPv4 地址就减少了超过 1 600 万个，大量 IPv4 地址由此遭到了严重的浪费。为了既能够满足不同规模网络的需要，又能够让 IPv4 地址得到有效利用，人们定义了 IPv4 编址方式。

无论是最初固定左侧 8 位作为网络位，还是后来让设备能够根据 IP 地址的左侧 4 位就迅速判断出这个 IP 地址类别的有类编址方式，这样设计都是为了让性能有限的网络设备能够尽快地判断出一个 IP 地址的网络位并作出转发决策。在那个 IP 地址资源看似取之不尽耗之不竭的时代，照顾网络设备的性能才是人们首要考虑的因素。然而，随着网络设备性能的迅速提升和 IP 地址资源的大量流失，网络设备转发效率和 IP 地址资源保护这对矛盾体的主次关系在不到十年的时间里就以惊人的速度发生了逆转，有类编址方式所硬性定义的"类"再次成为导致 IP 地址利用率不高的瓶颈。在这样的大背景下，逐步废除 IP 地址类的限制成为必然趋势。

3.2.2　子网划分与可变长子网掩码

有类 IP 地址这种死板的编址方式必然会导致 IPv4 地址利用率不高。例如，某高等院校原本只是所学院，后来经过投资和扩招，这所学院升级为一个拥有 3 所学院的大学。这所学院早年间曾经申请到了一个 B 类地址，可以分配给 6 万多人使用，哪怕在它升级为大学后，这个数量还是远远超过了这所学院对于 IPv4 地址的需求。但是，如果要给这 3 所学院分别建立网络地址各不相同的独立网络，即使这所大学的 IPv4 地址空间已经富而有余，也还需要再向地址分配机构申请两个新的 B 类地址空间，而这样做只会带来更加严重的 IPv4 地址资源浪费。

这个问题最理想的解决方法是，把这个完整的有类 IPv4 网络分为几个子网（Subnet），用这些子网的掩码（Subnet Mask）分别标识每个子网的网络位和主机位。比如，这家拥有 3 所学院 6 万多 IPv4 地址的高校，就最好能够根据每个学院的人数，将 8 万多 IP 地址划分成 3 个小于 B 类地址的地址块，然后分别将它们分配给 3 所学院。这样一来，这所高校不仅不再需要申请更多地址空间，还将原先申请到的 B 类地址进行了充分的利用。

显然，上面的这种设想与有类地址编址方式那种分类固定网络位和主机位的理念出现了一些冲突。为了弥合需求与理念之间的差异，可变长子网掩码（VLSM）技术应运而生。可变长子网掩码允许人们根据自己的需求，将固定的主机位进一步划分为子网位和主机位。

图 1-9 所示为我们根据可变长子网掩码技术，将 173.168.0.0 这个 B 类网络划分为了 255 个子网，每个子网的地址空间大小均相当于一个 C 类网络。

给一个原B类网络划分子网

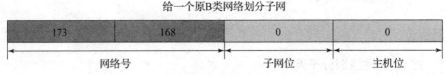

图 1-9　IPv4 地址中子网位和主机位的划分

如果说在有类编址方式中，由于 IPv4 地址的左侧 4 位（或第 1 个十进制数）已经明明白白地指出了这个地址的网络位，因此掩码多少显得有些可有可无，那么，在使用 VLSM 时，子网掩码就是网络设备判断一个地址主机位的唯一方式。在图 1-9 中，划分后的 256 个子网（即 173.168.×.0），它们的子网掩码均为 24 位，即子网掩码皆为 255.255.255.0。

我们引出了可变长子网掩码的概念，并且对划分地址空间进行了简单的介绍。但请读者注意，在上节中仅仅通过图 1-9 介绍了 VLSM 技术将传统的两段式 IPv4 编址方式（网络位－主机位）扩展为三段式编址方式（网络位－子网位－主机位）这一事实，并没有结合真正的需求介绍划分子网的方法。为了解释清楚到底应该如何划分子网，让我们以那个高校扩张 IP 地址分配为例。假设这个高校当时申请到的 B 类 IPv4 地址就是 173.168.0.0/16 这个地址空间，而它的 3 所学院分别需要 15 000 个 IPv4 地址、7 000 个 IPv4 地址和 3 000 个 IPv4 地址，那么，管理员在判断这个高校应当如何划分子网时，需要首先计算出各个子网需要多少位的网络位。也就是说，我们需要针对各个子网尝试出，当 x 取多少时，$2^x - 2$ 大于这个子网所需的主机地址数量。

经过计算，如果不考虑未来的扩展性，那么 14 位主机位可以提供 16 382 个 IPv4 地址（$2^{14} - 2 = 16 382$），能够满足 15 000 个 IPv4 地址的需求；13 位主机位可以提供 8 190 个 IPv4 地址（$2^{13} - 2 = 8 190$），能够满足 7 000 个 IPv4 地址的需求；12 位主机位可以提供 4 094 个 IPv4 地址（$2^{12} - 2 = 4 094$），能够满足 3 000 个 IPv4 地址的需求。

从需要 14 个主机位的子网开始划分，这个子网的子网掩码长度应该为 32 - 14 = 18（位），由于 B 类地址一共提供了 16 位主机位，因此需要将从左侧数起第 17 位和第 18 位划分为子网位，在此管理员可以选择如何设置这两个子网位的取值。因为无论这两位如何取值，只要服务提供商之前分配的前 16 位进制数不变，这个子网就都是这个 B 类网络 173.168.0.0/16 中的子网。为了方便，将第 17 位和第 18 位全部取 0，得到子网 173.168.0.0/18，这个子网可以分配给需要 1 500 个 IPv4 地址的学院，如图 1 - 10 所示。

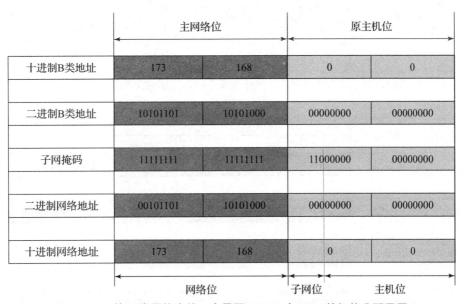

图 1 - 10　从 B 类网络中给一个需要 15 000 个 IPv4 的机构分配子网

同样，对于需要 13 个主机位的子网，这个子网的掩码长度应该为 32 - 13 = 19 位，由于 B 类地址一共提供了 16 位主机位，因此需要将从左侧数起第 17 位、第 18 位和第 19 位划分为子网位，在此管理员可以选择如何设置这 3 个子网位的取值，不过第 17 位和 18 位此时不能取全 0，因为若取全 0，则无论第 19 位如何取值，这个子网都属于已经分给另一所学院的子网 173.168.0.0/18。为了方便，将第 17 位和第 19 位取 0，第 18 位取 1，得到子网 173.168.64.0/19，这个子网可以分配给需要 7 000 个 IPv4 地址的学院，如图 1 - 11 所示。

最后，对于需要 12 个主机位的子网，这个子网的子网掩码长度应该为 3 212 - 20 位，由于 B 类地址一共提供了 16 位主机位，需要将从左侧数起第 17、18、19、20 位划分为子网位，管理员可以选择如何设设置这 4 个子网位的取值，但第 17、18 位不能取 00，第 17、18、19 位也不能取 010，否则这个子网就会属于某一个已经分配给其他学院的子网。为了方便，将第 17 位和第 20 位取 0，第 18 位和第 19 位取 1，得到子网 173.168.96.0/20，这个子网可以分配给那个需要 3 000 个 IPv4 地址的学院，如图 1 - 12 所示。

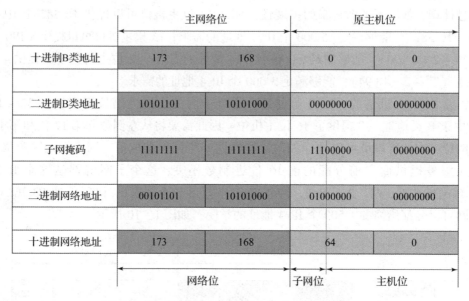

	主网络位		原主机位	
十进制B类地址	173	168	0	0
二进制B类地址	10101101	10101000	00000000	00000000
子网掩码	11111111	11111111	11100000	00000000
二进制网络地址	00101101	10101000	01000000	00000000
十进制网络地址	173	168	64	0
	网络位		子网位	主机位

图 1 - 11   从 B 类网络中给一个需要 7 000 个 IPv4 的机构分配子网

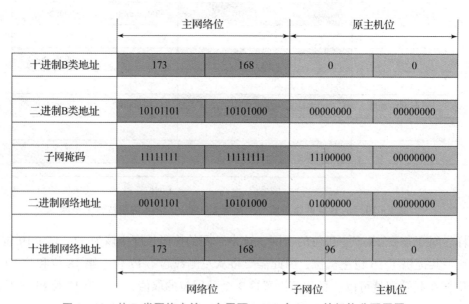

	主网络位		原主机位	
十进制B类地址	173	168	0	0
二进制B类地址	10101101	10101000	00000000	00000000
子网掩码	11111111	11111111	11100000	00000000
二进制网络地址	00101101	10101000	01000000	00000000
十进制网络地址	173	168	96	0
	网络位		子网位	主机位

图 1 - 12   从 B 类网络中给一个需要 3 000 个 IPv4 的机构分配子网

至此，已经按照上节最开始提出的需求，给这所高校拟定了一个子网划分方案。在拟定这个方案的过程中，我们通过计算得出了每个学院分别保留多少主机位，由此计算出了各个学院子网掩码的长度，并进而计算出了各个学院分别可以从原来的主机位中借多少位给子网位。

根据上文的介绍，这 3 个子网的地址划分情况可以总结如下。

学院 1（需要拥有 15 000 个 IPv4 地址的学院）：

子网地址：173.168.0.0/18

支持主机地址：$2^{32-18} - 2 = 16\ 382$（个）

首个主机地址：173.168.0.1

（将图 1－10 中的二进制网络地址最后 1 位主机位取 1，然后转换为十进制）

子网掩码：255.255.192.0

（将图 1－10 中的子网掩码转换为十进制）

子网广播地址：173.168.63.255

（将图 1－10 中的二进制网络地址虚线后各位［主机位］取全 1，然后转换为十进制）

学院 2（需要拥有 7 000 个 IPv4 地址的学院）：

子网地址：173.168.64.0/19

支持主机地址：$2^{32-19} - 2 = 8\ 190$（个）

首个主机地址：173.168.64.1

（将图 1－11 中的二进制网络地址最后 1 位主机位取 1，然后转换为十进制）

子网掩码：255.255.224.0

（将图 1－11 中的子网掩码转换为十进制）

子网广播地址：173.168.95.255

（将图 1－11 中的二进制网络地址虚线后各位［主机位］取全 1，然后转换为十进制）

学院 3（需要拥有 3 000 个 IPv4 地址的学院）：

子网地址：173.168.96.0/20

支持主机地址：$2^{32-20} - 2 = 4\ 094$（个）

首个主机地址：173.168.96.1

（将图 1－12 中的二进制网络地址最后 1 位主机位取 1，然后转换为十进制）

子网掩码：255.255.240.0

（将图 1－12 中的子网掩码转换为十进制）

子网广播地址：173.168.111.255

（将图 1－12 中的二进制网络地址虚线后各位［主机位］取全 1，然后转换为十进制）

分配子网的方法乍看虽然复杂，但其实是一个高度程式化的工作。不仅如此，大多数网络也不会达到动辄数千上万个 IPv4 地址的规模。因此，在熟悉了使用 VLSM 分配子网的方法及一些常用数字二进制、十进制表示方式后，随着工作经验的积累，一些简单的子网划分有时通过口算就可以完成。

3.2.3　需要进行子网规划的两种情况

①给定一个网络，整网络地址可知，需要将其划分为若干个小的子网。

②全新网络，自由设计，需要自己指定整个网络地址。

后者多了一个根据主机数目确定主网络地址的过程，其他一样。

我们先来讨论第一种情况：

例：学院新建 4 个机房，每个房间有 25 台机器，给定一个网络地址空间：192.168.10.0，现在需要将其划分为 4 个子网。

分析: 192.168.10.0 是一个 C 类的 IP 地址,标准掩码为 255.255.255.0,如图 1-13 所示。

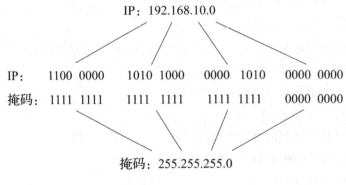

图 1-13 子网划分

要划分为 4 个子网,必然要向最后的 8 位主机号借位,那么借几位呢?

我们来看要求:4 个机房,每个房间有 25 台机器,那就是需要 4 个子网,每个子网下面最少 25 台主机。

考虑扩展性,一般机房能容纳机器数量是固定的,建设好之后向机房增加机器的情况较少,增加新机房(新子网)情况较多(当然,对于我们这题,考虑主机或子网最后的结果都是相同的,但如果要组建较大规模网络,这点要特别注意)。依据子网内最大主机数来确定借几位。

使用公式 $2^n-2 \geqslant$ 最大主机数,$2^n-2 \geqslant 25$,$2^5-2=30 \geqslant 25$,所以主机位数 n 为 5。

相对应的子网需要借 3 位,如图 1-14 所示。

图 1-14 相对应的子网需要借 3 位

确定了子网部分,后面就简单了,前面的网络部分不变,看最后的这 8 位,如图 1-15 所示。

子网掩码:	1111 1111	1111 1111	1111 1111	1110	0000
IP:	1100 0000	1010 1000	0000 1010	0000	0000
				001	
				010	
子网地址空间				011	
得到6个可用子网地址				100	
(全为0或1的地址不可使用)				101	
				110	
				111	

图 1-15 确定子网的网络地址

得到 6 个可用的子网地址:全部转换为点分十进制表示,见表 1-1。

表 1 - 1　6 个可用的子网地址

11000000 10101000 00001010	00100000 = 192. 168. 10. 32
11000000 10101000 00001010	01000000 = 192. 168. 10. 64
11000000 10101000 00001010	01100000 = 192. 168. 10. 96
11000000 10101000 00001010	10000000 = 192. 168. 10. 128
11000000 10101000 00001010	10100000 = 192. 168. 10. 160
11000000 10101000 00001010	11000000 = 192. 168. 10. 192

子网掩码：11111111　11111111　1111111111100000 = 255. 255. 255. 224

这就得出了所有子网的网络地址，那么子网的主机地址呢？

注意，在一个网络中，主机地址全为 0 的 IP 是网络地址，全为 1 的 IP 是网络广播地址，不可用，所以我们的子网地址和子网主机地址如图 1 - 16 所示。

子网 1：192. 168. 10. 32	掩码：255. 255. 255. 224
主机 IP：192. 168. 10. 33 - 62	

子网 2：192. 168. 10. 64	掩码：255. 255. 255. 224
主机 IP：192. 168. 10. 65 - 94	

子网 3：192. 168. 10. 96	掩码：255. 255. 255. 224
主机 IP：192. 168. 10. 97 - 126	

子网 4：192. 168. 10. 128	掩码：255. 255. 255. 224
主机 IP：192. 168. 10. 129 - 158	

子网 5：192. 168. 10. 160	掩码：255. 255. 255. 224
主机 IP：192. 168. 10. 161 - 190	

子网 6：192. 168. 10. 192	掩码：255. 255. 255. 224
主机 IP：192. 168. 10. 193 - 222	

图 1 - 16　子网地址和子网主机地址

只要取出前面的 4 个子网就可以完成题目了。

再来讨论一下第二种情况：

全新的网络，需要自己来指定整网络地址，这就需要考虑先选择 A 类、B 类或 C 类 IP，就像上例中的网络地址空间：192. 168. 10. 0 不给定，任由自己选择，有的同学可能会说，直接选择 A 类地址，有 24 位的主机位来随便借位。当然可以，但会浪费很多地址。在局域网内可以随便设置，但在广域网里就没有这么多的地址供分配了，所以从开始就要养成好的习惯。那么如何选择呢？和划分子网的时候一样，通过公式计算（2^n-2），划分的子网越多，浪费的地址就越多。

还记得上面每个子网里面都有两个 IP 不能用吗？（主机位全为 0 或全为 1）每次划分子网一般都有两个子网的地址要浪费掉（子网部分全为 0 或全为 1）所以，如果需要建设一个拥有 4 个子网，每个子网内有 25 台主机的网络，则一共需要有 $(4+2)\times(25+2)=162$ 个 IP 数的网络来划分。

一个 C 类地址的网络可以拥有 254 个主机地址，所以选择 C 类的地址来作为整个网络的网络号。

如果现在有 6 个机房，每个机房里有 50 台主机呢？

$$(6+2)\times(50+2)=416$$

显然，需要用到 B 类地址的网络了。后面划分子网的步骤和上面一样了，不再赘述。

A、B、C 类 IP 地址子网划分见表 1-2～表 1-4。

表 1-2 C 类 IP 地址子网划分

借用位数	子网掩码	子网数	每个子网的主机数
2	255.255.255.192	2	62
3	255.255.255.224	6	30
4	255.255.255.240	14	14
5	255.255.255.248	30	6
6	255.255.255.252	62	2

表 1-3 B 类 IP 地址子网划分

借用位数	子网掩码	子网数	每个子网的主机数
2	255.255.192.0	2	16 382
3	255.255.224.0	6	8 190
4	255.255.240.0	14	4 094
5	255.255.248.0	30	2 046
6	255.255.252.0	62	1 022
7	255.255.254.0	126	510
8	255.255.255.0	254	254

表 1-4 A 类 IP 地址子网划分

借用位数	子网掩码	子网数	每个子网的主机数
2	255.192.0.0	2	4 194 302
3	255.224.0.0	6	2 097 150

续表

借用位数	子网掩码	子网数	每个子网的主机数
4	255.240.0.0	14	1 048 574
5	255.248.0.0	30	524 286
6	255.252.0.0	62	262 142
7	255.254.0.0	126	131 070
8	255.255.0.0	254	65 534

注意：这里讨论的是一般情况，目前已经有部分路由器支持主机位全为0或全为1的子网，IP：192.168.10.0 掩码：255.255.248.0 这样的表示方法。这些不在我们的讨论范围之内。

【知识链接】

我国 IPv6 蓬勃发展，网络"高速公路"全面建成

我国 IPv6 蓬勃发展，网络"高速公路"全面建成

通信世界网消息（CWW）截至2022年8月，我国 IPv6（互联网协议第六版）活跃用户数达7.137亿，占网民总数的67.9%，同比增长29.5%，超过了全球的平均增长水平。而在5年前，IPv6用户普及率还不到0.3%。历经5年的蓬勃发展，IPv6不断"生长"，取得了累累硕果。

IPv4 地址耗尽，IPv6"可让每一粒沙子都分配到 IP 地址"

随着互联网的普及与广泛应用，特别是移动互联网、云计算、物联网、工业互联网的蓬勃发展，传统的 IPv4 地址资源紧缺问题日益严峻。

好在还有IPv6。IPv6可以提供的地址个数多达2的128次方，这个数量可以"让全世界的每一粒沙子都分配到一个IP地址"，全面解决IP地址枯竭的问题。海量的IPv6地址让万物互联的实现具备了网络基础。小到普通人的生活，每个家庭的智能家居设备都能单独接入网络，实现更多智能化操作；大到一个城市的运行，物联网的应用可以让智慧管理更加便捷灵活。

相关文件接连出台，擘画 IPv6 规模部署蓝图

国家相关部门注意到 IPv6 发展的困境，迅速出台多项政策，加快 IPv6 的部署速度。

2017年11月，中共中央办公厅、国务院办公厅联合印发《推进互联网协议第六版（IPv6）规模部署行动计划》（简称《计划》），明确提出了未来5~10年我国基于IPv6的下一代互联网发展的总体目标、路线图、时间表和重点任务，成为加快推进我国IPv6规模部署、促进互联网演进升级和创新发展的行动指南。

2019年，我国发布《中国IPv6发展状况》白皮书和"国家IPv6发展监测平台"；成立"IPv6+"技术创新工作组，明确"IPv6+"技术研究和产业实践"三步走"发展战略。

2021年7月，工信部、中央网信办联合印发《IPv6流量提升三年专项行动计划

(2021—2023 年)》，从网络和应用基础设施服务性能、主要商业互联网应用 IPv6 浓度、支持 IPv6 的终端设备占比等方面提出了量化目标。这一计划的出台标志着我国 IPv6 发展在经过网络就绪、端到端贯通等关键阶段后，正式迈入了"流量提升"时代。

2021 年 7 月，中央网信办、国家发展改革委、工信部发布了《关于加快推进互联网协议第六版（IPv6）规模部署和应用工作的通知》，提出到 2023 年末以及到 2025 年末的分阶段 IPv6 发展目标。

2021 年 11 月，工信部发布《"十四五"信息通信行业发展规划》，明确提出"十四五"时期要提升 IPv6 端到端贯通能力，提升 IPv6 网络性能和服务水平，实现 IPv6 用户规模和业务流量"双增长"，以此推动 IPv6 与 AI、云计算、工业互联网、IoT 等融合发展，并在重点行业开展"IPv6 +"创新技术试点以及规模应用，增强 IPv6 网络对产业数字化转型升级的支撑能力。

2022 年 3 月，中央网信办、国家发展改革委、工信部、教育部、科技部等 12 部门联合下发"IPv6 技术创新和融合应用试点名单"，加快推动 IPv6 关键技术创新、应用创新、服务创新、管理创新持续突破。

2022 年 4 月，中央网信办、国家发展改革委、工信部联合印发《深入推进 IPv6 规模部署和应用 2022 年工作安排》，明确提出 2022 年工作目标：到 2022 年末，IPv6 活跃用户数达到 7 亿，物联网 IPv6 连接数达到 1.8 亿，固定网络 IPv6 流量占比达到 13%，移动网络 IPv6 流量占比达到 45%。

在相关部门多项政策的持续推动下，我国 IPv6 规模部署成效显著，多项 IPv6 能力步入世界前列。截至 2022 年 7 月，我国 IPv6 活跃用户数达 6.97 亿；固定网络 IPv6 流量占比达 10%，移动网络 IPv6 流量占比达 40%，整体发展势头良好；主要网站和互联网应用的 IPv6 支持度持续提升；我国移动网络 IPv6 流量从无到有，占比已经突破 40%。

各方纷纷布局，IPv6 网络"高速公路"已全面建成

IPv6 规模部署是关乎产业链各个环节的系统工程，需要运营商、设备商、互联网公司、终端用户等协作进行。除了政府部门大力推动外，以中国移动、中国联通、中国电信为代表的电信运营企业，以华为、中兴为代表的设备商，以清华大学、中国信通院为代表的学术和研究机构，以腾讯、阿里为代表的互联网企业等产业链参与者均在积极推动 IPv6 规模发展。

中国电信在 IPv6 领域长期耕耘，成效显著。中国电信全面推动网络基础设施 IPv6 改造，提供覆盖全国、性能优良的 IPv6 云网服务能力，移动网、固网设备全面改造完成并开启 IPv6，进一步提升 IPv6 端到端网络质量，目前中国电信 IPv6 网络性能已与 IPv4 相当。中国电信还联合清华大学等单位提出了面向大规模网络的多域 IPv6 单栈组网总体方案，并且联合国际伙伴向 IETF 提交了标准提案；积极开展 5G SA IPv6 单栈试点和物联网单栈试点，为 IPv4 向 IPv6 全面快速演进探索落地方案。

中国移动已建成全球用户规模最大的双栈网络和最大的 IPv6 单栈网络。截至 2022 年 6 月底，移动网 IPv6 地址分配数达到了 7.72 亿，固网 IPv6 地址分配数 1.69 亿；承载网、核心网、IDC 以及移动云的各种产品已经实现了 100% 支持 IPv6。

目前，中国联通新建的千兆光网、5G 网络已同步部署 IPv6，4G 网络、固网也已全部完成升级改造。中国联通在优化应用服务性能方面，已有 IDC、云平台、DNS 全部完成 IPv6 改造，新建节点全部支持 IPv6；在提升终端支持能力方面，新增家庭网关、家庭智能组网产品、物联网终端、企业网关等均全部支持 IPv6；在拓展行业融合应用方面，集团主要门户、在线窗口、APP 均全面支持 IPv6。

作为 IPv6 的技术赋能者，华为从绿色超宽、泛在物联、确定性网络、算力网络、自动驾驶网络、网络安全六大方向，打造 IPv6 + 创新高地。

中兴通讯在 IPv6 领域研发投入已经超过 20 年，从 2000 年开始就开展 IPv6 技术预研及产品化工作；2003 年，首次在 IPv6 高峰论坛上展出 IPv4/IPv6 双栈路由器；2004 年，成为中国首个获得 "IPv6 Ready" 认证的设备厂家；2005 年开始，中兴通讯 IPv6 系列路由器和交换机开始运行于运营商网络。中兴通讯从 2019 年开始，与中国信通院、紫金山实验室以及国内三大运营商等就 "IPv6 +" 课题展开深度合作，并在 SRv6、BIERin6 组播等技术领域的标准确立和新技术试点方面处于业界领先地位，全面支撑 "IPv6 +" 体系的技术落地和规模部署。

阿里云、京东云、网宿科技等互联网企业和 CDN 企业持续推进云、IDC、CDN 等基础设施改造，加大相关业务对 IPv6 的支持度；字节跳动、腾讯、百度、美团、奇虎 360、网易等企业持续强化 App 改造，提升 App 应用 IPv6 浓度；小米、新华三、吉祥腾达等厂商加大在售和在研产品的 IPv6 改造。

IPv6 应用生态加速繁荣

从应用端来看，已有多个标杆企业正在全面向 IPv6 业务平滑过渡。例如，中国工商银行早在 2017 年 11 月就推出第一个 IPv6 国际化门户。中国工商银行总行金融科技专家李茂谦表示："IPv6 的部署为工商银行带来了运维效率的提升、网络线路利用率的提升、流量调度能力的提升和用户体验的提升。面向未来，工商银行将打造一张 'IPv6 +' 精细运营、策略随行、安全随行的应用感知金融网络。"

为推动 IPv6 应用的进一步繁荣发展，中国信通院发起了 "首届 IPv6 技术应用创新大赛"，大赛共征集到来自国内 31 个省、自治区、直辖市的近 1500 个项目案例，参赛作品既涉及智慧城市、智慧政务等公共服务领域，也涵盖电力、矿山、交通、工业制造等行业应用领域，以及智能家居、智慧金融、远程医疗、在线教育等民生领域。

IPv6 走向 "IPv6 +"，发挥好 IPv6 乘数效应

加快推进 IPv6 的进一步发展是接下来的重点，谢存提出三点建议：一是夯实基础，提升服务能力，协同推进云、管、端、用等各环节 IPv6 改造；二是深化应用，赋能行业发展，鼓励信息通信行业与金融、教育、医疗、能源等行业更广泛、更深入地开展 IPv6 协同创新；三是创新突破，完善产业生态，提升产业整体发展水平，加强 IPv6 技术、标准、产业等多层面的国际合作，实现合作共赢、共同发展。

从 IPv6 向 "IPv6 +" 发展便是一大趋势。"从技术内涵来看，'IPv6 +' 既是以 IPv6 分段路由、网络切片、随流检测、新型组播和应用感知网络等协议为代表的网络协议创新，更是以网络分析、自动调优、网络自愈等网络智能化为代表的智能技术创新，通过这些技术创新，可以更好地将 IPv6 网络和行业用户的应用需求进行结合，助力千行百业的数字化转

型。"中兴通讯承载产品及 MKT 方案部长魏晓强表示。

目前，我国已开展"IPv6 +"探索实践并取得相关成果。例如，中国联通便将"IPv6 +"技术应用于冬奥会，结合算力网络架构，开展冬奥综合承载专网的设计和建设，实现了共享互联网、互联网专线、"媒体 +"等多种通信服务统一承载。未来中国联通将构建基于"IPv6 +"的"四梁八柱"，形成算网一体产品与可编程服务能力。

"万人操弓，共射一招，招无不中。"相信在产业各方的协同努力下，IPv6 将迎来"新生长"。

【项目实训】

任务 1　IP 地址与子网掩码

【实验目的】

➢ 了解 IP 地址的概念、基本构成以及地址分配。

➢ 掌握 IP 地址和子网掩码的相与计算规则。

➢ 了解 IP 地址的类别，掌握静态 IP 地址的配置方法。

➢ 掌握识别同网段 IP 地址的方法，了解 A、B、C 三类常用的私有 IP 地址。

➢ 理解网关和子网掩码的作用；掌握子网掩码的算法和设置；掌握 IP 地址子网的划分方法，能够计算划分子网后的子网掩码和每个子网的 IP 范围。

【实验设备与条件】

➢ 交换机若干台，网线若干根。

➢ 安装有操作系统的计算机若干台。

➢ 如果实验室交换机和网线不够，使用华为 eNSP 模拟器进行实验。

一、实验要求与说明

首先查看当前计算机的网卡和 TCP/IP 协议是否按照正常，并查看和配置静态 IP 地址；然后进行交换式网络 IP 地址应用测试；最后进行子网掩码与子网划分测试。

二、实验内容与步骤

1. 手工配置 TCP/IP 参数

检查计算机是否已安装了网卡和 TCP/IP 协议集

（1）在"控制面板"窗口中依次单击"硬件和声音"→"设备管理器"图标，打开"设备管理器"窗口，查看是否安装了网络适配器（网卡），如图 1 - 17 所示。

（2）使用鼠标右击桌面上的"网络"图标，从弹出的快捷菜单中选择"属性"命令，打开"网络和共享中心"窗口，单击左侧窗格中的"更改适配器设置"选项，打开"网络连接"窗口，用鼠标右键单击窗口中的"本地连接"，从弹出的快捷菜单中选择"属性"命令，打开"本地连接属性"对话框，检查是否存在"Internet 协议版本 4（TCP/IPv4）"选项，如图 1 - 18 所示。

图 1 – 17　查看是否安装网络适配器

图 1 – 18　检查是否存在协议

2. 配置静态 IP 地址

要想让计算机加入网络中，必须为计算机指定一个 IP 地址。当然，IP 地址不一定要静态指定，也可以由 DHCP 服务器自动分配。但不管用什么方式，网络中的每台计算机都必须有一个 IP 地址。IP 地址有 IPv4 和 IPv6 两种，本实验以 IPV4 为标准。

（1）打开"本地连接属性"对话，然后选择"Internet 协议版本 4（TCP/IPv4）"，单击"属性"按钮，打开"Internet 协议版本 4（TCP/IPv4）"对话框。

（2）选中"使用下面的 IP 地址"单选按钮，然后在"IP 地址"文本框中输入相应的 IP 地址（可向实验指导人员索取 IP 地址），在"子网掩码"文本框中输入该类 IP 地址的子网掩码；视情况输入默认网关和 DNS 服务器地址，然后单击"确定"按钮，即可将输入的 IP 地址指定给本台计算机，如图 1 - 19 所示。

图 1 - 19 配置静态 IP 地址

3. 简单交换式网络 IP 地址应用测试

（1）选择一个多口交换机，利用直通线将各台计算机连接到交接机上。

（2）按前面介绍的方法手工配置计算机的 TCP/IP 参数，将四台计算机的 IP 地址指定为 192.168.1.*网段，子网掩码保持默认设置。

（3）测试交换式网络中各计算机的连通性。在 PC0 上用 ping 命令分别 ping PC1、Laptop0 和 Laptop1 的 IP 地址，观察结果。

（4）通过 ping 命令体会 IP 地址在相同网段和不同网段之间的连通性。

①将 PC0 和 Laptop0 的 IP 地址分别改为 192.168.2.10 和 192.168.2.20，将 PC1 和 Laptop1 的 IP 地址分别改为 10.10.10.10 和 10.10.10.20（注意子掩码都采用默认）。

②同样，在 PC0 上用 ping 命令 ping PC1、Laptop0 和 Laptopl 改过后的 IP 地址，观察结果，得出结论，并分析为什么（这是很重要的关键知识点，需要重点掌握）。我们发现：PC0 和 Laptop0 可以相互访问，因为它们在同一网段，而和其他两台计算机不能访问，因为它们不在同一网段；同理，PC1 和 Laptop1 可以相互访问，而和其他两台计算机不能访问，原因同上。

4. 子网掩码与子网划分测试

（1）在 eNSP 软件中按图 1－20 所示的实验拓扑图连接好交换机和计算机。

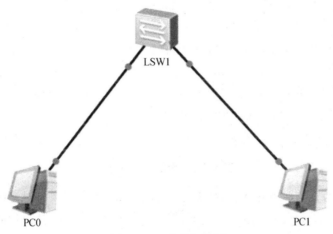

图 1－20 实验拓扑图

（2）设定相应的 IP 地址和子网掩码。其中，PC0 的 IP 地址与子网掩码为 192.168.1.1 255.255.255.128，如图 1－21 所示；PC1 的 IP 地址与子网掩码为 192.168.1.5 255.255.255.128，如图 1－22 所示。两台主机都不设置默认网关。

图 1－21 PC1 基础配置

图 1 - 22　PC2 基础配置

（3）打开命令行窗口，在 PC0 和 PC1 上分别用 ping 命令测试与对方的通信情况，观察结果，分析原因，如图 1 - 23 所示。分析的结果是：两台 PC 机可以相互通信，因为它们在同一子网。

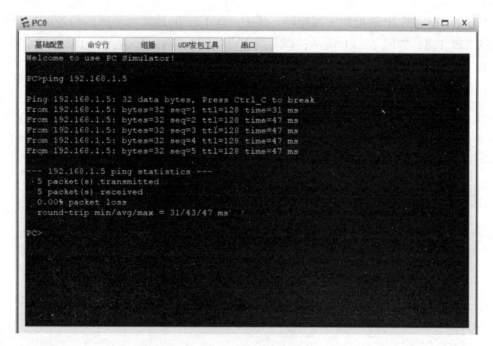

图 1 - 23　ping 命令测试

（4）在 PC0 上执行 arp - a 命令，观察并记录结果，如图 1 - 24 所示。

图 1 – 24　arp – a 命令

（5）在 PC1 上执行 arp – a 命令，观察并记录结果，如图 1 – 25 所示。

```
PC>arp -a

Internet Address      Physical Address      Type
192.168.1.1           54-89-98-4E-19-90     dynamic

PC>
```

图 1 – 25　arp – a 命令

（6）将两台 PC 的子网掩码改为 255.255.255.252，其他设置不变，如图 1 – 26 和图 1 – 27 所示。

图 1 – 26　PC0 基础配置

（7）在两台 PC 上分别执行 arp – d 命令，清除主机上的 ARP 表（可用 Arp – a 命令测试清除效果），如图 1 – 28 所示。

（8）再次在 PC0 上用 ping 命令测试与 PC1 的连通性，观察结果，分析原因，如图 1 – 29 所示。分析的结果是：两台 PC 机不可以相互通信，因为它们不在同一个子网了。

（9）执行 arp – a 命令，观察并记录结果，如图 1 – 30 所示。

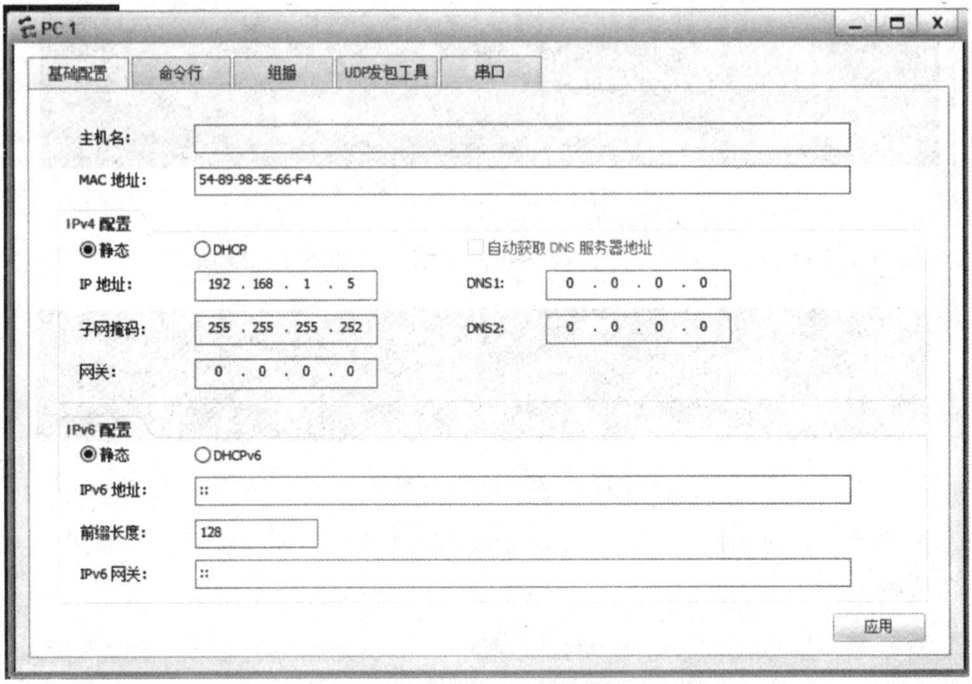

图 1 – 27　PC1 基础配置

图 1 – 28　执行 arp – d 命令

图 1 – 29　ping 命令测试与 PC1 的连通性

图 1 – 30　执行 arp – a 命令

任务 2　常见的网络命令

【实验目的】

➤ 了解每个常用命令的作用及工作原理。

➤ 熟练掌握每个命令的使用方法。

【实验设备与条件】

➤ 需要安装 Windows Server 2016 操作系统的虚拟机 2 台，并且虚拟机可以与外界通信。

➤ 需要安装 KALI Linux 操作系统的虚拟机 1 台。

一、实验要求与说明

要清楚每个参数的格式及用法。

二、实验内容与步骤

1. ping 命令

这个命令是用来测试两台计算机之间是否可以正常通信，以及通信的速度，如果本地计算机与另一台计算机之间可以发送并接收数据包，那么根据返回的数据包，就可以初步判断 TCP/IP 各项参数（IP 地址、子网掩码、网关）设置是否正确以及是否正常。

1）ping 命令格式

（1）ping –t + 目标计算机 IP 地址：对该 IP 地址进行连续 ping 命令，直到按下 Ctrl + C 组合键将其中断，如图 1 – 31 所示。

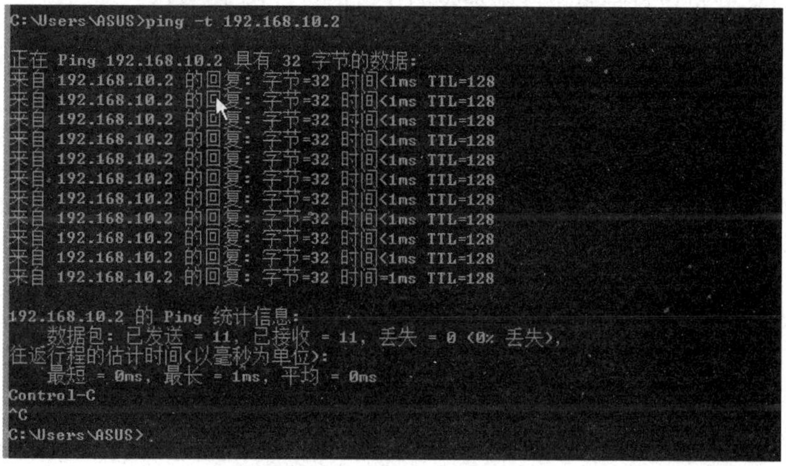

图 1 – 31　连续 ping 命令

（2）ping –l + IP 地址：可手动指定 ping 命令中的数据长度为 Size 字节，如图 1 – 32 所示。

2）通过 ping 命令检测计算机中的网络故障

一般情况下，可以 ping 不同的命令来检测网络运行的情况，如果可以正常 ping 通，那么说明网络连通性和计算机的各项配置参数都没有问题；如果有 ping 命令出现运行问题，那么就可以清楚地查找到哪里出现了问题，并即使进行修改。

```
C:\Users\ASUS>ping -l 2 192.168.10.2

正在 Ping 192.168.10.2 具有 2 字节的数据:
来自 192.168.10.2 的回复: 字节=2 时间<1ms TTL=128
来自 192.168.10.2 的回复: 字节=2 时间<1ms TTL=128
来自 192.168.10.2 的回复: 字节=2 时间<1ms TTL=128
来自 192.168.10.2 的回复: 字节=2 时间<1ms TTL=128

192.168.10.2 的 Ping 统计信息:
    数据包: 已发送 = 4, 已接收 = 4, 丢失 = 0 <0% 丢失>,
往返行程的估计时间<以毫秒为单位>:
    最短 = 0ms, 最长 = 0ms, 平均 = 0ms

C:\Users\ASUS>
```

图 1-32 手动指定 ping 命令中的数据长度

（1）ping 本机的 IP 地址，这个命令可以用来测试计算机所分配的 IP 地址是否正确，计算机应该始终做出应答，如果未做出应答，就要去检查本地的 IP 配置。

（2）ping 127.0.0.1 这个地址，也称为回环地址，该命令可以测试本地计算机是否正确安装 TCP/IP 协议，并且可以检测配置是否正确。

（3）ping www.xxx.com，例如（www.baidu.com），执行该命令可以测试 DNS 是否可以正常解析域名，如果出现问题，则有可能本地计算机 DNS 的 IP 地址设置有问题，或 DNS 域名解析服务器出现故障。

2. ipconfig 命令

该命令可以用来查看 TCP/IP 配置的各项数据，例如 IP 地址、子网掩码、网关、DNS、MAC 地址等，可以使用该命令来检查 IP 地址是否设置正确，以及快速地查看一台计算机的 TCP/IP 的信息。

ipconfig 命令的常用参数选项如下。

（1）ipconfig:它可以显示每个已经配置的接口信息（图 1-33）。

```
C:\Users\ASUS>ipconfig

Windows IP 配置


以太网适配器 Ethernet0:

   连接特定的 DNS 后缀 . . . . . . . . :
   本地链接 IPv6 地址. . . . . . . . . : fe80::e0c1:385e:a7dd:cf12%12
   IPv4 地址 . . . . . . . . . . . . . : 192.168.10.1
   子网掩码  . . . . . . . . . . . . . : 255.255.255.0
   默认网关. . . . . . . . . . . . . . :

隧道适配器 isatap.{13D038C7-E801-4935-A97A-EE7815669509}:

   媒体状态  . . . . . . . . . . . . . : 媒体已断开
   连接特定的 DNS 后缀 . . . . . . . . :

C:\Users\ASUS>
```

图 1-33 显示每个已经配置的接口信息

（2）ipconfig /all:加上 all 参数将显示所有计算机的 DNS、WINS 服务器等信息，并显示本地内置的网卡中的 MAC 地址，如果 IP 地址是通过 DHCP 服务器租用的，则将显示 DHCP 服务器的 IP 地址和租用地址的可用时长（图 1-34）。

（3）ipconfig /release:表示在向 DHCP 服务器租用 IP 地址的计算机上起作用，当网卡的 IP 地址设置为自动获取时，该命令可以释放已获取的 IP 地址，将所有接口租用的 IP 地址重新交付给 DHCP 服务器（归还 IP 地址）（图 1-35）。

图 1 – 34 显示所有计算机的 DNS、WINS 服务器等信息

图 1 – 35 该命令可以释放已获取的 IP 地址

（4）ipconfig /renew：当附加/renew 参数选项时，表示在计算机向 DHCP 服务器租用 IP 地址时起作用。运行该命令，本地计算机会重新与 DHCP 服务器取得联系，并租用一个新的 IP 地址（图1-36）。请注意，大多数情况下网卡将被重新赋予和以前所赋予的相同的 IP 地址。

图1-36　向 DHCP 服务器租用 IP 地址时起作用

3. netstat 命令

netstat 用于显示与 IP、TCP、UDP 和 ICMP 协议相关的统计数据，一般用于检验本机各端口的网络连接情况。如果计算机有时候接收到的数据报导致出错、数据删除或故障，不必感到奇怪，TCP/IP 可以允许这些类型的错误，并能够自动重发数据报。但如果累计的错误数目占到所接收的 IP 数据报相当大的比例，或者它的数目正迅速增加，那么就需要执行 netstat 命令查一查为什么会出现这些情况。

netstat 命令格式如下。

（1）netstat - a：显示一个所有的有效连接信息列表，包括已建立的连接（ESTAB-LISHED），也包括监听连接请求（LISTENING）的那些连接，如图1-37 所示。

（2）netstat - e：显示所有关于以太网的统计数据，包括网络接收和发送数据报的总字节数、错误数、删除数、数据报的数量和广播的数量，如图1-38 所示。

（3）netstat - n：显示所有已建立的有效连接，如图1-39 所示。

（4）netstat - o：显示与每个连接相关的所属进程 ID，如图1-40 所示。

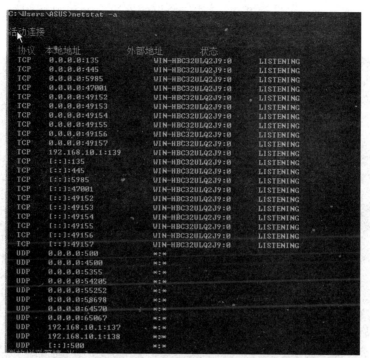

图 1-37 显示一个所有的有效连接信息列表

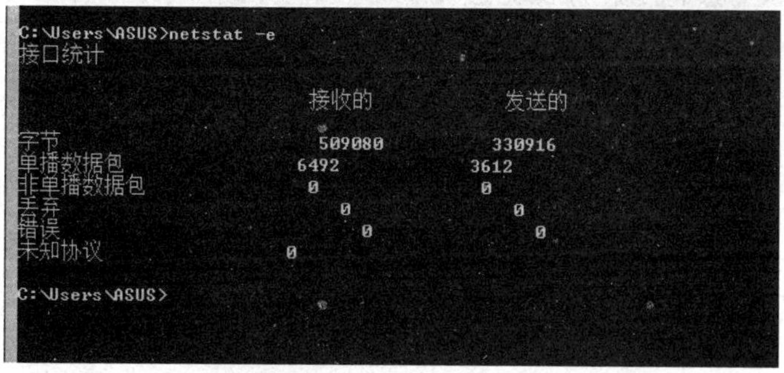

图 1-38 显示所有关于以太网的统计数据

图 1-39 显示所有已建立的有效连接

图 1-40 显示与每个连接相关的所属进程 ID

（5）netstat -p protocol：显示 Protocol 指定协议的连接，Protocol 可以是如下协议：TCP、UDP、TCPv6 或 UDPv6，如图 1-41 所示。

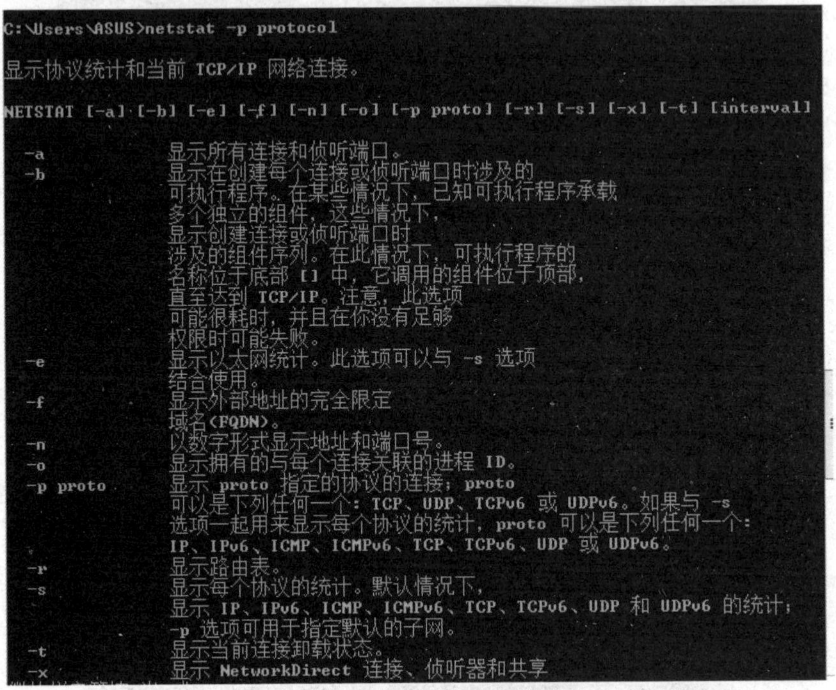

```
C:\Users\ASUS>netstat -p protocol

显示协议统计和当前 TCP/IP 网络连接。

NETSTAT [-a] [-b] [-e] [-f] [-n] [-o] [-p proto] [-r] [-s] [-x] [-t] [interval]

  -a            显示所有连接和侦听端口。
  -b            显示在创建每个连接或侦听端口时涉及的
                可执行程序。在某些情况下，已知可执行程序承载
                多个独立的组件，这些情况下，
                显示创建连接或侦听端口时
                涉及的组件序列。在此情况下，可执行程序的
                名称位于底部 [] 中，它调用的组件位于顶部，
                直至达到 TCP/IP。注意，此选项
                可能很耗时，并且在你没有足够
                权限时可能失败。
  -e            显示以太网统计。此选项可以与 -s 选项
                结合使用。
  -f            显示外部地址的完全限定
                域名(FQDN)。
  -n            以数字形式显示地址和端口号。
  -o            显示拥有的与每个连接关联的进程 ID。
  -p proto      显示 proto 指定的协议的连接；proto
                可以是下列任何一个：TCP、UDP、TCPv6 或 UDPv6。如果与 -s
                选项一起用来显示每个协议的统计，proto 可以是下列任何一个：
                IP、IPv6、ICMP、ICMPv6、TCP、TCPv6、UDP 或 UDPv6。
  -r            显示路由表。
  -s            显示每个协议的统计。默认情况下，
                显示 IP、IPv6、ICMP、ICMPv6、TCP、TCPv6、UDP 和 UDPv6 的统计；
                -p 选项可用于指定默认的子网。
  -t            显示当前连接卸载状态。
  -x            显示 NetworkDirect 连接、侦听器和共享
```

图 1-41　显示 Protocol 指定协议的连接

（6）netstat -r：显示关于路由表的信息，类似于后面介绍使用 route print 命令时看到的信息。除了显示有效路由外，还显示当前有效的连接，如图 1-42 所示。

（7）netstat -S：本参数选项能够按照各个协议分别显示其统计数据。如果应用程序（如浏览器）运行速度比较慢，或者不能显示某些数据，那么就可以用本参数选项来查看所显示的信息，再仔细查看统计数据的各行，找到出错的关键字，进而确定问题所在，如图 1-43 所示。

4. arp 命令

ARP 是 Address Resolution Protocol（地址解析协议）的缩写。ARP 把 IP 地址解析成局域网硬件使用的介质访问控制地址（MAC Address，也称 MAC 地址）。IP 数据报常通过以太网发送，但以太网设备并不能识别 32 位 IP 地址，它们是以 48 位 MAC 地址传输以太网数据帧。因此，必须把 IP 目的地址转换成以太网目的地址。在以太网中，一个主机要和另一个主机进行直接通信，必须要知道目标主机的 MAC 地址。ARP 协议就是将网络中的 IP 地址解析为目标 MAC 地址，以保证通信的顺利进行。

arp 命令的常用参数选项：

（1）arp -a：显示所有接口的当前 ARP 缓存表，如图 1-44 所示。要显示指定 IP 地址的 ARP 缓存项，可以使用带有 InetAddr 参数的 arp -a，此处的 InetAddr 表示指定的 IP 地址。要显示指定接口的 ARP 缓存表，可以使用 -N IfaceAddr 参数，此处的 IfaceAddr 表示分配给指定接口的 IP 地址。

图 1-42 netstat -r:显示关于路由表的信息

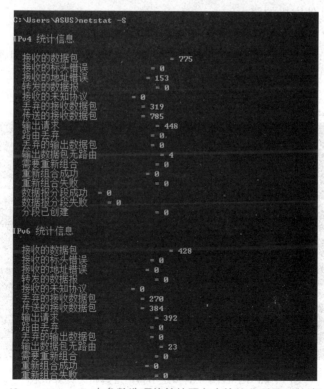

图 1-43 netstat -S:本参数选项能够按照各个协议分别显示其统计数据

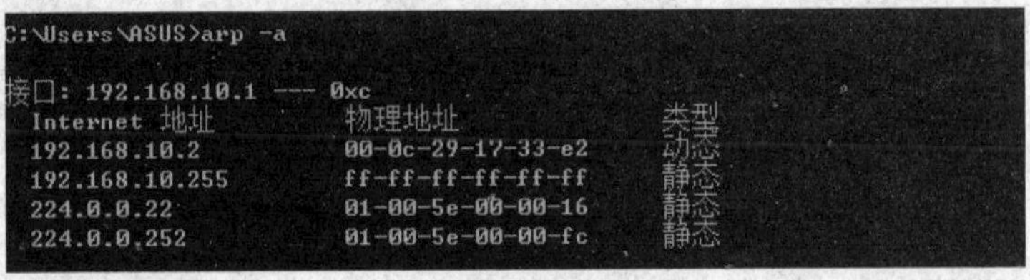

图1-44 arp -a:显示所有接口的当前 ARP 缓存表

（2） arp -g:该参数选项功能与 arp -a 相同。

（3） arp -d:删除指定的 IP 地址项,此处的 InetAddr 表示 IP 地址。对于指定的接口,要删除表中的某项,可以使用 IfaceAdd 参数,此处的 IfaceAddr 表示分配给该接口的 IP 地址。要删除所有项,可以使用星号（*）通配符代替 InetAddr,如图1-45 所示。

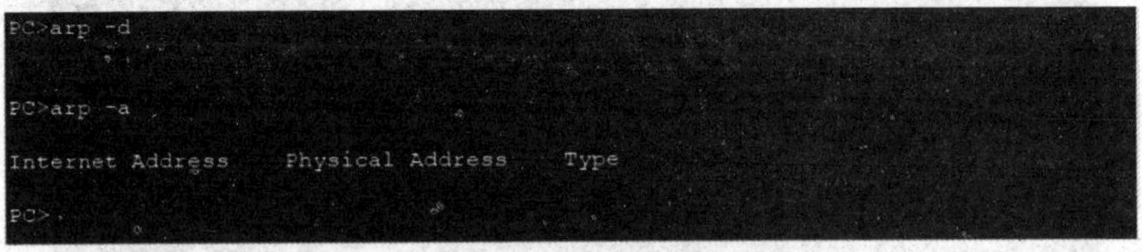

图1-45 删除指定的 IP 地址项

5. tracert 命令

tracet 命令用于确定数据报访问目标所经过的路径。当数据报从本地计算机经过多个网关传送到目的地址时,tracert 命令利用 IP 存活时间（TTL）字段和 ICMP 错误消息来确定从一个主机到网络上其他主机的路由。

tracert 命令的常用参数如下。

（1） tracert -d:指定不将地址解析为计算机名,避免 tracert 将中间路由器的 IP 地址解析为名称,加速显示运行结果,如图1-46 所示。

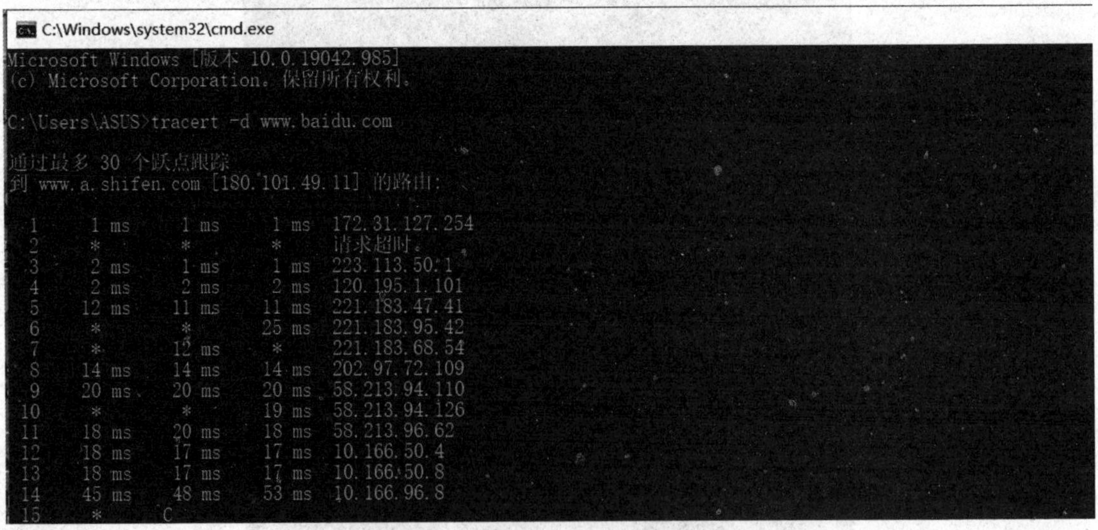

图1-46 tracert -d:指定不将地址解析为计算机名

（2）tracert －h maximum hops：指定搜索目标的最大跃点数，如图 1－47 所示。

图 1－47　tracert －h maximum hops：指定搜索目标的最大跃点数

（3）tracert －w timeout：等待每个回复的超时时间（以 ms 为单位），如图 1－48 所示。

图 1－48　tracert －w timeout：等待每个回复的超时时间

6. route 命令

大多数主机一般是驻留在只连接一台路由器的网段上。由于只有一台路由器，因此不存在使用哪台路由器将数据包发送给远程计算机的问题，该路由器的 IP 地址可作为该网段上所有计算机的默认网关来输入。

但是，当网络上拥有两个或多个路由器时，就不能只依赖默认网关了。在这种情况下，就需要相应的路由信息，这些信息储存在路由表中，每个主机和每个路由器都配有自己独立的路由表。大多数路由器使用专门的路由协议来交换和动态更新路由表。但在有些情况下，必须人工将项目添加到路由器和主机上的路由表中。Route 就是用来显示、人工添加和修改主机的路由表项目。这里只介绍最常用的三个命令：

1）route print

本命令用于显示路由表中的当前项目，如图 1－49 所示。

2）route add

执行本命令，可以将新路由项目添加到路由表中。例如。如果要设定——个到目的网络，如图 1－50 所示。

3）route delete

执行本命令可以从路由表中删除路由，如图 1－51 所示。

7. nbtstat 命令

nbtsat 命令用于提供关于 NetBIOS 的统计数据。运用 NetBIOS，可以查看本地计算机或远程计算机上的 NetBIOS 信息。此处只介绍常用的几个命令。

1）nbtstat －n

显示本地计算机的 NerBIOS 名称和服务程序，如图 1－52 所示。

```
C:\Users\ASUS>route print
接口列表
 12...00 0c 29 b1 6c b3 ......Intel<R> 82574L 千兆网络连接
  1...........................Software Loopback Interface 1
 14...00 00 00 00 00 00 00 e0 Microsoft ISATAP Adapter #2
===========================================================================

IPv4 路由表
===========================================================================
活动路由:
网络目标        网络掩码          网关           接口      跃点数
      127.0.0.0        255.0.0.0        在链路上      127.0.0.1    306
      127.0.0.1  255.255.255.255        在链路上      127.0.0.1    306
127.255.255.255  255.255.255.255        在链路上      127.0.0.1    306
   192.168.10.0    255.255.255.0        在链路上  192.168.10.1    266
   192.168.10.1  255.255.255.255        在链路上  192.168.10.1    266
 192.168.10.255  255.255.255.255        在链路上  192.168.10.1    266
      224.0.0.0        240.0.0.0        在链路上      127.0.0.1    306
      224.0.0.0        240.0.0.0        在链路上  192.168.10.1    266
255.255.255.255  255.255.255.255        在链路上      127.0.0.1    306
255.255.255.255  255.255.255.255        在链路上  192.168.10.1    266

永久路由:
  无

IPv6 路由表
===========================================================================
活动路由:
接口跃点数网络目标           网关
  1    306 ::1/128                  在链路上
 12    266 fe80::/64                在链路上
 12    266 fe80::e0c1:385e:a7dd:cf12/128
                                    在链路上
  1    306 ff00::/8                 在链路上
 12    266 ff00::/8                 在链路上

永久路由:
```

图 1−49　显示路由表中的当前项目

图 1−50　将新路由项目添加到路由表中

图 1−51　可以从路由表中删除路由

图 1−52　显示本地计算机的 NerBIOS 名称和服务程序

2）nbtstat －c

显示 NetBIOS 名称高速缓存的内容。NetBIOS 名称高速缓存用于存放与本计算机最近进行通信的其他计算机的 NetBIOS 名称和 IP 地址对，如图 1－53 所示。

图 1－53　显示 NetBIOS 名称高速缓存的内容

3）nbtstat －r

该命令用于清除和重新加载 NetBIOS 名称高速缓存，如图 1－54 所示。

图 1－54　清除和重新加载 NetBIOS 名称高速缓存

4）nbtstat －a IP

通过 IP 显示另一台计算机的物理地址和名字列表，所显示的内容与对方计算机执行 nbtstat －n 一样，如图 1－55 所示。

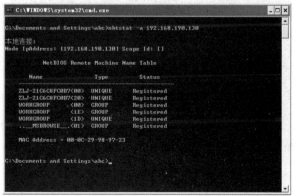

图 1－55　通过 IP 显示另一台计算机的物理地址和名字列表

8. net 命令

net 命令有很多参数，用于使用和核查计算机之间的 NetBIOS 连接。这里只介绍最常用的两个命令：net view 和 net use。

1）net view

net view UNC　地址

运行此命令，可以查看目标服务器上的共享点名称。任何局域网里的计算机都可以发出此命令，而且不需要提供用户名或口令。UNC 地址以"＼"开头，后面紧跟目标计算机的名称或 IP 地址。例如，执行 net view ＼x 命令，就是查看主机名为 lx 的计算机的共享点，如图 1-56 所示。

图 1-56　可以查看目标服务器上的共享点名称

2）net use

net use 本地盘符目标计算机共享点

运行此命令用于建立或取消到达指定目标主机共享点的映像驱动器的连接（如果需要，必须提供用户名或口令）。例如，执行 net use F:lx\mp3 命令，就是将映像驱动器 F：连接到网络主机 Nxmp3 的共享点上，之后就可以通过访问盘符 F 来访问网络主机 Ix＼mp3 的共享点，这和右击"我的电脑"，选择映射网络驱动器类似，如图 1-57 所示。

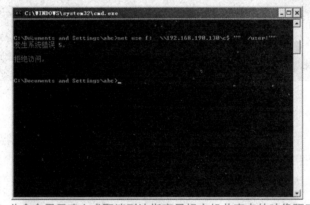

图 1-57　此命令用于建立或取消到达指定目标主机共享点的映像驱动器的连接

任务 3　WireShark 抓包实验

【实验目的】

➤ 通过本次实验，掌握使用 WireShark 抓取 TCP/IP 协议数据包的技能，能够深入分析 IP 帧格式。通过抓包和分析数据包来理解 TCP/IP 协议，进一步提高理论联系实践的能力。

【实验设备与条件】

➤ 设备：WireShark。

➤ 条件：设备可以与外界通信。

一、实验要求与说明

正确使用 WireShark 的各项功能，如果碰到不懂的问题，可以去网上查询。

二、实验内容与步骤

内容：介绍本次实验的内容，介绍本次实验要抓的包，IP 协议是因特网上的中枢。它定义了独立的网络之间以什么样的方式协同工作从而形成一个全球互联网。因特网内的每台主机都有 IP 地址。数据被称作数据报的分组形式，从一台主机发送到另一台。每个数据报标有源 IP 地址和目的 IP 地址（图 1–58），然后被发送到网络中。如果源主机和目的主机不在同一个网络中，那么一个被称为路由器的中间机器将接收被传送的数据报，并且将其发送到距离目的端最近的下一个路由器。

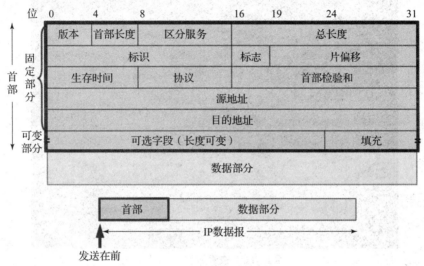

图 1–58　数据板组成

（1）确定使用的协议，使用 HTTP 服务。选择 http://www.taobao.com.cn/作为目标地址。

（2）启动抓包：单击"Start"开始抓包，在浏览器地址栏输入 http://www.taobao.com，如图 1–59 所示。

图 1–59　浏览器地址栏输入 http://www.taobao.com

（3）通过显示过滤器得到数据包：通过抓包获得大量的数据包，为了使数据包分析方便，需要使用过滤器，添加本机 IP 地址和 IP 协议过滤条件。

①打开命令提示符，通过 ipconfig /all 来查看本机 IP 地址，如图 1–60 所示。

②在工具栏上的 Filter 对话框中填入过滤条件：ip. addr == 192. 168. 2. 152，过滤结果如图 1–61 所示。

结果发现效果不是很好，于是将过滤条件中的 IP 地址更换为 http://www.taobao.com.cn，

操作过程如下:

①打开命令提示符,通过 ping www. taobao. com. cn 来查看目标 IP 地址,如图 1 - 62 所示。

图 1 - 60   查看本机 IP 地址

图 1 - 61   过滤结果

图 1 - 62   查看目标 IP 地址

②在工具栏上的"Filter"对话框中填入过滤条件：ip. addr＝＝203.119.169.80，过滤结果如图1-63所示。

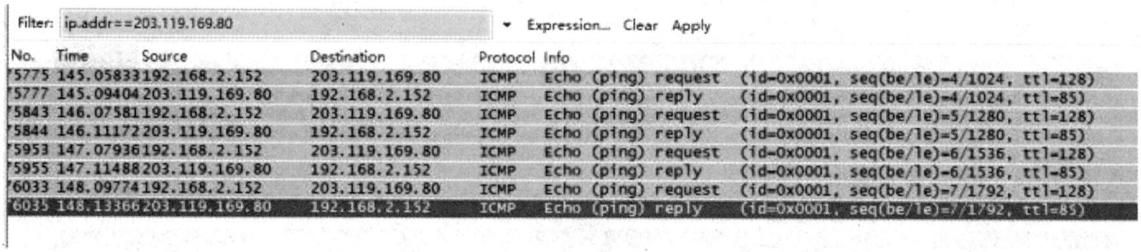

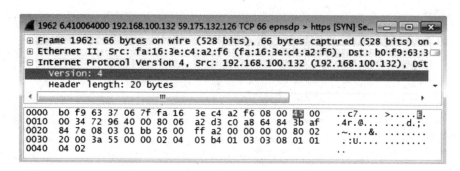

图1-63 过滤结果

双击一条 TCP 报文进入详细信息。那么为什么不选择 Protocol 类型为 IP 的协议呢？这是因为 TCP 报文正是基于 IP 协议的，TCP 是传输层协议，而 IP 是它的网络层协议。

③分析 IP 数据包。根据数据帧格式，分析 IP 包的各部分。

IP 报文中，版本占了4位，用来表示该协议采用的是哪一个版本的 IP，相同版本的 IP 才能进行通信，如图1-64所示。

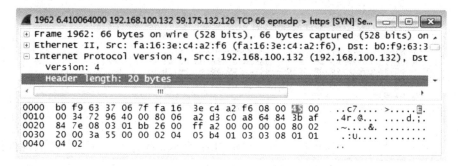

图1-64 版本占了4位

首部长度（4 bit）。该字段表示整个 IP 包头的长度，其中数的单位是4字节。即二进制数0000～1111（十进制数0～15），其中一个最小长度为0字节，最大长度为60字节。一般来说，此处的值为0101，表示头长度为20字节，如图1-65所示。

图1-65 表示整个 IP 包头的长度

区分服务（8 bit）。该字段用来获得更好的服务，在旧标准中叫作服务类型，但实际上一直未被使用过。1998 年，这个字段改名为区分服务。只有在使用区分服务（DiffServ）时，这个字段才起作用。在一般的情况下都不使用这个字段，如图 1-66 所示。

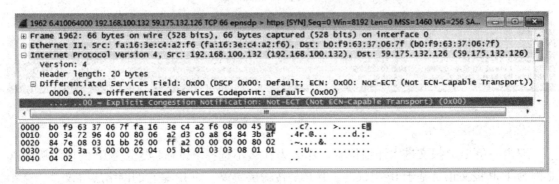

图 1-66　区分服务

总长度（16 bit）。该字段指首部和数据之和的长度，单位为字节，因此数据报的最大长度为 65 535 字节。总长度必须不超过最大传送单元 MTU，如图 1-67 所示。

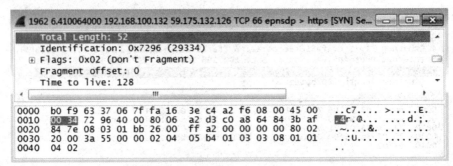

图 1-67　字段指首部和数据之和的长度

标识（16 bit）。标识（Identification）占 16 位，它是一个计数器，用来产生数据报的标识，如图 1-68 所示。

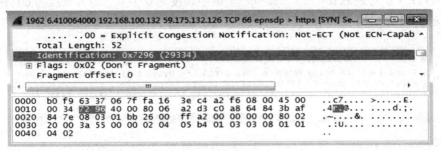

图 1-68　标识

标志（3 bit）。标志（Flag）占 3 位，目前只有前两位有意义。标志字段的最低位是 MF（More Fragment）。MF=1 表示后面"还有分片"；MF=0 表示最后一个分片。标志字段中间的一位是 DF（Don't Fragment）。只有当 DF=0 时才允许分片，如图 1-69 所示。

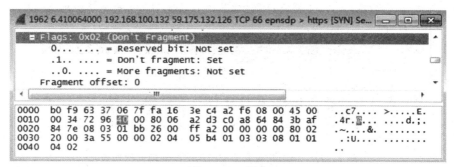

图1-69 标志

片偏移（13 bit）。该字段指出较长的分组在分片后某片在原分组中的相对位置。片偏移以8字节为偏移单位，如图1-70所示。

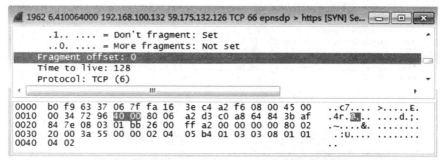

图1-70 指出较长的分组在分片后某片在原分组中的相对位置

生存时间（8 bit）。记为 TTL（Time To Live），数据报在网络中可通过的路由器数的最大值，如图1-71所示。

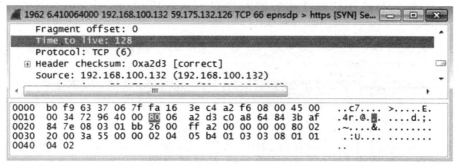

图1-71 数据报在网络中可通过的路由器数的最大值

协议（8 bit）。该字段指出此数据报携带的数据使用何种协议以便目的主机的 IP 层将数据部分上交给哪个处理过程，如图1-72所示。

首部检验和（16 bit）。该字段只检验数据报的首部，不检验数据部分，如图1-73所示。

源地址/目的地址（32 bit），如图1-74所示。

可选字段，一般一些特殊的要求会加在这个部分，如图1-75所示。

数据，如图1-76所示。

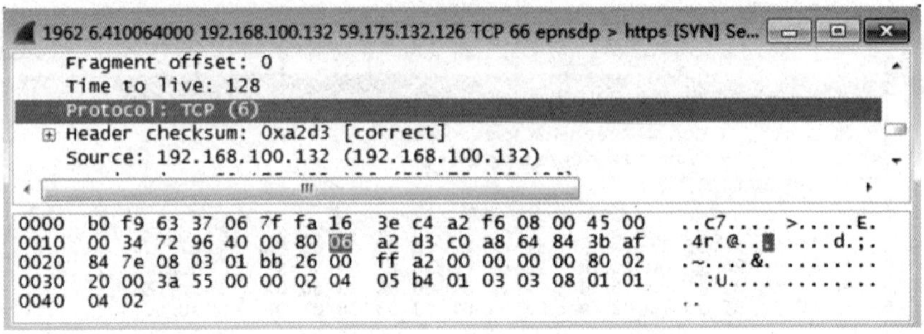

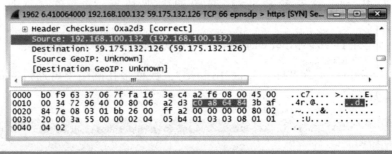

图 1－72 指出此数据报携带的数据使用何种协议

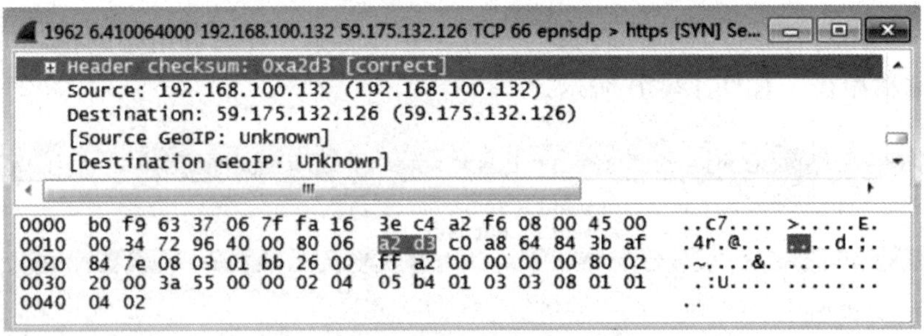

图 1－73 检验数据报的首部

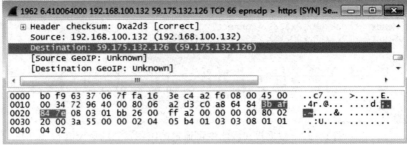

图 1－74 源地址/目的地址

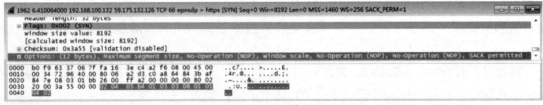

图 1－75 可选字段

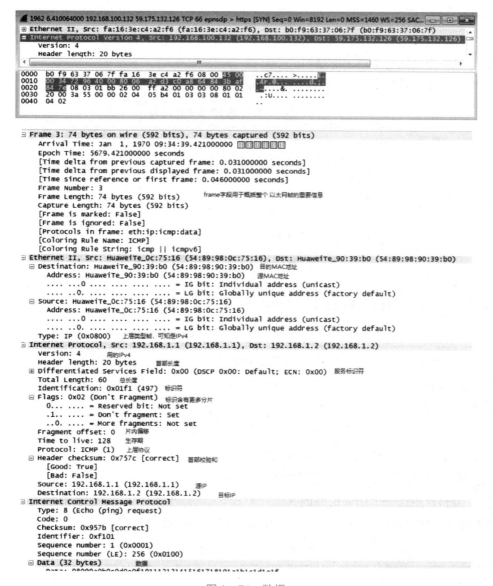

图 1-76　数据

【思考题】

1. 两个同学分为一组，或在 eNSP 模拟器中按如下步骤测试，从测试中进一步体会子网掩码和子网划分。

第一步：设置两台机器 PC1、PC2 的 IP 和子网掩码，见表 1-5。

表 1-5　PC1、PC2 的 IP 和子网掩码

机器	PC1	PC2
IP	192.168.16.2	192.168.16.3
子网掩码	255.255.255.0	255.255.255.0

（1）在 PC1 上 ping PC2，看是否有回应。

（2）在 PC2 上 ping PC1，看是否有回应。

（3）分析产生这一个结果的原因。

第二步：设置两台机器 PC1、PC2 的 IP 和子网掩码，见表1-6。

表1-6　PC1、PC2 的 IP 和子网掩码

机器	PC1	PC2
IP	192. 168. 16. 2	192. 168. 26. 3
子网掩码	255. 255. 255. 0	255. 255. 255. 0

（1）在 PC1 上 ping PC2，看是否有回应。

（2）在 PC2 上 ping PC1，看是否有回应。

（3）分析产生这一结果的原因。

第三步：设置两台机器 PC1、PC2 的 IP 和子网掩码，见表1-7。

表1-7　PC1、PC2 的 IP 和子网掩码

机器	PC1	PC2
IP	192. 168. 16. 2	192. 168. 16. 3
子网掩码	255. 255. 255. 0	255. 255. 0. 0

（1）在 PC1 上 ping PC2，看是否有回应。

（2）在 PC2 上 ping PC1，看是否有回应。

（3）分析产生这一个结果的原因。

第四步：设置两台机器 PC1、PC2 的 IP 和子网掩码，见表1-8。

表1-8　PC1、PC2 的 IP 和子网掩码

机器	PC1	PC2
IP	192. 168. 16. 2	192. 168. 26. 3
子网掩码	255. 255. 255. 0	255. 255. 0. 0

（1）在 PC1 上 ping PC2，看是否有回应。

（2）在 PC2 上 ping PC1，看是否有回应。

（3）分析产生这一结果的原因。

第五步：设置两台机器 PC1、PC2 的 IP 和子网掩码，见表1-9。

（1）在 PC1 上 ping PC2，看是否有回应。

（2）在 PC2 上 ping PC1，看是否有回应。

表 1 - 9　PC1、PC2 的 IP 和子网掩码

机器	PC1	PC2
IP	192. 168. 16. 200	192. 168. 16. 209
子网掩码	255. 255. 255. 240	255. 255. 255. 240

（3）分析两台计算机是否属于同一子网，子网号为多少？

（4）上述子网掩码最长可以设置为几位？PC1 与 PC2 之间也能直接通信吗？

第六步：设置两台机器 PC1、PC2 的 IP 和子网掩码，见表 1 - 10。

表 1 - 10　PC1、PC2 的 IP 和子网掩码

机器	PC1	PC2
IP	172. 16. 155. 16	192. 16. 150. 16
子网掩码	255. 255. 240. 0	255. 255. 240. 0

（1）在 PC1 上 ping PC2，看是否有回应。

（2）在 PC2 上 ping PC1，看是否有回应。

（3）分析两台计算机是否属于同一子网，子网号为多少？

（4）上述子网掩码最长可以设置为几位？PC1 与 PC2 之间也能直接通信吗？

第七步：设置四台 PC 的 IP 和子网掩码，见表 1 - 11。

表 1 - 11　四台 PC 的 IP 和子网掩码

机器	PC1	PC2	PC3	PC4
IP	192. 168. 16. 51	192. 168. 16. 51	192. 168. 16. 51	192. 168. 16. 51
子网掩码	255. 255. 255. 240	255. 255. 255. 240	255. 255. 255. 240	255. 255. 255. 240

（1）这四个 IP 地址涉及几个子网？如果相互用 ping 命令去 ping 对方 IP，哪些可以 ping 通？哪些 ping 不通？分析结果，说明原因。

（2）如果把 PC3 的 IP 改为 192. 168. 16. 62，那么它与哪些机子能相互 ping 通，说明什么？

（3）PC4 所在子网的广播地址是多少？

第八步：设置四台 PC 的 IP 和子网掩码，见表 1 - 12。

表 1 - 12　四台 PC 的 IP 和子网掩码

机器	PC1	PC2	PC3	PC4
IP	192. 168. 8. 16	192. 168. 9. 16	192. 168. 10. 16	192. 168. 11. 16
子网掩码	255. 255. 252. 0	255. 255. 252. 0	255. 255. 252. 0	255. 255. 252. 0

测试四台电脑之间能否相互通信,为什么?

第九步:试用自己学过的知识分析并回答以下问题,然后在实验室验证你的结论。

(1) 172.16.0.220/25 和 172.16.2.33/25 分别属于哪个子网?

(2) 192.168.1.60/26 和 192.168.1.66/26 能不能互相 ping 通?为什么?

(3) 210.89.14.25/23、210.89.15.89/23、210.89.16.148/23 之间能否互相 ping 通?为什么?

2. 某单位分配到一个 C 类 IP 地址,其网络地址为 192.168.1.0,该单位有 100 台左右的计算机,并且分布在 2 个不同的地点,每个地点的计算机大致相同,试给每个地点分配子网号码,并写出每个地点计算机的最大 IP 地址和最小 IP 地址。

3. 对于 B 类地址,假如主机数小于或等于 254,与 C 类地址算法相同。对于主机数大于 254 的,如需主机 700 台,又应该怎么划分子网呢?假设其网络地址为 192.168.0.0。请计算出第一个子网的最大 IP 地址和最小 IP 地址。

4. 某单位分配到一个 C 类地址,其网络地址为 192.168.10.0,该单位需要划分 28 个子网,请计算出子网掩码和每个子网有多少个 IP 地址。

5. 如何查出计算机的 MAC 地址?有多少种方法?

6. 在一个局域网内,如果知道对方计算机的 IP 地址,如何查出它的计算机名?

【实训报告】

参考学校实训格式,提交本次课的实训报告。

项目 2

数据通信基础

小明家中新买了一台计算机，但是家中没有网线，没有办法连接网络。为此，小明找到好友小亮，请他帮助制作一根网线，以便可以连接家庭网络实现网页浏览、文件传送等。

【项目分析】

在今天高速互联网的时代，网络成为人们生活中不可缺少的工具。目前局域网构建已经极为普遍，在不知不觉之间，小型局域网的踪影在我们周围无处不在，例如家庭局域网、游戏网吧、校园局域网和小型办公室网等。在这个组网热潮中，更多的人开始自己动手搭建属于自己的网络。虽然组网方式各式各样，但是万变不离其宗，这些有限局域网都需要通过线缆连接。在搭建网络的时候，网线的制作是一大重点，整个过程都要准确到位，排序的错误和压制的不到位都将直接影响网线的使用，出现网络不通或者网速慢的情况。而网线接法是必须掌握的知识，为以后构建计算机局域网打下基础。

【知识目标】

- 了解数据通信基本概念。
- 掌握数据传输方式。
- 掌握常用传输介质的特点。
- 对比有线传输与无线传输，了解它们的技术特点。
- 掌握数据交换的几种方式。

【能力目标】

- 学会数据通信的相关技术。
- 懂得数据通信的过程。
- 学会两种双绞线制作方法。

【素质目标】

- 诚信：遵纪守法、诚恳待人、以信取人。
- 合作：无私奉献、有效沟通、配合默契。
- 坚韧：坚强自信、勇于担当、贵在坚持。

【相关知识】

知识点 1 数据通信技术基础

1.1 数据通信的基本概念

数据通信是通信技术和计算机技术相结合而产生的一种新的通信方式。要在两地间传输信息，必须有传输信道，根据传输媒体的不同，有有线数据通信与无线数据通信之分。但它们都是通过传输信道将数据终端与计算机连接起来，从而使不同地点的数据终端实现软、硬件和信息资源的共享。

1.2 数据、信息、信号或信道

数据是指数字化的信息。在数据通信过程中，被传输的二进制代码（或者说数字化的信息）称为数据。数据是信息的表现形式或载体。数据分为数字数据和模拟数据。数字数据的值是离散的，如电话号码、邮政编码等；模拟数据的值是连续变换的量，如身高、体重、温度、气压等。

信号是数据在传输过程中的电磁波的表示形式，因此数据只有转换为信号才能传输。信号是运输数据的工具，是数据的载体，是数据的表现形式，信号使数据能以适当的形式在介质上传输。从广义上讲，信号包含光信号、声信号和电信号，人们通过对光、声、电信号的接收，才知道对方要表达的消息。信号从形式上分为模拟信号和数字信号。模拟信号指的是在时间上连续不间断，数值幅度大小也是连续不断变化的信号，如传统的音频信号、视频信号等。数字信号指的是在时间轴上离散，幅度不连续的信号，可以用二进制1或0表示，如计算机数据、数字电话、数字电视等输出的都是数字信号。模拟信号和数字信号如图2-1所示。

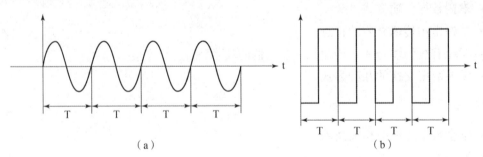

（a）　　　　　　　　　　　　　　　　（b）

图 2-1　模拟信号（a）和数字信号（b）

信道是信息从发送端传输到接收端的一个通路，它一般由传输介质（线路）和相应的传输设备组成。在数据通信系统中，信道为信号的传输提供了通路。

数据以信号的形式在网络中传播。一次通信中，发送信号的一端是信源，接收信号的一端是信宿。信源和信宿之间要有通信线路才能互相通信。用通信术语来说，通信线路称为信道，所以信源和信宿之间的信号交换是通过信道进行传送的。不同物理性质的信道对通信的

速率和传输质量影响也不同。另外，信号在传输过程中可能会受到外界的干扰，这种干扰称为噪声。不同的物理通道对各种干扰的感受程度不同。例如，如果信道上传输的是电信号，就会受到外界电磁场的干扰，光纤信道则没有这种担忧。以上描述的通信方式是很抽象的。它忽略了具体通信中物理过程的技术细节。由以上描述得到的通信系统模型如图2-2所示。

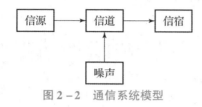

图2-2　通信系统模型

1.3　数据的编码技术

在数据通信中，根据不同的通信介质，信道上传输的信号可以分为数字信号和模拟信号。在发送端，数字数据需要由编码器编码，编码器将数字数据转换成可以在数字信道上传输的数字信号。如果在模拟信道上传输，调制器会将数字信号调制成模拟信号，以便在模拟信道上传输。在接收端，执行反向操作，即模拟信号解调（解调器）和数字信号解码（解码器），最终恢复原始数字数据。

1.3.1　数据编码类型

根据数据通信类型，用于数据通信的数据编码方法分为两类：模拟数据编码与数字数据编码。网络中基本的数据编码方法可以归纳为图2-3所示。

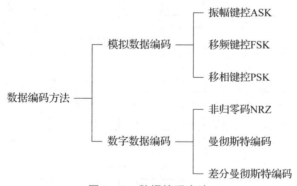

图2-3　数据编码方法

1.3.2　模拟数据编码方法

数字调制就是将数字符号变成适用于信道传输的波形。所用载波一般是余弦信号，调制信号为数字基带信号。利用基带信号去控制载波的某个参数，就完成了调制。

调制的方法主要是通过改变余弦波的幅度、相位或频率来传送信息。其基本原理是把数据信号寄生在载波的上述三个参数中的一个上，即用数据信号来进行幅度调制、频率调制或相位调制。分别对应"幅移键控"（ASK）、"相移键控"（PSK）和"频移键控"（FSK）三种数字调制方式。三种调制方法如图2-4所示。

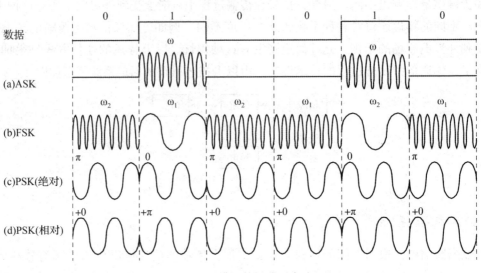

图 2 - 4　模拟数据编码方法

1.3.3　数字数据编码方法

在基带传输中，数字数据信号的编码方法主要有图 2 - 5 所示几种。

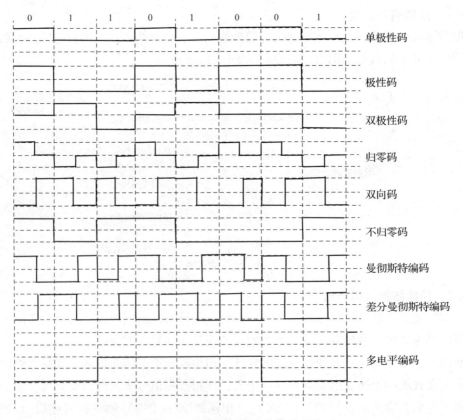

图 2 - 5　数字数据信号的编码方法

1.4　数据的通信模型

数据通信模型是指远端的数据终端设备 DTE 通过数据电路与计算机系统相连。数据电路由通信信道和数据 DCE 通信设备组成。如果通信信道是模拟信道，DCE 就是把 DTE 送来的数据信号变换成模拟信号再送往信道，信号到达目的节点后，把信道送来的模拟信号变换成数据信号再送到 DTE；如果通信信道是数字信道，DCE 的作用就是实现信号码型与电平的转换、信道特性的均衡、收发时钟的形成与供给以及线路接续控制等，数据的通信模型如图 2−6 所示。

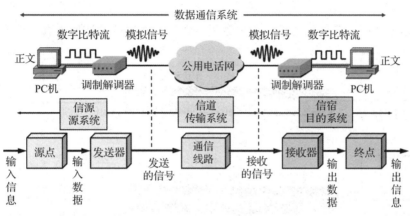

图 2−6　数据的通信模型

数据通信和传统的电话通信的重要区别之一是，电话通信必须有人直接参加，摘机拨号，接通线路，双方都确认后才开始通话，通话过程中有听不清楚的地方还可要求对方再讲一遍等。在数据通信中也必须解决类似的问题，才能进行有效的通信。但由于数据通信没有人直接参加，就必须对传输过程按一定的规程进行控制，以便使双方能协调、可靠地工作，包括通信线路的链接、收发双方的同步、工作方式的选择、传输差错的检测与校正、数据流的控制、数据交换过程中可能出现的异常情况的检测和恢复，这些都是按双方事先约定的传输控制规程来完成的。

1.5　通信系统主要技术指标

衡量一个数据传输系统性能的主要技术指标是有效性与可靠性。有效性主要指消息传输的速度，可靠性主要指消息传输的质量。

模拟通信中，有效性常使用传输频带带宽来度量。带宽是指信道能传送信号的频率宽度，也就是可传送信号的最高频率与最低频率之差。同样的消息用不同的调制方式，需要不同的频带宽度。可靠性用接收端输出的信噪比来度量。信噪比是指接收端信号的平均功率和噪声的平均功率之比。在相同条件下，系统输出端的信噪比越大，系统抗干扰的能力越大。例如，电话要求信噪比为 20 ~ 40 dB，电视机要求 40 dB 以上。在数字通信中，有效性一般用信息传输速率来衡量，可靠性一般用误码率来衡量。

1. 信息传输速率

信息可被理解为消息中包含有意义的内容。信息传输速率简称传信率，又称为信息速率或比特率，单位为比特/秒，记为 b/s。例如，每秒传送 1 600 位，则它的比特率为 1 600 b/s。

2. 码元传输速率

为了提高信号传输效率，我们总是希望在一定的时间内能够传输尽可能多的码元。但任何实际的信道都不是理想的，在传输信号时，都会产生各种失真及带来多种干扰。图 2-7 给出了数字信号通过实际的信道可能会引起输出波形失真的示意图。可以看出，当失真不严重时（图 2-7（a）），在输出端还可以根据已失真的输出波形还原出发送码元来。但当失真严重时（图 2-7（b）），在输出端就很难判断这个信号在什么时候是 1，在什么时候是 0。码元传输的速率越高，或信号传输的距离越远，在信道输出端的波形失真就越严重。

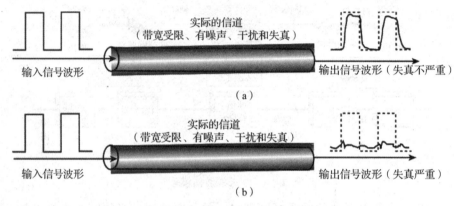

图 2-7　数字信号通过实际的信道

(a) 失真不严重；(b) 失真严重

3. 误码率和误比特率

误码率又称码元差错率的比例，即误码率是衡量系统可靠性指标，见式（2-1）。

$$误码率 = 传输中发生差错的码元数/传输总码元数 \qquad (2-1)$$

在二进制传输中，误码率也称误比特率，见式（2-2）。

$$误比特率 = 传输出错的比特数/传输的总比特数 \qquad (2-2)$$

在实际的数据传输系统中，电话线路传输速率为 300 ~ 2 400 b/s 时，平均误码率为 $10^{-2} ~ 10^{-6}$，传输速率为 4 800 ~ 9 600 b/s 时，平均误码率为 $10^{-2} ~ 10^{-4}$，而计算机通信的平均误码率要求低于 10^{-9}。因此，普通信道如不采取差错控制技术，是不能满足计算机通信要求的。

4. 信道带宽与信道容量

信道带宽是指信道中传输的信号在不失真情况下所占用的频率范围，单位用赫兹（Hz）表示。信道带宽是由信道的物理特性所决定的。例如，电话线路的频率范围是 300 ~ 3 400 Hz，则它的带宽范围也是 300 ~ 3 400 Hz。

信道容量是衡量一个信道传输数字信号的重要参数。信道容量是指单位时间内信道上所能传输的最大比特数，用比特每秒（b/s）表示。当传输速率超过信道的最大信号速率时，会产生失真。

通常，信道容量和信道带宽具有正比的关系，带宽越大，容量越高。因此，要提高信号的传输率，信道就要有足够的带宽。从理论上看，增加信道带宽是可以增加信道容量的，而实际上，信道带宽的无限增加并不能使信道容量无限增加，原因是在一些实际情况下，信道中存在噪声（干扰），制约了带宽的增加。

知识点 2 数据的传输方式

2.1 基带传输与频带传输

1. 基带传输

在数据通信中，由计算机或终端等数字设备直接发出的信号是二进制数字信号，是典型的矩形电脉冲信号，其频谱包括直流、低频和高频等多种成分。

在数字信号频谱中，把直流（零频）开始到能量集中的一段频率范围称为基本频带，简称为基带。因此，数字信号被称为数字基带信号，在信道中直接传输这种基带信号就称为基带传输。在基带传输中，整个信道只传输一种信号，通信信道利用率低。

由于在近距离范围内，基带信号的功率衰减不大，从而信道容量不会发生变化，因此，在局域网中通常使用基带传输技术。

在基带传输中，需要对数字信号进行编码来表示数据。

2. 频带传输

远距离通信信道多为模拟信道，例如，传统的电话（电话信道）只适用于传输音频范围（300～3 400 Hz）的模拟信号，不适用于直接传输频带很宽，但能量集中在低频段的数字基带信号。

频带传输就是先将基带信号变换（调制）成便于在模拟信道中传输的、具有较高频率范围的模拟信号（称为频带信号），再将这种频带信号在模拟信道中传输。

计算机网络的远距离通信通常采用的是频带传输。

基带信号与频带信号的转换是由调制解调技术完成的。

2.2 并行传输与串行传输

串行传输：使用一条数据线，将数据一位一位地依次传输，每一位数据占据一个固定的时间长度。只需要少数几条线就可以在系统间交换信息，特别适用于计算机与计算机、外设之间的远距离通信。

并行传输：并行传输指的是数据以成组的方式，在多条并行信道上同时进行传输，是在传输中有多个数据位同时在设备之间进行的传输。

区别：

串行传输速度慢，但费用低，适合远距离传输；并行传输相对速度更快，但成本高，适用短距离传输。

串行传输即异步通信，较简单，双方时钟可允许一定误差；并行传输即同步通信，较复杂，双方时钟的允许误差较小。

串行传输信只适用于单点对单点；并行传输可用于单点对多点。

2.3 单工、全双工与半双工传输

单工数据传输允许数据在两个方向上传输，但是，在某一时刻，只允许数据在一个方向上传输，它实际上是一种切换方向的单工通信。

全双工数据传输允许数据同时在两个方向上传输，因此，全双工通信是两个单工传输方式的结合，它要求发送设备和接收设备都有独立的接收和发送能力。

半双工（Half Duplex）数据传输指数据可以在一个信号载体的两个方向上传输，但是不能同时传输。例如，在一个局域网上使用具有半双工传输的技术，一个工作站可以在线上发送数据，然后立即在线上接收数据，这些数据来自数据刚刚传输的方向。像全双工传输一样，半双工包含一个双向线路（线路可以在两个方向上传递数据）。

2.4 异步通信与同步通信

1. 异步通信

异步通信是一种很常用的通信方式。异步通信在发送字符时，所发送的字符之间的时间间隔可以是任意的。当然，接收端必须时刻做好接收的准备。发送端可以在任意时刻开始发送字符，因此，必须在每一个字符的开始和结束的地方加上标志，即加上开始位和停止位，以便使接收端能够正确地将每一个字符接收下来。异步通信的好处是通信设备简单、便宜，但传输效率较低。

2. 同步通信

也称抑制载波双边带通信。它是一种在发射端发送一个抑制载波的双边带信号，而在接收端恢复载波，再进行检波的通信方式。因为恢复的载波与被接收的信号载波同频同相，故取名为同步通信。

2.5 多路复用技术

多路复用技术是把多个低速信道组合成一个高速信道的技术，它可以有效地提高数据链路的利用率，从而使得一条高速的主干链路同时为多条低速的接入链路提供服务，也就是使得网络干线可以同时运载大量的语音和数据传输。多路复用技术是为了充分利用传输媒体，人们研究了在一条物理线路上建立多个通信信道的技术。多路复用技术的实质是，将一个区域的多个用户数据通过发送多路复用器进行汇集，然后将汇集后的数据通过一个物理线路进行传送，接收多路复用器再对数据进行分离，分发到多个用户。多路复用通常分为频分多路复用、时分多路复用、波分多路复用、码分多址和空分多址。

2.6 数据交换技术

通信的目的就是实现信息的传递，实现通信必须要具备 3 个基本的要素，即终端、传输、交换。在数据通信网络中，通过网络节点的某种转接方式来实现从任一端系统到另一端系统之间接通数据通路的技术称为数据交换技术。

2.7 差错控制

差错控制在数字通信中利用编码方法对传输中产生的差错进行控制，以提高传输正确性和有效性的技术。差错控制包括差错检测、前向纠错（FEC）和自动请求重发（ARQ）。

根据差错性质不同，差错控制分为对随机误码的差错控制和对突发误码的差错控制。随机误码指信道误码较均匀地分布在不同的时间间隔上；而突发误码指信道误码集中在一个很短的时间段内。有时把几种差错控制方法混合使用，并且要求对随机误码和突发误码均有一定差错控制能力。

差错控制是一种保证接收的数据完整、准确的方法。因为实际电话线总是不完善的。数据在传输过程中可能变得紊乱或丢失。为了捕捉这些错误，发送端调制解调器对即将发送的数据执行一次数学运算，并将运算结果连同数据一起发送出去，接收数据的调制解调器对它接收到的数据执行同样的运算，并将两个结果进行比较。如果数据在传输过程中被破坏，则两个结果就不一致，接收数据的调制解调器就申请发送端重新发送数据。

知识点3 网络传输介质与网络连接设备

3.1 传输介质

数据又是信息的载体，而数据又是以信号的形式在发送端和接收端之间传播的。在一个数据通信系统中，连接发送部分和接收部分之间通信的物理通路就称为传输介质，也称为传输媒体或者是传输媒介。传输介质也分为两大类：有线的传输介质和无线的传输介质。

3.1.1 有线的传输介质

1. 双绞线

双绞线是目前使用比较广泛，价格也比较低廉的传输介质，它是由两根互相绝缘的铜导线并排放在一起，然后用规则的方法绞合起来所构成的。那两个交点之间的距离就称为扭绞距，每根铜导线的典型直径为 0.4 ~ 1.4 mm。采用两两相绞的绞线技术，可以抵消相邻线对之间的远端串扰和减少近端串扰。双绞线绞合规则如图 2-8 所示。

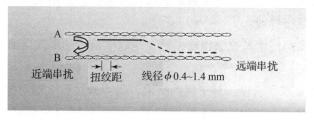

图 2-8 双绞线绞合规则

在实际使用的时候，多对双绞线一起包在一个绝缘的电缆套管里，便形成了双绞线电缆。但在日常生活中，一般把双绞线电缆直接称为双绞线。双绞线如图 2-9 所示。

图 2 - 9   双绞线

图 2 - 10 （a）是无屏蔽双绞线结构，每对双绞线外有一个绝缘层，多对双绞线外面又有一层聚氯乙烯套层。图 2 - 10 （b）相对于图 2 - 10 （a）来说，在双绞线的外面加上了一个用金属丝编织的屏蔽层，这就是屏蔽双绞线，从而提高了双绞线的抗干扰能力，但是付出的代价就是价格会偏高一些。无屏蔽双绞线和屏蔽双绞线结构如图 2 - 10 所示。

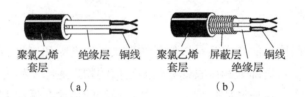

图 2 - 10   无屏蔽双绞线和屏蔽双绞线结构

（a）无屏蔽双绞线 UTP；（b）屏蔽双绞线 STP

无屏蔽双绞线具有成本低，适用于结构化综合布线等优点，性价比相对来说较高，所以在局域网中得到了充分的利用。但是同时也看到，它也存在着传输的时候具有信息辐射，容易被窃听的缺点，所以，在对信息保密级别要求比较高的场合，还必须采取辅助屏蔽措施。

屏蔽双绞线具有抗电子干扰强、传输质量高这些优点，但是也存在着成本高的缺点，所以在实际应用中并不是很普遍。

双绞线可以用于模拟传输和数字传输，数据是以电信号的形式向前传播，但是随着传输距离的增加，有：

（1）模拟信号会衰减，所以，对于模拟信道，需要通过放大器对信号进行放大。

（2）数字信号会失真，所以，对于数字信道，则需要通过中继器对信号进行整形，从而可以让信号进行长距离的传输。

2. 同轴电缆

由内导体的铜制芯线、绝缘层网状编织的外导体屏蔽层以及坚硬的绝缘塑料外层组成。

由于外导体屏蔽层的作用，同轴电缆具有较好的抗干扰特性，比较适用于高速的数据传输。在计算机网络中所使用的同轴电缆主要分为粗缆和细缆两种，两者的结构是相似的，只是直径不同。

粗缆传输距离较远，最远可以达到 500 m。

细缆安装相对来说比较简单，造价比较低，但是它的传输距离比较近，一般不超过 185 m。

在局域网发展的初期，使用同轴电缆比较多，但是随着通信技术的发展，目前局域网中基本上都是使用双绞线和光纤作为传输介质，同轴电缆主要用于有线电视网的居民小区和家庭里面。同轴电缆结构如图 2 – 11 所示。

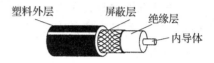

图 2 – 11 同轴电缆结构

3. 光纤

光纤是目前使用的最为广泛的传输介质，它通常是由透明的石英玻璃拉成细丝，非常容易折断，在施工的时候通常用到增加了塑料保护套管以及塑料的外皮以后所构成的光缆。它的基本原理就是和我们物理课上学到的全反射相关。实际上，当射到光纤表面的光线入射角大于某一个临界角度的时候，就可以发生全反射，接着再发生全反射，就是通过这种不停地发生全反射，来使信号能够向前传播。全反射原理如图 2 – 12 所示。

图 2 – 12 全反射原理

因此，当含有多条不同角度入射的光线在一条光纤中传输时，这种光纤就称为多模光纤。光线在多模光纤与单模光纤中的传输如图 2 – 13 所示。

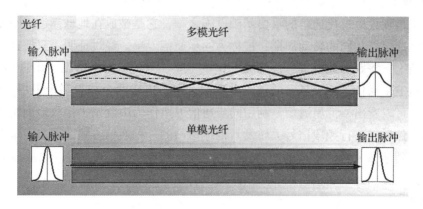

图 2 – 13 光线在多模光纤与单模光纤中的传输

单模光纤中心玻璃纤芯非常细小（纤芯直径通常的 9 μm 或 10 μm），只能传输一种模式的光纤。因此，它的模间色散很小，适合远程通信。

从信号通过多模光纤前后的对比，可以看出信号经过多模光纤传输后，有了一定程度的失真。

从信号通过单模光纤前后的对比，可以看出脉冲的形状基本上保持不变，所以单模光纤可以用于长距离的传输。

可见从性能上看，单模光纤明显优于多模光纤，但是价格也相对高一些。与其他的传输介质相比，光纤具有通信容量大，传输距离远，串扰小信号，传输质量高，抗电磁干扰，保密性好等优点。

尽管光纤本身还存在着容易切断，连接操作技术复杂，不宜维护这样的缺点，但是我们也可以看出，由于光纤的原料为石英玻璃纱，原料丰富取之不尽，同时也节省了大量的有色金属。随着生产成本的日益降低，光缆已经成为目前全球信息基础设施的主要传输介质。

3.1.2　无线的传输介质

1. 无线电波

无线电波是一个广义的概念，它可以在自由空间向各个方向传播信号，属于全向传播，而对于微波，因为是把信号从一个微波站向下一个微波站去传播，所以属于定向的传播。无线电波的不同频段可用于不同的无线通信方式，比如蓝牙通信使用的频率范围是 2 400 ~ 2 483.5 MHz，短波通信使用的频率范围是 3 ~ 30 MHz，中波通信使用的频率范围是 300 ~ 3 000 kHz。使用的频率越高，通信距离越短。

2. 地面微波

地面微波的工作频率范围一般是 1 ~ 20 GHz，它是利用无线电波在对流层的视距范围内进行传输的。由于受到地形和天线高度的限制，两个微波站之间的距离一般是 30 ~ 50 km，当用于这个长途传输的时候，中间必须要架设多个微波中继站。每个中基站的主要功能就是变频和放大，这种通信方式就称为微波接力通信。所谓的地面微波，就是指微波站架设在楼顶或者是山头上，如果微波站架设在空中就通信卫星上，就变成了卫星微波。

3. 卫星微波

通信卫星是现代电现代通信的重要基础设施之一，它是被放在地球赤道上空相对静止的轨道上，与地球保持相同的转动周期，被称为同步通信卫星。经过证明，只要在地球赤道上空的同步轨道上，等距离地放置三颗间隔120°的卫星，就能基本上实现全球的通信。

实际上，卫星通信是一个悬空的微波中继站，用于连接两个或者多个卫星通信地球站。从图 2 - 14 中可以看出，卫星通信是利用同步通信卫星作为中继站去接收地面站送出的上行频段信号的，然后以下行频段信号去转发其他地球站的一种通信方式。同步卫星发射出的电磁波能够辐射到地球上通信覆盖区的跨度可以达到 18 000 多千米，所以卫星通信的最大特点就是通信距离远，并且通信费用和通信距离没有任何关系。

4. 红外线

红外线是波长介于微波和可见光之间的电磁波，红外线技术已经在计算机通信中得到应用，比如在早期的笔记本电脑或者手机中会有一个红外接口，然后两台笔记本电脑或者手机可以近距离地传输文件。

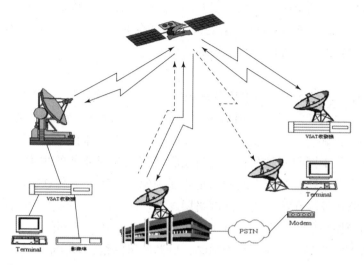

图 2 - 14　卫星通信

1. 集线器

集线器的英文名称为 Hub。Hub 是 "中心" 的意思，集线器的主要功能是对接收到的信号进行再生整形放大，以扩大网络的传输距离，同时，把所有节点集中在以它为中心的节点上。它工作于 OSI 参考模型第一层，即物理层。集线器与网卡、网线等传输介质一样，属于局域网中的基础设备，采用 CSMA/CD 载波监听多路访问冲突检测访问方式。

集线器属于纯硬件网络底层设备，基本上不具有类似于交换机的 "智能记忆" 能力和 "学习" 能力。它也不具备交换机所具有的 MAC 地址表。所以，它发送数据时，都是没有针对性的，而是采用广播方式发送。也就是说，当它要向某节点发送数据时，不是直接把数据发送到目的节点，而是把数据包发送到与集线器相连的所有节点。

这种广播发送数据方式有三方面不足：

（1）用户数据包向所有节点发送，很可能带来数据通信的不安全因素，一些别有用心的人很容易就能非法截获他人的数据包。

（2）由于所有数据包都是向所有节点同时发送，加上其共享带宽方式（如果两个设备共享 10M 的集线器，那么每个设备就只有 5M 的带宽），就更加可能造成网络塞车现象，更加降低了网络执行效率。

（3）非双工传输，网络通信效率低。集线器的同一时刻每一个端口只能进行一个方向的数据通信，而不能像交换机那样进行双向双工传输，网络执行效率低，不能满足较大型网络通信需求。

基于以上原因，尽管集线器技术也在不断改进，但实质上就是加入了一些交换机

（Switch）技术，例如，具有堆叠技术的堆叠式集线器、具有智能交换机功能的集线器。可以说集线器产品已在技术上向交换机技术进行过渡，具备了一定的智能性和数据交换能力。但随着交换机价格的不断下降，集线器仅有的价格优势已不再明显，其市场越来越小，处于淘汰的边缘。尽管如此，集线器对于家庭或者小型企业来说，在经济上还是有一点诱惑力的，特别适用于家庭网络或者中小型公司的分支网络。

2. 路由器

路由器（Router）是连接因特网中各局域网、广域网的设备，它会根据信道的情况自动选择和设定路由，以最佳路径、按前后顺序发送信号的设备。路由器是互联网络的枢纽、"交通警察"。目前路由器已经广泛应用于各行各业，各种不同档次的产品已成为实现各种骨干网内部连接、骨干网间互联和骨干网与互联网互联互通业务的主力军。图 3-5 是小型局域网的连接示意图。路由和交换之间的主要区别就是交换发生在 OSI 参考模型第二层，即数据链路层，而路由发生在第三层，即网络层。这一区别决定了路由和交换在传送信息的过程中需使用不同的控制信息，所以两者实现各自功能的方式是不同的。

路由器是用于连接多个分开的逻辑网络，所谓逻辑网络，是代表一个单独的网络或者一个子网。当数据从一个子网传输到另一个子网时，可通过路由器来完成。路由器具有判断网络地址和选择路径的功能，它能在多网络互联环境中，建立灵活的连接，可用完全不同的数据分组和介质访问方法连接各种子网，路由器只接收源站或其他路由器的信息，属网络层的一种互联设备。它不关心各子网使用的硬件设备，但要求运行与网络层协议相一致的软件。路由器分本地路由器和远程路由器，本地路由器是用来连接网络传输介质的，如光纤、同轴电缆、双绞线等；远程路由器用来连接远程传输介质，并要求配置相应的设备，如电话线要配调制解调器，无线要通过无线接收机、发射机。

路由器的一个作用是连接不同的网络，另一个作用是选择信息传送的线路。选择通畅、快捷的近路，能大大提高通信速度，减轻网络系统通信负荷，节约网络系统资源，提高网络系统畅通率，从而让网络系统发挥出更大的效益。

从过滤网络流量的角度来看，路由器的作用与交换机及网桥的非常相似。但是与交换机不同，路由器使用专门的软件协议从逻辑上对整个网络进行划分。例如，一台支持 IP 协议的路由器可以把网络划分成多个子网段，只有指向特殊 IP 地址的网络流量才可以通过路由器。对于每一个接收到的数据包，路由器都会重新计算其校验值，并写入新的物理地址。因此，使用路由器转发和过滤数据的速度往往要比只查看数据包物理地址的交换机慢。但是，对于那些结构复杂的网络，使用路由器可以提高网络的整体效率。路由器的另外一个明显优势就是可以自动过滤网络广播。从总体上说，在网络中添加路由器的整个安装过程要比即插即用的交换机复杂得多。

一般说来，异种网络互联与多个子网互联都应采用路由器来完成。

路由器的主要工作就是为经过路由器的每个数据帧寻找一条最佳传输路径，并将该数据有效地传送到目的地址。由此可见，选择最佳路径的策略即路由算法是路由器的关键所在。为了完成这项工作，在路由器中保存着各种传输路径的相关数据——路径表（Routing Table）供路由选择时使用。路径表中保存着子网的标志信息、网上路由器的个数和下一个路由器的名字等内容。路径表可以是由系统管理员固定设置好的，也可以由系统动态修改；可以由路由器自动调整，也可以由主机控制。

根据路径表是由系统管理员固定设置还是由系统动态修改，可将路径表分为静态路径表和动态路径表。

1）静态路径表

由系统管理员事先设置好固定路径的表称为静态（Static）路径表，一般是在系统安装时就根据网络的配置情况预先设定的，它不会随未来网络结构的改变而改变。

2）动态路径表

动态（Dynamic）路径表是路由器根据网络系统的运行情况而自动调整的路径表。路由器根据路由选择协议（Routing Protocol）提供的功能，自动学习和记忆网络运行情况，在需要时自动计算数据传输的最佳路径。

3. 交换机

交换机（Switch）是一种用于电信号转发的网络设备。它可以为接入交换机的任意两个网络节点提供独享的电信号通路。最常见的交换机是以太网交换机，其他常见的还有电话语音交换机、光纤交换机等。

交换（Switching）是按照通信两端传输信息的需要，用人工或设备自动完成的方法，把要传输的信息送到符合要求的相应路由上的技术的统称。根据工作位置的不同，交换机可以分为广域网交换机和局域网交换机。广域网的交换机就是一种在通信系统中完成信息交换功能的设备。

在计算机网络系统中，交换概念的提出改进了共享工作模式。我们以前介绍过的集线器就是一种共享设备，它本身不能识别目的地址，当同一局域网内的 A 主机给 B 主机传输数据时，数据包在以集线器为架构的网络上是以广播方式传输的，由每一台终端通过验证数据包的地址信息来确定是否接收。也就是说，在这种工作方式下，同一时刻网络上只能传输一组数据帧，如果发生冲突，还得重试。这种方式就是共享网络带宽。

1）交换机的工作原理

交换机工作在数据链路层，拥有一条很高带宽的背部总线和内部交换矩阵。交换机的所有端口都挂接在这条背部总线上，控制电路收到数据包以后，处理端口会查找内存中的地址对照表，以确定目的 MAC（网卡的硬件地址）的 NIC（网卡）挂接在哪个端口上，通过内部交换矩阵迅速将数据包传送到目的端口；目的 MAC 若不存在，则广播到所有的端口，接收端口回应后交换机"学习"新的地址，并把它添加到内部 MAC 地址表中。使用交换机也可以把网络"分段"，通过对照 MAC 地址表，交换机只允许必要的网络流量通过交换机。通过交换机的过滤和转发，可以有效地减少冲突域，但它不能划分网络层广播，即广播域。交换机在同一时刻可进行多个端口对之间的数据传输。每一端口都可视为独立的网段，连接在其上的网络设备独自享有全部的带宽，无须同其他设备竞争使用。当节点 A 向节点 D 发送数据时，节点 B 可同时向节点 C 发送数据，而且这两个传输都享有网络的全部带宽，都有着自己的虚拟连接。假设这里使用的是 10 Mb/s 以太网交换机，那么该交换机这时的总流通量就等于 2×10 Mb/s $= 20$ Mb/s，而使用 10 Mb/s 的共享式 Hub 时，一个 Hub 的总流通量也不会超出 10 Mb/s。总之，交换机是一种基于 MAC 地址识别，能完成封装转发数据帧功能的网络设备。交换机可以"学习"MAC 地址，并把其存放在内部地址表中，通过在数据帧的始发者和目标接收者之间建立临时的交换路径，使数据帧直接由源地址到达目的地址。

2）交换机的分类

从广义上来看，交换机分为广域网交换机和局域网交换机。广域网交换机主要应用于电信领域，提供通信用的基础平台。而局域网交换机则应用于局域网络，用于连接终端设备，如 PC 机及网络打印机等。

从传输介质和传输速度上，可分为以太网交换机、快速以太网交换机、千兆以太网交换机、FDDI 交换机、ATM 交换机和令牌环交换机等。

从规模应用上，又可分为企业级交换机、部门级交换机和工作组交换机等。各厂商划分的尺度并不完全一致，一般来讲，企业级交换机都是机架式，部门级交换机可以是机架式（插槽数较少），也可以是固定配置式，而工作组级交换机为固定配置式（功能较为简单）。另外，从应用规模来看，作为骨干交换机时，支持 500 个信息点以上大型企业应用的交换机为企业级交换机，支持 300 个信息点以下中型企业的交换机为部门级交换机，而支持 100 个信息点以内的交换机为工作组级交换机。本书所介绍的交换机指的是局域网交换机。

3）交换机与路由器的区别

传统交换机是从网桥发展而来的，属于 OSI 参考模型的第 2 层即数据链路层设备。它根据 MAC 地址寻址，通过站表选择路由，站表的建立和维护由交换机自动进行。路由器属于 OSI 第 3 层即网络层设备，它根据 IP 地址进行寻址，通过路由表路由协议产生。交换机最大的好处是快速，由于交换机只需识别帧中 MAC 地址，直接根据 MAC 地址选择转发端口，算法简单，便于 ASIC（Application Specific Intergrated Circuits，专用集成电路）实现，因此转发速度极高。但交换机的工作机制也带来一些问题：

（1）回路。根据交换机地址学习和站表建立算法，交换机之间不允许存在回路。一旦存在回路，必须启动生成树算法，阻塞掉产生回路的端口；而路由器的路由协议没有这个问题，路由器之间可以有多条通路来平衡负载，提高可靠性。

（2）负载集中。交换机之间只能有一条通路，使得信息集中在一条通信链路上，不能进行动态分配，以平衡负载；而路由器的路由协议算法可以避免这一点，OSPF（Open Shortest Path First，开放式最短路径优先）路由协议算法不但能产生多条路由，而且能为不同的网络应用选择各自不同的最佳路由。

（3）广播控制。交换机只能缩小冲突域，而不能缩小广播域。整个交换式网络就是一个大的广播域，广播报文散到整个交换式网络；而路由器可以隔离广播域，广播报文不能通过路由器继续进行广播。

（4）子网划分。交换机只能识别 MAC 地址，MAC 地址是物理地址，而且采用平坦的地址结构，因此不能根据 MAC 地址来划分子网；而路由器识别 IP 地址，IP 地址由网络管理员分配，是逻辑地址且 IP 地址具有层次结构，被划分成网络标识和主机标识，可以非常方便地用于划分子网，路由器的主要功能就是用于连接不同的网络。

（5）保密问题。虽然交换机也可以根据帧的源 MAC 地址、目的 MAC 地址和其他帧中内容对帧实施过滤，但是路由器根据报文的源 IP 地址、目的 IP 地址、TCP 端口地址等内容对报文实施过滤，更加直观、方便。

4. 网关

网关（Gateway）又称网间连接器、协议转换器。网关在传输层上用于实现网络互联，是最复杂的网络互联设备，仅用于两个高层协议不同的网络互联。网关既可以用于广域网互联，也可以用于局域网互联。网关是一种充当转换重任的计算机系统或设备。在使用不同的通信协议、数据格式或语言，甚至体系结构完全不同的两种系统之间，网关是一个翻译器。与网桥只是简单地传达信息不同，网关对收到的信息要重新打包，以适应目的地址系统的需求。同时，网关也可以提供过滤和安全功能。大多数网关运行在 OSI 参考模型的顶层——应用层。

大家都知道，从一个房间走到另一个房间，必然要经过一扇门。同样，从一个网络向另一个网络发送信息，也必须经过一道"关口"，这道关口就是网关。顾名思义，网关（Gateway）就是一个网络连接到另一个网络的"关口"。

在 OSI 参考模型中，网关有两种：一种是面向连接的网关，另一种是无连接的网关。当两个子网之间有一定距离时，往往将一个网关分成两半，中间用一条链路连接起来，我们称之为半网关。

按照不同的分类标准，网关也有很多种。TCP/IP 协议下的网关是最常用的，在这里我们所讲的"网关"，均指 TCP/IP 协议下的网关。

那么网关到底是什么呢？网关实质上是一个网络通向其他网络的 IP 地址。例如有网络 A 和网络 B，网络 A 的 IP 地址范围为 192.168.1.1 ~ 192.168.1.254，子网掩码为 255.255.255.0；网 B 的 IP 地址范围为 192.168.2.1 ~ 192.168.2.254，子网掩码为 255.255.255.0。在没有路由器的情况下，两个网络之间是不能进行 TCP/IP 通信的，即使是两个网络连接在同一台交换机（或集线器）上，TCP/IP 协议也会根据子网掩码（255.255.255.0）判定两个网络中的主机处在不同的网络里。而要实现这两个网络之间的通信，则必须通过网关。如果网络 A 中的主机发现数据包的目的主机不在本地网络中，就把数据包转发给它自己的网关，再由网关转发给网络 B 的网关，网络 B 的网关再转发给网络 B 的某个主机。

所以说，只有设置好网关的 IP 地址，TCP/IP 协议才能实现不同网络之间的相互通信。那么这个 IP 地址是哪台机器的 IP 地址呢？网关的 IP 地址是具有路由功能的设备的 IP 地址，具有路由功能的设备有路由器、启用了路由协议的服务器（实质上相当于一台路由器）、代理服务器（也相当于一台路由器）。

【知识链接】

量子通信网络

广域的量子通信网络就是先用光纤实现城域网，利用卫星实现广域网，利用中继器把两个城市连接起来，这样就可以实现广域的量子通信。

目前，中科院的量子中心在相关部门的支持之下，已经实现集成化的量子通信终端，通过交换实现局域网之间无条件的安全，也可以实现量子网络的推广，目前的能力已经能够覆盖大概 6 000 km² 范围内的城市，支持千节点、万用户的主网的需求。为了实现全程化广域量子通信，目前在中科院先导科技专项的支持之下，正在努力通过对"墨子号"卫星实验任务完成，实现广域量子体系构建。

【项目实训】

任务　制作双绞线

【实验目的】

➢ 了解双绞线布线标准。

➢ 掌握直通双绞线的制作方法。

➢ 掌握交叉双绞线的制作方法。

➢ 掌握测线仪的使用方法。

【实验设备与条件】

➢ 超 5 类双绞线、压线钳、测线仪、RJ - 45（水晶头）。

一、实验要求与说明

1. 双绞线概述

双绞线（twisted pair）是综合布线工程中最常用的一种传输媒体，分两种类型：屏献双绞线和非屏献双绞线。屏蔽双绞线的外层由金属材料包裹，以减小电磁干扰。屏蔽双绞线价格相对较高，安装时要比非屏蔽双绞线困难。

非屏蔽双绞线具有以下优点：

（1）无屏蔽外层，直径小，节省空间。

（2）质量小、易弯曲、易安装。

（3）具有阻燃性。

（4）具有独立性和灵活性，适用于结构化综合布线。

双绞线采用将一对互相绝缘的金属导线互相绞合的方式来抵御一部分外界电磁干扰。将两根绝缘的铜导线按一定密度互相绞合在一起，可以降低信号干扰的程度，每一根导线在传输中辐射的电磁波会被另一根导线上发出的电磁波抵消，"双绞线"的名字便由此而来。一般双绞线绞合得越密，其抗干扰能力就越强。双绞线电缆是由 4 对双绞线一起包在一个绝缘电缆套管里的，但日常生活中一般把"双绞线电缆"直接称为"双绞线"。与其他传输媒体相比，双绞线在传输距离、信道宽度和数据传输速率等方面均受到一定限制，但价格较为低廉。

常见的双纹线有 3 类线、5 类线、超 5 类线，以及 6 类线、7 类线等。在大多数应用下，双绞线的最大布线长度为 100 m。

2. 双绞线连接

双绞线采用的是 RJ - 45 连接器，俗称水晶头，RJ - 45 水晶头由金属片和塑料构成，特别需要注意的是引脚序号，当金属片面对我们的时候，从左至右引脚序号是 1 ~ 8，此序号在做网络连线时非常重要，不能搞错。

EIA、TIA 的布线标准中规定了两种双绞线的线序，即 T568A 和 T568B，见表 2 - 1。

表 2 - 1 两种双绞线的线序

T568A 标准	1	白绿	T568B	1	白橙
	2	绿		2	橙
	3	白橙		3	白绿
	4	蓝		4	蓝
	5	白蓝		5	白蓝
	6	橙		6	绿
	7	白棕		7	白棕
	8	棕		8	棕

在实际应用中，为了保持最佳的兼容性，普遍采用 EIA/TIA 568B 标准来连接网线。实际上，10M 以太网的网线使用 5 类线，5 类线规定有 8 根线（4 对），只用其中的 4 根，也就是用编号为 1、2、3、6 的芯线传递数据，1、2 用于发送，3、6 用于接收。而由于 3 号和 6 号芯线不是一对，因此信号的干扰程度比较高。为了优化，将 4 和 6 互换，使接收数据的线为一对，以降低信号的干扰程度。按颜色来说，橙白、橙两条用于发送，绿白、绿两条用于接收。

100M 和 1 000M 网卡需要使用 4 对线，即 8 根芯线全部用于传递数据。由于 10M 网卡能够使用按 100M 方式制作的网线，而且双绞线又提供有 4 对线，所以日常生活中不再区分，10M 网卡一般也按 100M 方式制作网线。

3. 直通线与交叉线

根据网线两端连接网络设备的不同，又可将其分为直通线（平行线）和交叉线两种。直通线就是按前面介绍的 T568A 标准或 T568B 标准制作的网线；而交叉线的线序是在直通线的基础上做了一点改变，在线缆中把 1 和 3 对调，2 和 6 对调，即交叉线的一端保持原样（直通线序）不变，在另一端把 1 和 3 对调，2 和 6 对调。

直通线线序见表 2 - 2。

表 2 - 2 直通线线序

端口	1	2	3	4	5	6	7	8
A 端	白橙	橙	白绿	蓝	白蓝	绿	白棕	棕
B 端	白橙	橙	白绿	蓝	白蓝	绿	白棕	棕

交叉线线序见表 2 - 3。

表 2-3　交叉线线序

端口	1	2	3	4	5	6	7	8
A 端	白橙	橙	白绿	蓝	白蓝	绿	白棕	棕
B 端	白绿	绿	白橙	蓝	白蓝	橙	白棕	棕

　　在进行设备连接时，需要正确地选择线缆。相应地，也将设备的 RJ-45 接口分为 MDI（平行模式介质相关接口）和 MDIX（交叉模式介质相关接口）两类。当同种类型的接口通过双绞线互连时，使用交叉线；当不同类型的接口通过双绞线互连时，使用直通线。通常计算机和路由器的接口属于 MDI，交换机和集线器的接口属于 MDIX。例如，计算机和计算机相连、交换机和交换机相连、路由器和计算机相连，采用交叉线；交换机和主机相连，交换机和路由器相连则采用直通线。

二、实验内容与步骤

　　（1）准备双绞线（超 5 类线）、R-45 水晶头、双绞线压线钳和双绞线测线仪。如图 2-15~图 2-18 所示。

图 2-15　双绞线

图 2-16　水晶头

图 2-17　压线钳

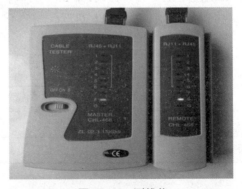

图 2-18　测线仪

（2）用双绞线压线钳把双绞线的一端剪齐，然后把剪齐的一端插入双绞线压线钳用于剥线的缺口中。顶住双绞线压线钳后面的挡位以后，稍微握紧压线钳慢慢旋转一圈，让刀口划开双绞线的保护胶皮并剥除约 2 cm 的保护套。

（3）分离 4 对双绞线，按照双绞线的线序标准（T568A 或 T568B）排列整齐，并将线弄平直。

（4）维持双绞线的线序和平整性，用双绞线压线钳上的剪刀将线头剪齐，保证不绞合。双绞线的长度最大为 1.2 cm。将有序的线头顺着 RJ－45 水晶头的插口轻轻插入，确保完全插到底。

（5）再将水晶头放到压线钳里，用力压下手柄，听到声音之后双绞线一端就做好了，如图 2－19 所示。

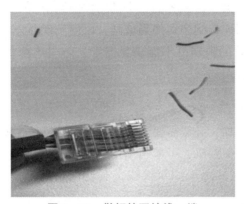

图 2－19　做好的双绞线一端

（6）用同样的方法制作另一端。

（7）用双绞线测试仪检查双绞线的连通性。若是直通线，即测线仪上的两排各 8 个灯从上往下依次亮过；若为交叉线，则灯亮的顺序为（1，3）（2，6）（3，1）（4，4）（5，5）（6，2）（7，7）（8，8）。如果指示灯按照不同标准的顺序依次同时亮起，则表示双绞线制作成功。

【思考题】

1. 查阅相关资料，给出不同类型（3 类、4 类、5 类、超 5 类、6 类等）双绞线的性能参数和用途。

2. 如果现在只有直通线若干，同时还有一个交换机和一个路由器，需要建立计算机和路由器之间的连接，可以采取什么样的办法？

3. 直通线和交叉线有什么区别？

4. 一根网线中一般有 4 对双绞线，为什么每对都要绞合缠绕着？绞合缠绕的稀疏程度是否一致？为什么？

【实训报告】

参考学校实训格式，提交本次课的实训报告。

项目 3

交换机与虚拟局域网

随着社会经济的发展和公司业务的不断开展，张明的公司从几个人很快扩展到了几百人，公司的业务部门不断扩大，由原先的一个部门扩展到十多个部门，计算机也增加到了几百台，所有这些计算机均要连接到公司的局域网，以便实现办公自动化和资源共享，原先的单交换机局域网由于端口数的限制已不能满足需求，公司还需要跨部门之间实现通信。为此，张明请王军着手扩建公司局域网。

【项目分析】

由于公司中计算机的增加，必然需要添加更多的交换机，这些交换机可以用级联或堆叠的方法进行连接。对于主干交换机，可采用千兆或万兆交换机，主干线路可采用双绞线或光纤，站点与交换机之间的连接仍采用双绞线，实现百兆到桌面，以满足公司不断发展的需要。

当公司计算机数量增加，单交换机局域网由于端口数无法满足，需要使用多台交换机实现跨交换机通信。为了满足同部门可以通信，不同部门限制通信，可以通过部署 VLAN 技术实现网络隔离。对于处于不同网段的计算机实现通信，本项目利用路由器和二层交换机组网，通过部署单臂路由技术实现 VLAN 间通信。

【知识目标】

- 掌握和了解交换机的工作原理。
- 了解交换机的一些常用的配置命令。
- 掌握和了解交换机的交换模式和结构。
- 掌握 VLAN（虚拟局域网）的原理。
- 掌握 VLAN（虚拟局域网）的配置方法。

【能力目标】

- 通过本项目的学习，使同学们能够学会交换机的配置，完成小型局域网的组建。
- 通过本项目的学习，使同学们能够根据生产实际合理划分 VLAN 进行网络管理。
- 同学们通过学习，能够具备较强的网络配置操作能力。

【素质目标】

- 培养学生的动手能力。

- 培养学生理论与实际结合的能力。
- 培养学生积极进取、团结协作的精神。
- 培养学生具备计算机网络局域网设计、实施、运维能力。

【相关知识】

知识点 1 交换机的工作原理

1.1 交换机的概念

以太网协议是目前局域网（Local Area Network，LAN）采用的最广泛的协议之一，该协议约定了数据链路层寻址及数据处理的过程。早期的以太网可以通过同轴电缆、集线器等设备连接主机完成多点接入的共享网络组网，但是该共享介质上的所有节点都会进行带宽资源、链路使用权的争用，从而引发冲突，限制网络性能。图 3-1 所示的网络显示早期以太网为单一冲突域。

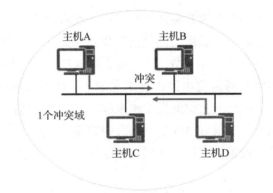

图 3-1 早期以太网

因此，早期的以太网通过 CSMA/CD（Carrier Sense Multiple Access/Collision Detection，载波监听多路访问/冲突检测）技术进行冲突的避免。CSMA/CD 的基本工作过程如下：

（1）终端设备不停地检测共享线路的状态。

（2）如果线路空闲，则发送数据。

（3）如果线路不空闲，则一直等待。

（4）如果有另外一个设备同时发送数据，那么两个设备发送的数据必然产生冲突，导致线路上的信号不稳定。

（5）终端设备检测到这种不稳定之后，马上停止发送自己的数据。

（6）终端设备发送一连串干扰脉冲，等待一段时间后再发送数据。发送干扰脉冲的目的是通知其他设备，特别是跟自己在同一个时刻发送数据的设备，线路上已经产生了冲突。

CSMA/CD 的工作原理可简单总结为：先听后发，边发边听，冲突停发，随机延迟后重发。

当今以太网之不再采用集线器等设备组网，而采用交换机进行组网，交换机作为一种能隔绝冲突域的二层网络设备，极大地提高了以太网的性能，并替代 HUB 成为主流的以太网设备，交换机的基本功能就是进行数据帧的转发，但是交换机对网络中的广播数据流量不做任何限制，收到广播报文后，会向所有接口转发，所以交换机所有接口工作在一个广播域，如图 3 – 2 所示。

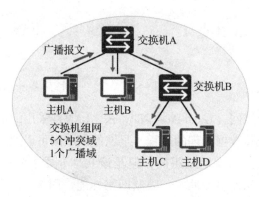

图 3 – 2　交换机组网

在园区网络中，交换机一般来说是距离终端用户最近的设备，用于终端接入园区网，接入层的交换机一般为二层交换机。二层交换设备工作在 TCP/IP 五层模型的第二层，即数据链路层，它对数据帧的转发是建立在 MAC（Media Access Control）地址表基础之上的。

不同局域网之间的网络互通需要由路由器来完成，而随着数据通信网络范围的不断扩大，网络业务的不断丰富，网络间互访的需求越来越大，而路由器由于自身成本高、转发性能低、接口数量少等特点而无法很好地满足网络发展的需求。因此，出现了三层交换机这样一种能实现高速三层转发的设备，三层交换机工作原理会在后续知识点中介绍。

1.2　交换机的配置

交换机的以太网网络接口卡（Network Interface Card，NIC）简称网卡，而利用交换机的网络接口连接计算机或者其他交换机完成网络组建，每个接口对应一个网络接口卡，可以将收到的比特流重新处理为数据帧，进而完成数据帧的处理和转发。交换机的外观及接口如图 3 – 3 所示。

图 3 – 3　交换机外观

交换机可以简单、灵活、便捷地组建园区网络，甚至无须对交换机进行相应的配置就可以完成组网，但是通常在日常维护中需要对交换机进行相应的配置，以便于管理。交换机的基本配置及查看命令如下。

进入系统视图进行相应的配置修改，通过 Ctrl + Z 组合键可以退回用户视图：

```
<SW1>system-view
Enter system view,return user view with Ctrl+Z.
```

进入接口视图进行接口的配置修改，通过 quit 命令可以退出接口视图：

```
[SW1]interface GigabitEthernet 0/0/1
[SW1-GigabitEthernet0/0/1]
```

比如在接口视图下添加相应的描述便于后期管理：

```
[SW1-GigabitEthernet0/0/1]description Link-To-CoreSW
```

通过 display interface brief 可以进行交换机接口状态的基本检查：

```
[SW1]display  interface  brief
PHY:Physical
*down:administratively down
(l):loopback
(s):spoofing
(b):BFD down
(e):ETHOAM down
(dl):DLDP down
(d):Dampening Suppressed
InUti/OutUti:input utility/output utility
Interface          PHY Protocol  InUti  OutUti  inErrors  outErrors
GigabitEthernet0/0/1 up  up        0%     0%       0         0
GigabitEthernet0/0/2 up  up        0%     0%       0         0
    <……>
```

通过上述输出可以观察交换机接口是否已经启用，相应接口下是否存在错误报文，从而快速定位网络故障。

通过 display mac-address 可以观察交换机 MAC 地址表项：

```
[SW1]display  mac-address
MAC address table of slot 0:
-------------------------------------------------------------------------
MAC Address     VLAN/       PEVLAN CEVLAN Port        Type
                                                      
-------------------------------------------------------------------------
5489-9803-6428   20          GE0/0/2              dynamic
5489-9876-4282   10          GE0/0/1              dynamic
-------------------------------------------------------------------------
Total matching items on slot 0 displayed = 2
```

关于 MAC 地址表项的具体细节，会在后续章节介绍。

退回用户视图可以进行设备配置的保存。注意，配置修改后务必保存，否则交换机掉电后配置会丢失，用户视图输入 save 命令保存配置，输入 Y 进行确认。

```
< SW1 > save
The current configuration will be written to the device.
Are you sure to continue? [Y/N]y
Info:Please input the file name ( * .cfg, * .zip) [vrpcfg.zip]:
Jun 22 2021 16:01:28 -08:00 SW1 %%01CFM/4/SAVE(l)[0]:The user chose Y when deci-
ding whether to save the configuration to the device.
Now saving the current configuration to the slot 0.
Save the configuration successfully.
```

1.3 交换机数据转发原理

以太网交换机根据 MAC 地址表进行数据转发，因此，在了解交换机的转发原理之前，首先要了解什么是 MAC 地址，MAC（Media Access Control）媒介访问控制地址在网络中唯一标识一个网卡，每个网卡都拥有唯一的 MAC 地址，用 MAC 地址来定义网络设备的位置，不同的网卡，其 MAC 地址也不同，MAC 地址是根据制造商分配的，Windows 主机在 cmd 命令行中通过 ipconfig /all 命令可以观察相应的 MAC 地址即硬件地址。

```
C:\Users\XZCIT >ipconfig /all
```

无线局域网适配器无线网络连接：

```
连接特定的 DNS 后缀 . . . . . . . :
描述 . . . . . . . . . . . . . . :Intel(R) Dual Band Wireless - N 7260
物理地址 . . . . . . . . . . . . :A4 - C4 - 94 - 3E - E3 - 3D
DHCP 已启用 . . . . . . . . . . :是
自动配置已启用 . . . . . . . . . :是
本地链接 IPv6 地址 . . . . . . . :fe80::a6c4:94ff:fe3e:e33d%13(首选)
IPv4 地址 . . . . . . . . . . . :192.168.2.57(首选)
子网掩码 . . . . . . . . . . . . :255.255.255.0
获得租约的时间 . . . . . . . . . :2021 年 6 月 22 日 7:04:02
租约过期的时间 . . . . . . . . . :2021 年 6 月 23 日 7:04:02
默认网关 . . . . . . . . . . . . :192.168.2.1
DHCP 服务器 . . . . . . . . . . :192.168.2.1
DNS 服务器 . . . . . . . . . . . :192.168.2.1
```

MAC 地址由 48 位（6 字节）长，12 位的 16 进制数字组成，一个制造商在生产制造网卡之前，必须先向 IEEE 注册，以获取一个长度为 24 位（3 字节）的厂商代码，也称为 OUI（Organizationally Unique Identifier，组织唯一标识）。后 24 位由厂商自行分派，是各个厂商制造的所有网卡的唯一编号。

MAC 地址可以分为 3 种类型：

单播 MAC 地址：也称物理 MAC 地址，这种类型的 MAC 地址唯一地标识了以太网上的一个终端，该地址为全球唯一的硬件地址，单播 MAC 地址可以作为源或目的地址。

广播 MAC 地址：全 1 的 MAC 地址（FF - FF - FF - FF - FF - FF），用来表示局域网上

的所有终端设备。

广播 MAC 地址可以理解为一种特殊的组播 MAC 地址，目的 MAC 地址为广播 MAC 地址的帧发往链路上的所有节点。

组播 MAC 地址：除广播地址外，第 8 位为 1 的 MAC 地址为组播 MAC 地址（例如 01 - 00 - 00 - 00 - 00 - 00），用来代表局域网上的一组终端，组播 MAC 地址用于标识链路上的一组节点，组播 MAC 地址不能作为源地址，只能作为目的地址。

MAC 地址作为硬件地址标识了网络设备的物理位置，而在二层以太网中，数据通信的基本单位是以太网帧（Frame），以太网帧的格式有两个标准：Ethernet - Ⅱ 格式和 IEEE 802.3 格式，协议规定以太网帧的数据格式如图 3 - 4 所示。

数据帧的总长度：64~1 518 B

	6 B	6 B	2 B	46~1 500 B	4 B
Ethernet–Ⅱ格式	D.MAC	S.MAC	Type	用户数据	FCS

	6 B	6 B	2 B	3 B	5 B	38~1 492 B	4 B
IEEE 802.3格式	D.MAC	S.MAC	Length	LLC	SNAP	用户数据	FCS

图 3 - 4　以太数据帧格式

Ethernet - Ⅱ 以太帧关键字段介绍如下：

D. MAC：目的 MAC 地址，6 字节，该字段标识帧的接收者。

S. MAC：源 MAC 地址，6 字节，该字段标识帧的发送者。

Type：协议类型，2 字节，标识上层协议类型，常见取值如下：

0x0800：Internet Protocol Version 4（IPv4）。

0x0806：Address Resolution Protocol（ARP）。

FCS：帧校验和，4 字节，用于判断数据帧完整性。

IEEE 802.3 LLC 以太帧关键字段介绍如下：

D. MAC：目的 MAC 地址，6 字节，该字段标识帧的接收者。

S. MAC：源 MAC 地址，6 字节，该字段标识帧的发送者。

Length：2 字节，标识数据帧长度。

新增逻辑链路控制（Logical Link Control，LLC）子层，包含字段如下：

DSAP：目的服务访问点，功能类似于 Ethernet - Ⅱ 帧中的 Type 字段。

SSAP：源服务访问点，若后面类型为 IP 值，设为 0x06。

Ctrl：该字段值通常固定为 0x03。

二层交换机工作在数据链路层，它对数据帧的转发是建立在 MAC 地址基础之上的，交换机通过学习以太网数据帧的源 MAC 地址来维护 MAC 地址与接口的对应关系（保存 MAC 与接口对应关系的表称为 MAC 地址表），通过其目的 MAC 地址来查找 MAC 地址表决定向哪个接口转发，本节将重点介绍交换机的几个行为：学习、转发、泛洪。具体拓扑如图 3 - 5 所示。

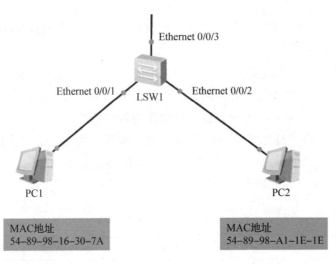

图3-5 交换机工作原理拓扑

1. 学习

客户端 PC1 通过 ping 测试访问 PC2，首先 PC1 会发送 ARP 请求消息，请求 PC2 对应的 MAC 地址，该 ARP 请求消息会以 Ethernet-Ⅱ 的格式进行封装，源 MAC 地址为 PC1 的 MAC 地址为 54-89-98-16-30-7A，目标 MAC 地址为 FF-FF-FF-FF-FF-FF，交换机启动后，MAC 地址表项为空，但是收到 PC1 发送的数据帧之后，会登记数据帧的源 MAC 地址和接口的对应关系，输出结果如下所示：

```
[SW1]display  mac-address
MAC address table of slot 0:
-----------------------------------------------------------------
MAC Address      VLAN/      PEVLAN CEVLAN Port          Type

-----------------------------------------------------------------
5489-9816-307a 1    -        -      Eth0/0/1       dynamic
-----------------------------------------------------------------
```

2. 泛洪

由于交换机收到 PC1 发送的 ARP 请求消息的目标地址为全 F 的广播数据帧，无须查询 MAC 地址表，直接进行泛洪操作。所谓泛洪，指的是交换机将从某一个接口收到的数据帧向其他所有接口转发出去，此时交换机会将数据帧从 Ethernet 0/0/2 和 Ethernet 0/0/3 发送出去。

交换机的 MAC 地址表由于表项空间的问题，并不会一直保存，而是将老化时间置为 300 s，如果 300 s 到期之后没有流量维系对应的 MAC 地址条目，则会删除相应的条目，此时如果交换机收到单播数据帧，会根据数据帧中的目标 MAC 地址查询 MAC 地址表，而如果没有相应的条目（假设已经老化），则交换机也会对该单播数据帧执行泛洪操作，该过程也称为未知单播帧泛洪。

3. 转发

客户端 PC1 发送 ARP 请求之后，交换机判断为广播帧，则会向所有接口泛洪该广播帧，PC2 可以顺利收到该 ARP 请求，然后 PC2 会通过单播方式回应 ARP 应答消息，以告知 PC1 自身的 MAC 地址，该数据帧的源 MAC 地址为 54 – 89 – 98 – A1 – 1E – 1E（PC2 的 MAC 地址），目标 MAC 地址为 54 – 89 – 98 – 16 – 30 – 7A（PC1 的 MAC 地址），交换机登记源 MAC 地址和相应接口维护相应 MAC 地址条目，然后继续查询 MAC 地址表中是否存在目标 MAC 地址对应的条目，如果存在，则会向着对应接口转发。根据以下输出的 MAC 地址表可以判断，如果目标 MAC 地址为 54 – 89 – 98 – 16 – 30 – 7A，则会从 Ethernet 0/0/1 发送出去。

```
[SW1]display mac - address
MAC address table of slot 0:
-------------------------------------------------------------------------
MAC Address      VLAN/       PEVLAN CEVLAN Port        Type
-------------------------------------------------------------------------
5489 - 98a1 - 1e1e 1      -      -      Eth0/0/2      dynamic
5489 - 9816 - 307a 1      -      -      Eth0/0/1      dynamic

Total matching items on slot 0 displayed = 2
```

综合上述过程，二层交换机的工作原理是在收到数据帧后，交换机学习帧的源 MAC 地址，然后在 MAC 地址表中查询该帧的目的 MAC 地址，并将帧从对应的端口转发出去。

知识点 2　虚拟局域网 VLAN 技术

2.1　虚拟局域网概念

在典型的二层交换网络中，如果某交换机收到了广播帧或者未知单播帧，由于交换机对广播帧和未知单播帧执行泛洪操作，结果所有其他的计算机都会收到这个广播帧。

把广播帧所能到达的整个访问范围称为二层广播域，简称广播域（Broadcast Domain）。显然，一个交换网络其实就是一个广播域。而广播域越大，网络安全问题和垃圾流量问题就越严重。

为了解决广播域带来的问题，人们引入了 VLAN（Virtual Local Area Network，虚拟局域网技术）：通过在交换机上部署 VLAN，可以将一个规模较大的广播域在逻辑上划分成若干个不同的、规模较小的广播域，由此可以有效地提升网络的安全性，同时减少垃圾流量，节约网络资源。

VLAN 的特点：

（1）一个 VLAN 就是一个广播域，所以，在同一个 VLAN 内部，计算机可以直接进行二层通信；而不同 VLAN 内的计算机，无法直接进行二层通信，即广播报文被限制在一个 VLAN 内。

（2）VLAN 的划分不受地域的限制，不同交换机的相同 VLAN 仍然可以相互通信，这也迎合了目前大型园区网的需求，比如不同建筑物的交换机上连接了相同部门的客户端。

VLAN 的部署带来了诸多好处：

（1）灵活构建虚拟工作组：用 VLAN 可以划分不同的用户到不同的工作组，同一工作组的用户也不必局限于某一固定的物理范围，网络构建和维护更方便、灵活。

（2）限制广播域：广播域被限制在一个 VLAN 内，节省了带宽，提高了网络处理能力。

（3）增强局域网的安全性：不同 VLAN 内的报文在传输时是相互隔离的，即一个 VLAN 内的用户不能和其他 VLAN 内的用户直接通信。

（4）提高网络的健壮性：故障被限制在一个 VLAN 内，本 VLAN 内的故障不会影响其他 VLAN 的正常工作。

2.2　VLAN 的原理及配置方法

如图 3 – 6 所示，交换机 SW1 和 SW2 属于同一个企业，该企业统一规划了网络中的 VLAN，其中 VLAN10 属于 A 部门，VLAN20 属于 B 部门，两个部门的员工客户端在两个交换机上都有接入。

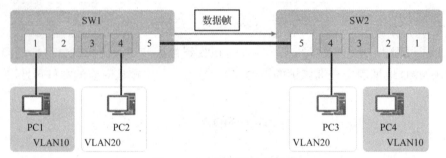

图 3 – 6　交换机连接示意图

两个部门互相访问的数据都会通过 SW1 和 SW2 之间的链路转发，如果数据帧不进行任何处理，那么无论哪台交换机收到对端发送的数据帧都无从判断该数据帧到底属于哪个 VLAN，也就无法正确地将数据帧发送到对应的接口。

通过对交换机的接口进行一定的配置，交换机 SW1 可以根据接口的配置来识别收到的某个帧是属于哪个 VLAN，然后在这个帧的特定位置上添加一个标签，这个标签明确地标明了这个帧属于哪个 VLAN。其他交换机（如 SW2）收到这个带标签的数据帧后，就能轻而易举地直接根据标签信息识别出这个帧属于哪个 VLAN。IEEE 802.1Q 定义了这种带标签的数据帧的格式，满足这种格式的数据帧称为 IEEE 802.1Q 数据帧，也称 VLAN 数据帧。图 3 – 7 显示了数据帧的位置及格式。

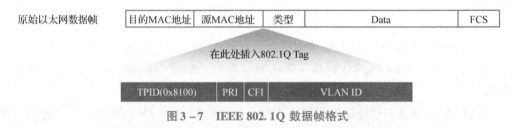

图 3 – 7　IEEE 802.1Q 数据帧格式

IEEE 802.1Q 协议规定，在以太网数据帧的目的 MAC 地址和源 MAC 地址字段之后、协议类型字段之前加入 4 字节的 VLAN 标签（又称 VLAN Tag，简称 Tag）的数据帧。

VLAN 数据帧中的主要字段：

（1）TPID：2 字节，Tag Protocol Identifier（标签协议标识符），表示数据帧类型。

取值为 0x8100 时，表示 IEEE 802.1Q 的 VLAN 数据帧。如果不支持 802.1Q 的设备收到这样的帧，会将其丢弃。

（2）PRI：3 位，Priority，表示数据帧的优先级，用于 QoS。

取值范围为 0 ~ 7，值越大，优先级越高。当网络阻塞时，交换机优先发送优先级高的数据帧，比如可以将普通数据的取值设置为 0、语音流量的取值设置为 5，那么语音流量会优先转发。

（3）CFI：1 位，Canonical Format Indicator（标准格式指示位），表示 MAC 地址在不同的传输介质中是否以标准格式进行封装。CFI 取值为 0，表示 MAC 地址以标准格式进行封装。

（4）VID：12 位，VLAN ID，表示该数据帧所属 VLAN 的编号。

VLAN ID 取值范围是 0 ~ 4 095。由于 0 和 4 095 为协议保留取值，所以 VLAN ID 的有效取值范围是 1 ~ 4 094。交换机所有接口默认工作在 VLAN1，VLAN1 作为默认 VLAN，也不能删除。

交换机利用 VLAN 标签中的 VID 来识别数据帧所属的 VLAN，广播帧只在同一 VLAN 内转发，这就将广播域限制在一个 VLAN 内。

需要注意的是，客户端和路由器物理无法识别 Tagged 数据帧，因此计算机处理和发出的都是 Untagged 数据帧；为了提高处理效率，交换机内部处理的数据帧一律都是 Tagged 帧。

图 2 - 1 所示交换机连接示意图中显示的拓扑，SW1 和 SW2 之间的链路需要承载多个 VLAN 的数据，通过在原始以太网数据帧中添加相应的 IEEE 802.1Q 标签（也称为 Dot1q 标签），通过携带不同的 VLAN ID 来进行 VLAN 归属的区分，如图 3 - 8 所示。

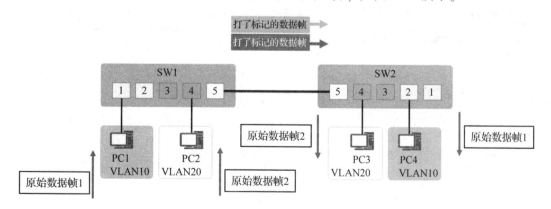

图 3 - 8　携带 VLAN 标签的数据帧示意图

上文提到计算机发出的数据帧不带任何标签。对已支持 VLAN 特性的交换机来说，当计算机发出的 Untagged 帧进入交换机后，交换机必须通过某种划分原则把这个帧划分到某个特定的 VLAN 中去。因此可以配置基于接口划分，即根据交换机的接口来划分 VLAN。

网络管理员预先给交换机的每个接口配置不同的 PVID，将该接口划入 PVID，当一个数据帧进入交换机时，如果没有带 VLAN 标签，该数据帧就会被打上接口指定 PVID 的标签，然后数据帧将在指定 VLAN 中传输。这种划分原则简单而直观，实现容易，是目前实际的网络中应用最为广泛的划分 VLAN 的方式。

当计算机接入交换机的端口发生变化时，该计算机发送的帧的 VLAN 归属可能会发生变化。默认情况下，接口的 PVID 取值为 1。

基于接口划分 VLAN 的方式需要首先考虑配置交换机接口类型，交换机接口类型分为 Access 接口和 Trunk 接口。其中，Access 类型接口一般用于连接用户主机、服务器或者用于不需要进行 VLAN 成员区分的交换机互连场景；Trunk 类型接口一般用于连接交换机、路由器或者无线 AP，该接口通常需要承载多个 VLAN 的数据，需要进行不同 VLAN 数据的区分。

交换机 VLAN 及接口类型的配置命令如下：

```
< SW1 > system - view                          //进入系统视图
[SW1]vlan  batch  10 20                        //创建相应 VLAN
[SW1]interface  Ethernet 0 / 0 / 1             //进入接口视图
[SW1 - Ethernet0 / 0 / 1]port link - type  access   //配置为 Access 类型
[SW1 - Ethernet0 / 0 / 1]port default vlan 10       //修改接口 PVID
```

上述配置命令就是在交换机 SW1 上创建了两个 VLAN 虚拟局域网，编号分别为 10 和 20，然后将 Ethernet 0/0/1 接口配置为 Access 模式并加入 VLAN10，即将接口 PVID 配置为 10。

```
[SW1]interface  Ethernet 0 / 0 / 5             //进入接口视图
[SW1 - Ethernet0 / 0 / 3]port link - type  trunk    //配置为 Trunk 类型
[SW1 - Ethernet0 / 0 / 3]port trunk allow - pass  vlan  10 20
```

上述配置命令将交换机接口配置为 Trunk 接口并且放行了 VLAN10、VLAN20，即允许 VLAN10 和 VLAN20 的数据通过。注意，默认情况下 VLAN1 也是允许通过的。

验证配置命令输出如下：

方式一：

```
[SW1]display  vlan
The total number of vlans is :3
-----------------------------------------------------------------
U:Up;           D:Down;              TG:Tagged;           UT:Untagged;
#:Protocol Transparent - vlan;       * :Management - vlan;
-----------------------------------------------------------------
VID Type   Ports
-----------------------------------------------------------------
10  common  UT:Eth0 / 0 / 1(U)
             TG:Eth0 / 0 / 5(U)
20  common  UT:Eth0 / 0 /2 (U)
             TG:Eth0 / 0 / 5(U)
```

方式二:

```
[SW1]display port vlan  active
T = TAG U = UNTAG
--------------------------------------------------------------
Port              Link Type        PVID       VLAN List
--------------------------------------------------------------
Eth0/0/1          access           10         U:10
Eth0/0/2          access           20         U:20
Eth0/0/3          trunk            1          U:1
                                              T:10 20
```

上述验证配置命令的具体介绍会在后续项目中展开。

2.3　交换机数据帧处理原理

上文已经介绍了交换机如何识别数据帧属于哪个 VLAN 以及 VLAN 的划分方式,那么交换机不同类型的接口对于不携带标签的数据帧(简称 Untagged 帧)和携带标签的数据帧(简称 Tagged 帧)又是如何处理的呢?

首先,分析一下 Access 接口处理数据帧的方式,Access 接口特点是仅允许 VLAN ID 与接口 PVID 相同的数据帧通过,具体过程如图 3-9 所示。

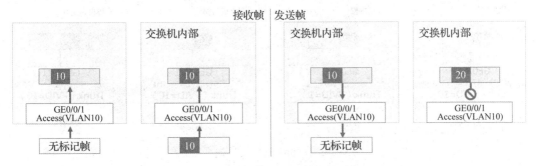

图 3-9　Access 接口处理数据帧过程

当 Access 接口收到数据帧时,具体过程如下:

(1)当 Access 接口从链路上收到一个 Untagged 帧,交换机会在这个帧中添加上 VLAN ID 为 PVID 的 VLAN 标签,然后对得到的 Tagged 帧进行转发操作(泛洪、转发)。

(2)当 Access 接口从链路上收到一个 Tagged 帧时,交换机会检查这个帧的 Tag 中的 VLAN ID 是否与 PVID 相同。如果相同,则对这个 Tagged 帧进行转发操作;如果不同,则直接丢弃这个 Tagged 帧。

Access 接口发送数据帧,具体过程如下:

当一个 Tagged 帧从本交换机的其他接口到达一个 Access 接口后,交换机会检查这个帧的 Tag 中的 VLAN ID 是否与 PVID 相同:

(1)如果相同,则将这个 Tagged 帧的 Tag 进行剥离,然后将得到的 Untagged 帧从链路上发送出去。

（2）如果不同，则直接丢弃这个 Tagged 帧。

同样，也可以结合上文提到的配置验证输出进行相应的分析，如以下输出结果所示：

```
[SW1]display port vlan active
T = TAG U = UNTAG
  ----------------------------------------------------------------
----------
  Port             Link Type      PVID      VLAN List
  ----------------------------------------------------------------
----------
  Eth0/0/1         access         10        U:10
  Eth0/0/2         access         20        U:20
```

Ethernet 0/0/1 配置为 Access 接口，PVID 为 10，如果某数据帧携带了 VLAN10，则可以从该接口发送出去，但是会将 VLAN 标签剥离。

而对于 Trunk 接口，除了要配置 PVID 外，还必须配置允许通过的 VLAN ID 列表（port trunk allow – pass vlan），其中 VLAN1 是默认存在的，Trunk 接口仅允许 VLAN ID 在允许通过列表中的数据帧通过，Trunk 接口可以允许多个 VLAN 的帧带 Tag 通过，但只允许一个 VLAN 的帧从该类接口上发出时不带 Tag（即剥除 Tag），具体过程如图 3 – 10 所示。

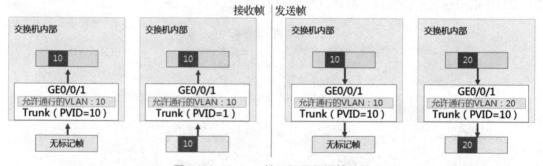

图 3 – 10　Trunk 接口处理数据帧过程

Trunk 接口接收数据帧，具体过程如下：

（1）当 Trunk 接口从链路上收到一个 Untagged 帧时，交换机会在这个帧中添加 VLAN ID 为 PVID 的 Tag，然后查看 PVID 是否在允许通过的 VLAN ID 列表中。如果在，则对得到的 Tagged 帧进行转发操作；如果不在，则直接丢弃得到的 Tagged 帧。

（2）当 Trunk 接口从链路上收到一个 Tagged 帧时，交换机会检查这个帧的 Tag 中的 VLAN ID 是否在允许通过的 VLAN ID 列表中。如果在，则对这个 Tagged 帧进行转发操作；如果不在，则直接丢弃这个 Tagged 帧。

Trunk 接口发送数据帧，具体过程如下：

（1）当一个 Tagged 帧从本交换机的其他接口到达一个 Trunk 接口后，如果这个帧的 Tag 中的 VID 不在允许通过的 VLAN ID 列表中，则该 Tagged 帧会被直接丢弃。

（2）当一个 Tagged 帧从本交换机的其他接口到达一个 Trunk 接口后，如果这个帧的 Tag 中的 VID 在允许通过的 VLAN ID 列表中，则会比较该 Tag 中的 VID 是否与接口的 PVID

相同：

如果相同，则交换机会对这个 Tagged 帧的 Tag 进行剥离，然后将得到的 Untagged 帧从链路上发送出去。

如果不同，则交换机不会对这个 Tagged 帧的 Tag 进行剥离，而是直接将它从链路上发送出去。

同样，可以结合上文提到的配置验证输出进行相应的分析，如以下输出结果所示：

```
[SW1]dis port vlan  active
T = TAG U = UNTAG
---------------------------------------------------------------
Port                Link Type    PVID     VLAN List
---------------------------------------------------------------
Eth0 /0 /5          trunk        1        U:1
                                          T:10 20
```

Ethernet 0/0/5 配置为 Trunk 接口，如果接收到不携带标签的数据帧，则添加 VLAN 标签 VLAN ID 为 1；如果接收到携带标签的数据帧，则检查 VLAN List 是否包含该 VLAN，包含则接收，否则丢弃。如果交换机内部的携带 VLAN 标签 VLAN ID 为 1 的数据帧，则可以从该接口将数据帧发送出去，但是需要将 VLAN 标签剥离，而交换机内部携带 VLAN 标签 VLAN ID 为 10 或者 20 的数据帧，可以直接携带标签从该接口发送出去。图 3 – 11 显示了在 Ethernet 0/0/5 对应接口抓取的数据帧，显示不同 VLAN 的数据携带了不同 VLAN ID 的 802.1Q 标签的数据帧。

```
> Ethernet II, Src: HuaweiTe_67:6e:a5 (54:89:98:67:6e:a5), Dst: HuaweiTe_75:7d:87 (54:89:98:75:7d:87)
> 802.1Q Virtual LAN, PRI: 0, DEI: 0, ID: 10
> Internet Protocol Version 4, Src: 192.168.1.1, Dst: 192.168.1.3
> Internet Control Message Protocol

> Ethernet II, Src: HuaweiTe_63:4f:9d (54:89:98:63:4f:9d), Dst: HuaweiTe_54:19:42 (54:89:98:54:19:42)
> 802.1Q Virtual LAN, PRI: 0, DEI: 0, ID: 20
> Internet Protocol Version 4, Src: 192.168.1.2, Dst: 192.168.1.4
> Internet Control Message Protocol
```

图 3 – 11　抓取携带 802.1q 的数据帧

知识点 3　VLAN 间通信原理

传统交换二层组网中，所有设备都处于同一个广播域，这也带来了诸如广播风暴、网络安全等问题，而 VLAN 技术的提出，满足了二层组网隔离广播域需求，使得属于不同 VLAN 的网络无法互访。实际企业网络部署中一般会将不同 IP 地址段划分到不同的 VLAN，不同部门不同 VLAN 仍然存在着相互通信的需求，因此把同 VLAN 同网段 PC 的通信称为二层通信，不同 VLAN 之间的 PC 通信称为三层通信，而三层通信需要借助路由器、三层交换机等设备。本知识点主要介绍借助路由器单臂路由和三层交换机实现 VLAN 间通信的基本原理。

3.1 单臂路由基本原理

VLAN 间通信需要借助三层设备，本节使用路由器完成 VLAN 间互通的目标，首先考虑使用路由器的物理接口，配置 IP 地址作为相应 VLAN 的 PC 默认网关地址，如图 3 – 12 所示。

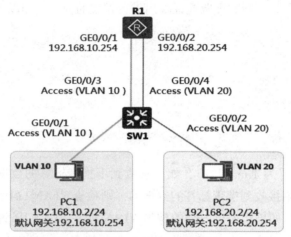

图 3 – 12　路由器物理接口实现 VLAN 间通信

以上配置要求在二层交换机上配置 VLAN，每个 VLAN 单独使用一个交换机接口与路由器互连，路由器使用两个物理接口，分别作为 VLAN10 及 VLAN20 内 PC 的默认网关，使用路由器的物理接口实现 VLAN 之间的通信。路由器的一个物理接口作为一个 VLAN 的网关，因此，存在一个 VLAN，就需要占用一个路由器物理接口。在上文中提到传统路由器作为三层转发设备，其接口数量较少，所以，利用路由器物理接口的方案可扩展性太差，接下来会介绍单臂路由的方式实现 VLAN 间通信。

单臂路由基于一个物理接口创建多个子接口，将该物理接口对接到交换机的 Trunk 接口，即可实现使用一个物理接口为多个 VLAN 提供三层转发服务，路由器物理接口默认情况下无法处理携带 VLAN 标签的数据帧，而子接口可以通过配置 dot1q 终结子接口实现 VLAN 间的通信，相关配置命令如下：

```
[R1]interface GigabitEthernet0/0/1.10
[R1-GigabitEthernet0/0/1.10]dot1q termination vid 10
[R1-GigabitEthernet0/0/1.10]ip address 192.168.10.254 24
[R1-GigabitEthernet0/0/1.10]arp broadcast enable
```

interface GigabitEthernet0/0/1.10 命令用来创建子接口。其中，sub – interface number 代表物理接口内的逻辑接口通道。一般情况下，为了方便记忆，子接口 ID 与所要终结的 VLAN ID 相同。

dot1q termination vid 命令用来配置子接口 dot1q 终结的 VLAN ID。默认情况下，子接口没有配置 dot1q 终结的 VLAN ID。而配置 dot1q termination vid 10 也就是约定该子接口能够处理携带 VLAN 10 数据帧。

arp broadcast enable 命令用来使能终结子接口的 ARP 广播功能。默认情况下，终结子接口没有使能 ARP 广播功能。终结子接口不能转发广播报文，在收到广播报文后，它们直接把该报文丢弃。为了允许终结子接口转发广播报文，可以通过在子接口上执行此命令。

　　了解了单臂路由的基本配置方法后，继续介绍单臂路由对 VLAN 间互访的数据报文处理方式，如图 3-13 所示。

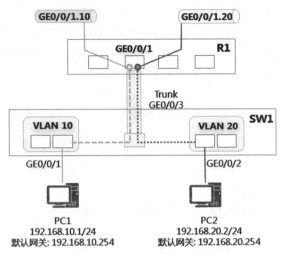

图 3-13　单臂路由数据转发原理

　　假设 PC1 需要访问 PC2，PC1 判断 192.168.20.2 与自身 IP 地址不在同一网段，需要进行三层通信。

　　（1）PC1 首先发送 ARP 请求获取默认网关 IP 地址 192.168.10.254 对应的 MAC 地址，该地址配置在路由器的 GE0/0/1.10 子接口下。

　　（2）交换机 SW1 从 GE0/0/1 接口收到 PC1 发送的数据帧来判断接口属于 VLAN10，会为数据帧打上 VLAN ID 为 10 的 VLAN 标签，进而从 Trunk 接口 GE0/0/2 以携带 VLAN 标签的方式发送出去。

　　（3）路由器子接口 GE0/0/1.10 配置了 dot1q 终结命令且 VID 为 10，因此可以处理携带 VLAN ID 为 10 的标签数据帧并且进行 ARP 应答（需要额外开启 ARP 广播能力）。

　　（4）后续 PC1 访问 PC2 的二层数据帧头部中源 MAC 地址为 PC1，目标 MAC 地址为路由器 GE0/0/1.10 的 MAC 地址，源 IP 地址为 192.168.10.1、目标 IP 地址为 192.168.20.2。

　　（5）路由器收到该数据帧之后进行解封装，然后根据目标 IP 地址 192.168.20.2 查询路由表，发现存在对应直连路由条目，对应接口为 GE0/0/1.20，路由器为数据帧添加 VLAN ID 为 20 的标签数据帧并且发送 ARP 请求，请求 PC2 对应的 MAC 地址。

　　（6）SW1 从 Trunk 接口收到携带 VLAN ID 20 标签的数据帧，然后会将数据帧从接口 GE0/0/2 以剥离标签的方式发送出去，因此，PC2 正确地收到路由器发送的 ARP 应答。

　　（7）路由器会重新完成数据帧的封装，二层数据帧头部中源 MAC 地址为路由器 GE0/0/1.20 的 MAC 地址，目标 MAC 地址为 PC2，最终 PC2 正确收到 PC1 发送的数据报文，完成数据通信。

通过上述过程，我们可以简单理解单臂路由场景就是借助二层交换机的 VLAN 和路由器子接口划分了多个不同的广播域。

单臂路由配置简单，可以应用于小型园区网，VLAN 间互访通过子接口进行扩展，但是如果 VLAN 数量较多，会导致 VLAN 间互访的路由都需要经过交换机和路由器之间的单一物理链路，造成带宽瓶颈。另外，路由器还存在查询路由表效率低下的问题。因此，在当今的园区网中，大多采用三层交换机实现 VLAN 间通信，部署灵活、高效且扩展性较强。图 3 – 14 介绍了三层交换机工作示意图。

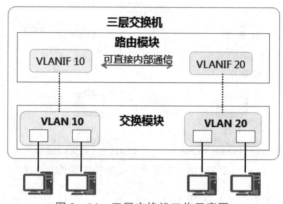

图 3 – 14　三层交换机工作示意图

三层交换机（Layer 3 Switch）除了具备二层交换机的功能，还支持通过三层接口（如 VLANIF 接口）实现路由转发功能。VLANIF 接口是一种三层的逻辑接口，支持 VLAN Tag 的剥离和添加，因此可以通过 VLANIF 接口实现 VLAN 之间的通信，VLANIF 接口编号与所对应的 VLAN ID 相同，如 VLAN 10 对应 VLANIF 10。

interface vlanif vlan – id 命令用来创建 VLANIF 接口并进入 VLANIF 接口视图。vlan – id 表示与 VLANIF 接口相关联的 VLAN 编号。

注意：VLANIF 接口的 IP 地址作为主机的网关 IP 地址，和主机的 IP 地址必须位于同一网段。

因为 VLANIF 接口可以直接处理标签数据帧并响应 ARP 请求，所以相对单臂路由而言，VLANIF 接口的配置方式更为简单。接下来介绍利用三层交换机实现 VLAN 间通信的具体转发原理，如图 3 – 15 所示。

PC1 通过本地 IP 地址、本地掩码、对端 IP 地址进行计算，发现目的设备 PC2 与自身不在同一个网段，判断该通信为三层通信，需要将去往 PC2 的流量发给网关，此处 ARP 报文的交互过程与单臂路由场景一致，假设设备之间已经学习到对应的 MAC 地址信息，因此不再赘述。

（1）PC1 发送的数据帧：源 MAC = A、目的 MAC = SW；源 IP 地址为 192. 168. 10. 1、目标 IP 地址为 192. 168. 10. 2。

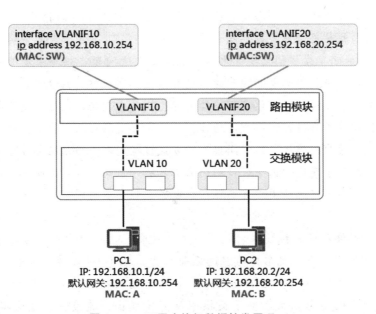

图 3 - 15   三层交换机数据转发原理

（2）交换机收到 PC1 发送的去往 PC2 的报文，会根据接口配置的 PVID 为数据帧打上 VLAN 标签，然后经解封装发现目的 MAC SW 为 VLANIF10 接口的 MAC 地址，所以将报文交给路由模块继续处理。

（3）交换机路由模块解析发现目的 IP 为 192.168.20.2，非本地接口存在的 IP 地址，因此需要对该报文进行三层转发。查找路由表后，匹配 VLANIF20 产生的直连路由。

（4）因为 192.168.20.2 匹配到 VLANIF20 接口对应的直连路由，所以交换机在 ARP 表中查找 192.168.20.2，获取 192.168.20.2 的 MAC 地址，交由交换模块重新封装为数据帧。

（5）交换模块查找 MAC 地址表，以明确报文出接口、是否需要携带 VLAN Tag。最终交换模块发送的数据帧：源 MAC = SW、目的 MAC = B、VLAN Tag = None。数据成功发送至 PC2。

而三层交换机会将上述 MAC 地址、IP 地址、接口、VLAN 等信息进行登记，形成硬件转发表项，后续数据报文不需要频繁查询路由表，实现"一次路由、多次交换"，处理效率更高。

【知识链接】

自 1876 年美国贝尔发明电话以来，随着社会需求的日益增长和科技水平的不断提高，电话交换技术处于迅速的变革和发展之中。其历程可分为三个阶段：人工交换、机电交换和电子交换。

早在 1878 年就出现了人工交换机，它是借助话务员进行话务接续，其效率是很低的。15 年后，步进制交换机问世，它标志着交换技术从人工时代迈入机电交换时代。这种交换机属于"直接控制"方式，即用户可以通过话机拨号脉冲直接控制步进接续器做升降和旋转动作，从而自动完成用户间的接续。这种交换机虽然实现了自动接续，但存在着速度慢、效率低、杂音大与机械磨损严重等缺点。

直到 1938 年发明了纵横制交换机才部分解决了上述问题。相对于步进制交换机，它有两方面重要改进：一是利用继电器控制的压接触接线阵列代替大幅度动作的步进接线器，从而减少了磨损和杂音，提高了可靠性和接续速度；二是由直接控制过渡到间接控制方式，这样用户的拨号脉冲不再直接控制接线器动作，而先由记发器接收、存储，然后通过标志器驱动接线器，以完成用户间接续。这种间接控制方式将控制部分与话路部分分开，提高了灵活性和控制效率，加快了速度。由于纵横制交换机具有一系列优点，因而它在电话交换发展上占有重要地位，得到了广泛应用。直到现在，世界上相当多的国家公用电话通信网仍在使用纵横交换机。

随着半导体器件和计算机技术的诞生与迅速发展，猛烈地冲击着传统的机电式交换结构，使之走向电子化。美国贝尔公司经过艰苦努力，于 1965 年生产了世界上第一台商用存储程序控制的电子交换机，这一成果标志着电话交换机从机电时代跃入电子时代，使交换技术发生时代的变革。由于电子交换机具有体积小、速度快、便于提供有效而可靠的服务等优点，引起世界各国的极大兴趣。在发展过程中相继研制出各种类型的电子交换机。

就控制方式而论，电子交换机主要分两大类：一是布线逻辑控制。这种交换机相对于机电交换机来说，虽然在器件与技术上向电子化迈进了一大步，但它基本上继承与保留了纵横制交换机布控方式的弊端：体积大，业务与维护功能低，缺乏灵活性，因此它只是机电式向电子式演变历程中的过渡性产物。二是存储程序控制。它是将用户的信息和交换机的控制以及维护管理功能预先变成程序存储到计算机的存储器内。这种交换机属于全电子型，采用程序控制方式，因此称为存储程序控制交换机，或简称为程控交换机。

程控交换机按用途，可分为市话、长话和用户交换机；按接续方式，可分为空分和时分交换机；程控交换机按信息传送方式，可分为模拟交换机和数字交换机。

由于程控空分交换机的接续网络（或交换网络）采用空分接线器（或交叉点开关阵列），并且在话路部分一般传送和交换的是模拟话音信号，因而称为程控模拟交换机，这种交换机无须进行话音的模数转换（编解码），用户电路简单，因而成本低，目前主要用作小容量模拟用户交换机。

程控时分交换机一般在话路部分传送和交换的是数字话音信号，因而称为程控数字交换机，随着数字通信与脉冲编码调制（PCM）技术的迅速发展和广泛应用，先进国家自 20 世纪 60 年代开始以极大的热情竞相研制数字程控交换机，经过艰苦的努力，法国首先于 1970 年成功开通了世界上第一个程控数字交换系统 E10，它标志着交换技术从传统的模拟交换进入数字交换时代。由于程控数字交换技术的先进性和设备的经济性，使电话交换跨上了一个新的台阶，而且为开通非话业务和实现综合业务数字交换奠定了基础，因而成为交换技术的主要发展方向，随着微处理器技术和专用集成电路的飞速发展，程控数字交换的优越性愈加明显地展现出来。目前所生产的中大容量的程控交换机全部为数字式的。

20 世纪 90 年代后，我国逐渐出现了一批自行研制的、大中型容量的、具有国际先进水平的数字程控交换机，典型的如深圳华为公司的 C&CO8 系列、西安大唐的 SP30 系列、深圳中兴的 ZXJ 系列等，这些交换机的出现，表明在窄带交换机领域，我国的研发技术已经达到了世界水平。随着时代的发展，目前的交换机系统逐渐融合 ATM、无线通信、接入网技术、HDSL、ASDL、视频会议等先进技术。

【项目实训】

任务1 交换机基本配置

【实验目的】

➤了解以太网的基本概念和 MAC 地址。

➤了解二层交换机的工作流程。

➤了解 MAC 地址表的构成。

【实验设备与条件】

➤使用华为 eNSP（Enterprise Network Simulation Platform，企业级网络仿真平台）完成实验，本实验使用的 eNSP 版本为 1.3.00.100。

一、实验要求与说明

本实验需要借助交换机和客户端 PC 模拟组建小型局域网，交换机型号采用 S3700 - 26C - HI，客户端 PC 的 IP 地址配置地址段为 192.168.1.0/24。以 PC1 为例，IP 地址为 192.168.1.1、子网掩码为 255.255.255.0。

实验基本拓扑如图 3 - 16 所示。

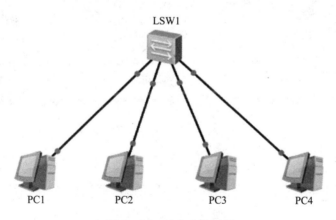

图 3 - 16　以太交换网络

二、实验内容与步骤

1. 创建拓扑

打开 eNSP 模拟器主窗口，如图 3 - 17 所示。

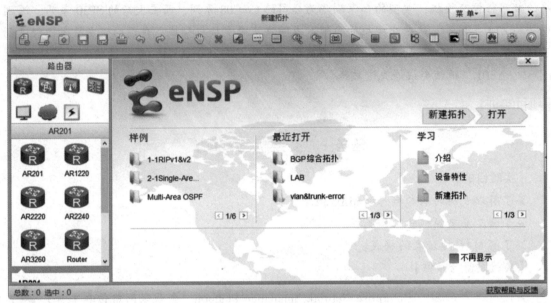

图 3 – 17　eNSP 主窗口

　　单击左上角主菜单"新建拓扑"图标，创建本实验使用的拓扑工程文件，如图 3 – 18 所示。

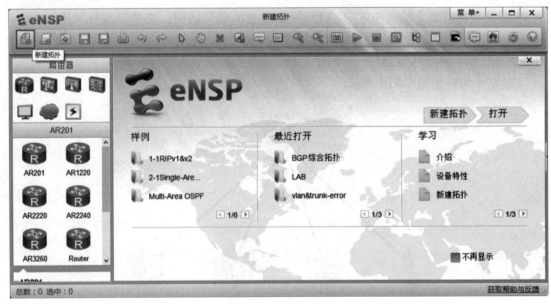

图 3 – 18　新建拓扑

　　主窗口左侧网络设备区提供 eNSP 支持的设备类别和连线。根据在此处的选择，"设备型号区"的内容将会变化。本实验需要选中交换机，这里选择 S3700 直接拖至空白处工作区中，即完成添加以太交换机的工作，如图 3 – 19 所示。

　　根据实验要求的拓扑添加终端 PC，模拟四台客户端连接同一台交换机组建的小型局域网，将终端 PC 拖至工作区，如图 3 – 20 所示。

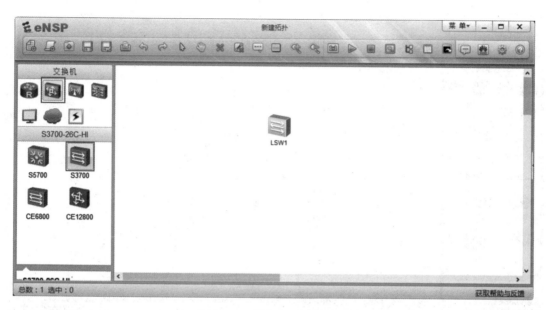

图 3 – 19　添加 S3700 交换机

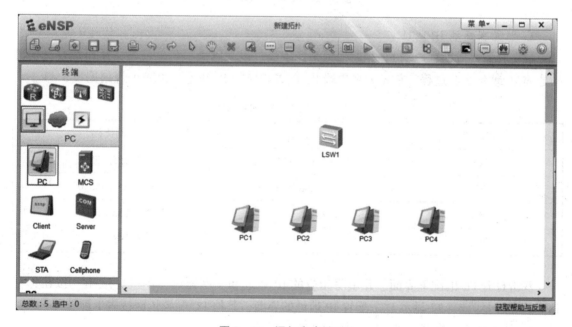

图 3 – 20　添加客户端 PC

设备添加完成后，可以通过上方的主菜单 中的"启动"按钮启动交换机和客户端 PC。

添加以太网连接线缆，选择设备连线，此处可以自动选择连接线缆，依次单击工作区中交换机和客户端 PC 即可完成设备连线，如图 3 – 21 所示。

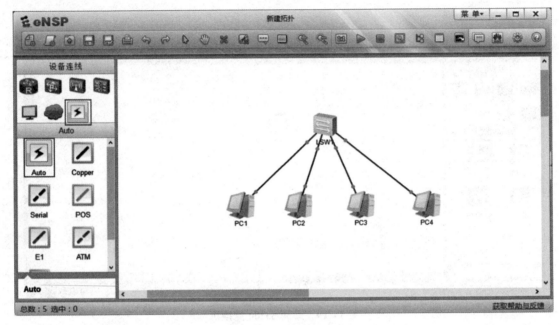

图 3 – 21　设备线缆连接

2. 配置客户端 IP 地址

本实验需要借助客户端 PC 相互通信来产生经过以太网交换机的流量，从而观察交换机构建 MAC 地址表的过程。首先为客户端 PC 配置相应的 IP 地址，IP 地址规划见表 3 – 1。

表 3 – 1　客户端 IP 地址规划

客户端	IP 地址	子网掩码
PC1	192. 168. 1. 1	255. 255. 255. 0
PC2	192. 168. 1. 2	255. 255. 255. 0
PC3	192. 168. 1. 3	255. 255. 255. 0
PC4	192. 168. 1. 4	255. 255. 255. 0

双击打开 PC 的配置界面，并填写相应的 IP 地址和子网掩码，单击"应用"按钮保存相应的配置，图 3 – 22 显示 PC1 配置 IP 地址的界面，其他 PC 配置依次按表 1 配置即可。

3. 交换机基础配置并观察 MAC 地址表

双击打开交换机配置界面，如图 3 – 23 所示，该界面可以完成对交换机的基础配置。

华为交换机采用通用路由平台（Versatile Routing Platform，VRP）提供的 CLI 命令行接口对设备进行配置、管理，VRP 是华为公司数据通信产品的通用操作系统平台。

为方便后续实验配置及验证，首先简单介绍一下 VRP 操作系统提供的几个视图和视图切换方式及命令：

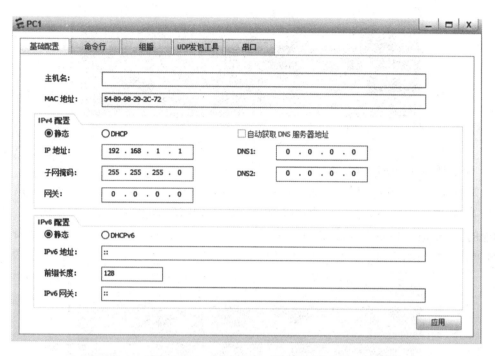

图 3 - 22 客户端 PC1 基础配置界面

图 3 - 23 交换机配置界面

```
<Huawei >                                      #用户视图
<Huawei >system - view                         #进入系统视图
[Huawei]interface GigabitEthernet 0/0/1        #进入接口视图
[Huawei - GigabitEthernet0/0/1]return          #返回用户视图
[Huawei - GigabitEthernet0/0/1]quit            #退回到上一个视图
```

登录到系统后，首先进入的是用户视图，该视图提供查询以及 ping、telnet 等基本工具命令，不提供配置命令。用户视图下，通过 system - view 命令可以进入系统视图，系统视图提供一些简单的全局配置功能。复杂的配置功能，如配置一个以太网接口，则需要进入系统提供以太网接口的配置视图。图 3 - 24 显示交换机基本配置，首先按 Enter 键进入用户视图，通过 system - view 命令进入系统视图，修改设备名称为 SW1，便于后续管理。

图 3 - 24　交换机基本配置

4. 观察交换机 MAC 地址表

初始情况下，交换机的 MAC 地址表为空，也就是在没有流量触发的情况下交换机不存在任何 MAC 地址条目，交换机会通过收到的以太网数据帧学习到相应的 MAC 地址，从而维护相应的 MAC 地址表项。通过 display mac - address 命令，观察交换机 MAC 地址表，如图 3 - 25 所示，输出结果显示交换机 MAC 地址表项为空。

图 3 - 25　观察交换机 MAC 地址表

以 PC1 访问 PC2 为例，PC1 利用 ping 工具测试访问 PC2 的连通性，从而触发客户端 PC 互访的流量经过交换机，进一步观察以太网交换机能否学习并维护对应的 MAC 地址表。双击打开 PC1 的配置界面，单击标签栏的命令行，输入 ping 192.168.1.2。图 3 - 26 所示说明 PC1 和 PC2 之间连通性正常。

图 3 - 26　PC1 访问 PC2

PC 流量互访触发了交换机学习 MAC 地址的过程，此时通过 display mac – address 命令可以观察到交换机已经创建相应的 MAC 地址表，如图 3 – 27 所示。

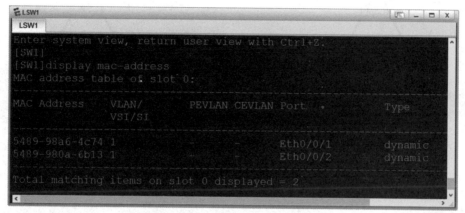

图 3 – 27　交换机 MAC 地址表

通过图 3 – 27 可以发现交换机成功登记了客户端 PC1 和 PC2 相应的 MAC 地址与端口的对应关系，PC1 的 MAC 地址 5489 – 98A6 – 4C74 连接交换机的接口编号为 Ethernet0/0/1。

任务 2　虚拟局域网（VLAN）配置

【实验目的】

➢了解 VLAN 技术的产生背景。

➢掌握 VLAN 的划分方式。

➢了解网络中 VLAN 数据的通信过程。

➢掌握 VLAN 的基本配置。

【实验设备与条件】

➢使用华为 eNSP（Enterprise Network Simulation Platform，企业级网络仿真平台）完成实验，本实验使用的 eNSP 版本为 1.3.00.100。

一、实验要求与说明

本实验需要借助交换机和客户端 PC 模拟组建小型局域网，交换机型号采用 S3700 – 26C – HI，客户端 PC 的 IP 地址配置地址段为 192.168.1.0/24，网络拓扑如图 3 – 28 所示。通过部署 VLAN 技术实现网络隔离，部署相应的接口实现跨交换机相同 VLAN 设备的通信，最终验证相同 VLAN 的客户端 PC 可以相互通信，不同 VLAN 的客户端无法相互通信。

二、实验内容与步骤

1. 搭建拓扑

实验拓扑创建、设备的拖放、线缆连接过程与任务 1 的一致，该步骤不再重复介绍。为了方便拓扑的界面友好，可以通过单击主菜单文本按钮在拓扑的工作区中添加文本标注，如图 3 – 29 所示。

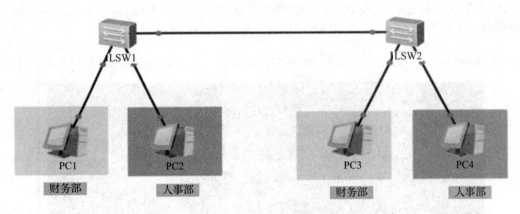

图 3 - 28   VLAN 基础拓扑

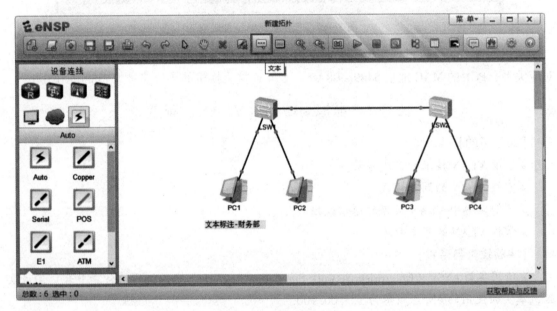

图 3 - 29   添加文本标注

　　另外，还可以通过调色板功能添加图形框体，便于对 VLAN、部门等区域信息进行标注，如图 3 - 30 所示。添加完成之后，可以右击图形框体，单击调整大小、修改颜色等，通过拖放将图形移动到工作区合适的位置。

　　2. 配置客户端 IP 地址

　　客户端 IP 地址规划、IP 地址配置过程如任务 1 一致，不再重复介绍。

　　3. 配置以太交换机

　　为了能够正确地对交换机相应的接口进行配置，可以单击主菜单中的"显示所有接口"按钮 ▣ 显示交换机连接客户端 PC 以及交换机互连接口的接口编号。本拓扑具体接口信息见表 3 - 2。

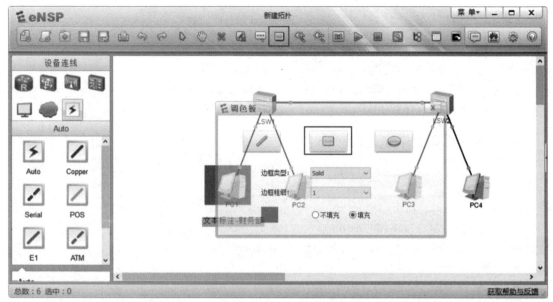

图 3-30 添加图形框体

表 3-2 交换机接口信息

以太交换机	接口编号	连接设备	接口类型
SW1	Ethernet0/0/1	PC1	Access
	Ethernet0/0/2	PC2	Access
	Ethernet0/0/3	SW2	Trunk
SW2	Ethernet0/0/1	PC3	Access
	Ethernet0/0/2	PC4	Access
	Ethernet0/0/3	PC5	Trunk

自行实验时,自动选择接口连接线,依次单击 SW1 和 PC1、SW1 和 PC2、SW2 和 PC3、SW2 和 PC4、SW1 和 SW2,确保接口与表 3-2 中的一致。

双击打开 SW1 配置界面,配置如下:

```
<Huawei>system-view
[Huawei]sysname SW1
[SW1]vlan batch 10 20
[SW1]interface Ethernet 0/0/1
[SW1-Ethernet0/0/1]port link-type access
[SW1-Ethernet0/0/1]port default vlan 10
[SW1-Ethernet0/0/1]quit
[SW1]interface Ethernet 0/0/2
[SW1-Ethernet0/0/2]port link-type access
```

```
[SW1 - Ethernet0 /0 /2]port default  vlan  20
[SW1 - Ethernet0 /0 /2]quit
[SW1]interface  Ethernet 0 /0 /3
[SW1 - Ethernet0 /0 /3]port link - type  trunk
[SW1 - Ethernet0 /0 /3]port trunk allow - pass  vlan  all
[SW1 - Ethernet0 /0 /3]quit
```

双击打开 SW2 配置界面，配置如下：

```
< Huawei > system - view
[Huawei]sysname SW2
[SW1]vlan  batch 10 20
[SW1]interface  Ethernet 0 /0 /1
[SW1 - Ethernet0 /0 /1]port link - type  access
[SW1 - Ethernet0 /0 /1]port default vlan 10
[SW1 - Ethernet0 /0 /1]quit
[SW1]interface Ethernet 0 /0 /2
[SW1 - Ethernet0 /0 /2]port link - type  access
[SW1 - Ethernet0 /0 /2]port default  vlan  20
[SW1 - Ethernet0 /0 /2]quit
[SW1]interface  Ethernet 0 /0 /3
[SW1 - Ethernet0 /0 /3]port link - type  trunk
[SW1 - Ethernet0 /0 /3]port trunk allow - pass  vlan  all
[SW1 - Ethernet0 /0 /3]quit
```

验证命令配置：

```
[SW1]display  port vlan active
T = TAG  U = UNTAG
-----------------------------------------------------------------
Port              Link Type    PVID     VLAN List
-----------------------------------------------------------------
Eth0 /0 /1        access       10       U:10
Eth0 /0 /2        access       20       U:20
Eth0 /0 /3        trunk        1        U:1
                                        T:10 20
```

4. 验证客户端 PC 互访

PC1 访问 PC3，如图 3 - 31 所示。

PC2 访问 PC4，如图 3 - 32 所示。

PC1 访问 PC2，如图 3 - 33 所示。

根据上述输出结果，以太交换机配置无误，相同 VLAN 可以互访、不同 VLAN 不能互访，财务部的 PC1 和 PC3 可以互访、人事部的 PC2 和 PC4 可以互访。

图 3-31 PC1 和 PC3 互访

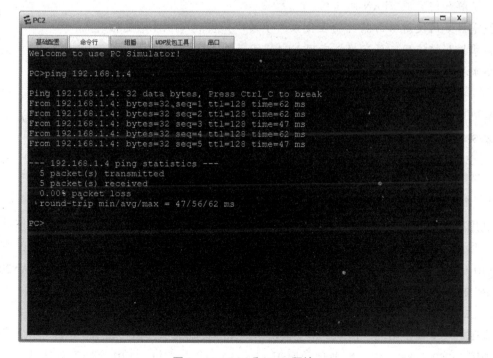

图 3-32 PC2 和 PC4 互访

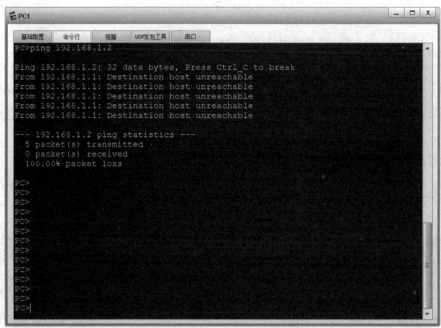

图 3-33 PC1 和 PC2 不能互访

任务 3   跨交换机实现 VLAN 间通信

【实验目的】

➤了解如何实现 VLAN 间通信。

➤掌握如何使用路由器（物理接口、子接口）实现 VLAN 间通信。

➤掌握如何使用三层交换机实现 VLAN 间通信。

➤掌握报文三层转发过程。

【实验设备与条件】

➤使用华为 eNSP（Enterprise Network Simulation Platform，企业级网络仿真平台）完成实验，本实验使用的 eNSP 版本为 1.3.00.100。

一、实验要求与说明

1. 单臂路由

利用路由器和二层交换机组网，通过部署单臂路由技术实现 VLAN 间通信，拓扑如图 3-34 所示。交换机型号采用 S3700-26C-HI，路由器采用型号 AR2220。财务部归属于 VLAN10，客户端 PC 的 IP 地址配置地址段为 192.168.10.0/24；人事部归属于 VLAN20，客户端 PC 的 IP 地址配置地址段为 192.168.20.0/24。

2. 三层交换机实验

利用三层交换机组网，借助三层交换机实现 VLAN 间通信，拓扑如图 3-35 所示。交换机型号采用 S5700-28C-HI。财务部归属于 VLAN10，客户端 PC 的 IP 地址配置地址段为 192.168.10.0/24；人事部归属于 VLAN20，客户端 PC 的 IP 地址配置地址段为 192.168.20.0/24。

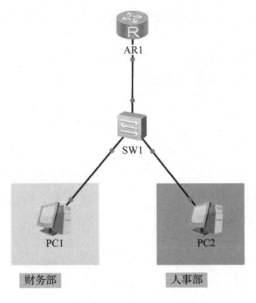

图 3 - 34　单臂路由拓扑

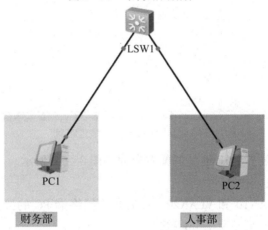

图 3 - 35　三层交换机拓扑

二、实验内容与步骤

1. 单臂路由实验

1) 客户端 PC 地址规划

PC1 和 PC2 需要实现跨 VLAN 跨网段通信，两者不在同一个局域网中，则必须配置网关实现三层转发。PC 的 IP 地址规划见表 3 - 3。

表 3 - 3　客户端 PC 地址规划

客户端	IP 地址	子网掩码	网关
PC1	192. 168. 10. 1	255. 255. 255. 0	192. 168. 10. 254
PC2	192. 168. 20. 2	255. 255. 255. 0	192. 168. 20. 254

双击 PC1 进行基本配置，IP 地址的配置界面如图 3 – 36 所示。

图 3 – 36 中显示了 PC1 的配置界面，主机名为空，MAC 地址为 54-89-98-12-69-4C，IPv4 配置为静态，IP 地址为 192.168.10.1，子网掩码为 255.255.255.0，网关为 192.168.10.254，DNS1 和 DNS2 均为 0.0.0.0，IPv6 配置为静态，IPv6 地址为 ::，前缀长度为 128，IPv6 网关为 ::。

图 3 – 36　PC1 的 IP 地址配置

双击 PC2 进行基本配置，IP 地址的配置界面如图 3 – 37 所示。

2）交换机基本配置

交换机需要创建 VLAN10 和 VLAN20，然后将连接终端 PC 的接口划分进行对应 VLAN，而连接路由器的接口需要配置为 Trunk 接口。

双击交换机，打开 SW1 配置界面，配置如下：

```
<Huawei>system – view
[Huawei]sysname SW1
[SW1]vlan batch 10 20
[SW1]interface Ethernet 0 / 0 / 1
[SW1 – Ethernet0 / 0 / 1]port link – type access
[SW1 – Ethernet0 / 0 / 1]port default vlan 10
[SW1 – Ethernet0 / 0 / 1]quit
[SW1]interface Ethernet 0 / 0 / 2
[SW1 – Ethernet0 / 0 / 2]port link – type access
[SW1 – Ethernet0 / 0 / 2]port default vlan 20
[SW1 – Ethernet0 / 0 / 2]quit
[SW1]interface Ethernet 0 / 0 / 3
[SW1 – Ethernet0 / 0 / 3]port link – type trunk
[SW1 – Ethernet0 / 0 / 3]port trunk allow – pass vlan all
```

图 3 - 37　PC2 的 IP 地址配置

3）路由器配置子接口实现单臂路由

路由器接口数量相对较少，将每个物理接口配置 IP 地址作为每个 VLAN 客户端 PC 的网关地址需要占用大量物理接口，而路由器配置逻辑子接口的方式可以减少接口的占用。

双击路由器打开 R1 配置界面，配置如下：

```
< Huawei > system - view
[Huawei]sysname  R1
[R1]interface GigabitEthernet 0/0/0.10
[R1 - GigabitEthernet0/0/0.10]dot1q  termination  vid  10
[R1 - GigabitEthernet0/0/0.10]arp broadcast  enable
[R1 - GigabitEthernet0/0/0.10]ip address 192.168.10.254 255.255.255.0
[R1 - GigabitEthernet0/0/0.10]quit
[R1]interface GigabitEthernet 0/0/0.20
[R1 - GigabitEthernet0/0/0.10]dot1q  termination  vid  20
[R1 - GigabitEthernet0/0/0.10]arp broadcast  enable
[R1 - GigabitEthernet0/0/0.10]ip address 192.168.20.254 255.255.255.0
[R1 - GigabitEthernet0/0/0.10]quit
```

4）验证客户端 PC 互访

通过 PC1 访问 PC2 来验证 VLAN 间设备是否可以通信，PC1 采用 ping 测试访问 PC2 的 IP 地址，输出结果如图 3 - 38 所示。

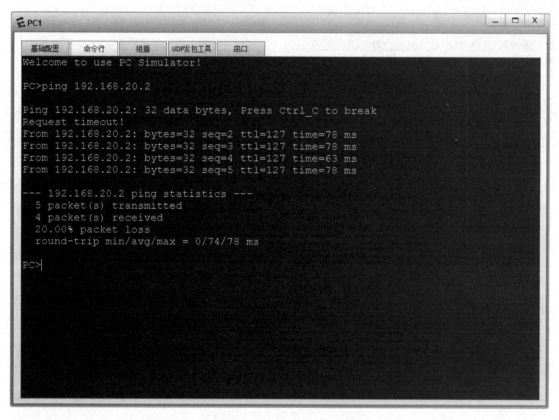

图 3 – 38　PC 互访测试

通过上述输出结果可以发现，PC1 和 PC2 能够借助单臂路由实现跨 VLAN 跨网段通信，单臂路由配置成功。

2. 三层交换机实验

1）客户端 PC 地址规划

客户端 PC 的 IP 地址规划和配置同单臂路由实验一致，此处不再重复介绍。

2）三层交换机配置

交换机需要创建 VLAN10 和 VLAN20，然后将连接终端 PC 的接口划分进行对应 VLAN，三层交换机可以配置相应的 VLANIF 逻辑接口，配置 IP 地址为对应 VLAN 的 PC 作为网关。

双击交换机，打开 SW1 配置界面，配置如下：

```
<Huawei >system –view
[Huawei]sysname SW1
[SW1]vlan  batch  10 20
[SW1]interface GigabitEthernet 0/0/1
[SW1 –GigabitEthernet0/0/1]port link –type  access
[SW1 –GigabitEthernet0/0/1]port default  vlan  10
[SW1 –GigabitEthernet0/0/1]quit
```

```
[SW1]interface  GigabitEthernet 0/0/2
[SW1-GigabitEthernet0/0/2]port link-type  access
[SW1-GigabitEthernet0/0/2]port default  vlan  20
[SW1-GigabitEthernet0/0/2]quit
[SW1]interface  Vlanif 10
[SW1-Vlanif10]ip address  192.168.10.254 255.255.255.0
[SW1-Vlanif10]quit
[SW1]interface  Vlanif  20
[SW1-Vlanif20]ip address  192.168.20.254 255.255.255.0
[SW1-Vlanif20]quit
```

注意：采用 S5700 交换机之后，其对应的接口类型为 GigabitEthernet 千兆以太网，不同于之前配置 S3700 的 Ethernet 百兆以太网接口，因此进入接口视图对接口进行配置的命令也存在一定区别。

3）验证客户端 PC 互访

通过 PC1 访问 PC2 验证 VLAN 间设备是否可以通信，PC1 采用 ping 测试访问 PC2 的 IP 地址，输出结果如图 3 - 39 所示。

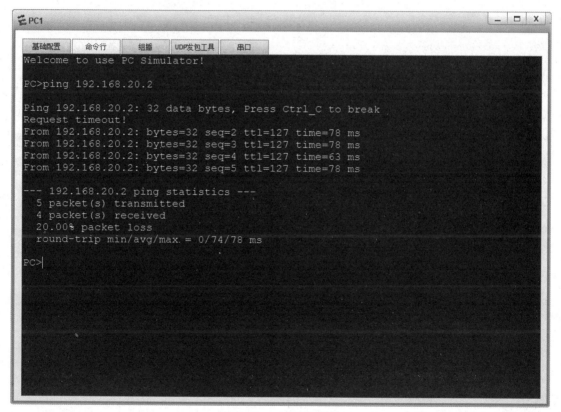

图 3 - 39　PC 互访测试

通过上述输出结果可以发现 PC1 和 PC2 可以借助三层交换机实现跨 VLAN 跨网段通信，三层交换机配置成功。

【思考题】

1. 以太网交换机通过什么方式学习 PC 对应的 MAC 地址并形成 MAC 地址表项？

2. 以太网交换机如何正确转发 PC 互访的数据？

3. MAC 地址的构成方式是什么？

4. 交换机划分 VLAN 有哪些优点？

5. 交换机配置不同的接口类型，如 Access、Trunk 等接口有什么区别？

6. 交换机之间的互连链路如何区分不同 VLAN 的数据？

7. 单臂路由为什么需要在子接口下配置 dot1q termination 命令？

8. 单臂路由多用于小型企业网络，那么单臂路由存在什么缺陷？

9. 部署三层交换机实现跨 VLAN 通信之后，三层交换机如何进行不同 VLAN 之间 PC 的数据转发？

【实训报告】

参考学校实训格式，提交本次课的实训报告。

项目 4
路由器与路由选择

张明创办的公司业务日益发展，人数已增长到了百余人，原来的办公场所已容纳不下这么多员工，为此，张明新买了一层办公场所，新、老办公场所中都已组建计算机局域网。为了使公司办公网络高效运行，需要把新、老办公场所中的局域网通过路由器连接起来，组成一个更大的局域网，实现新、老办公场所中内部主机相互通信。张明找来王军询问如何搭建。

【项目分析】

由于新、老办公场所中均已有独立的计算机局域网，为了将这两个局域网互连起来，可用路由器间配置静态路由或动态路由协议相连接。分别对路由器的端口分配 IP 地址，并对新、老办公大楼中的主机设置 IP 地址及网关，使其可以相互通信。

【知识目标】

- 理解路由的基本概念和路由器的工作原理。
- 掌握路由器的基本配置。
- 理解路由表的建立与更新，掌握静态路由配置。
- 理解 RIP 和 OSPF 路由协议，掌握其配置方法。

【能力目标】

- 学会思考路由选择协议下的具体设计。
- 能够解决路由选路时面临的具体问题。
- 具备较强的操作能力。
- 在操作的过程中能独立克服出现的困难。
- 掌握路由器常见故障的排除。

【素质目标】

- 培养学生吃苦耐劳与敬业精神、团队精神。
- 具有实事求是的学风和严谨的工作态度。
- 培养学生的学习主动性和独立性。
- 培养学生分析问题和解决问题的能力。

【相关知识】

知识点 路由器与路由选择

1.1 路由器与静态路由

1. 路由基础

以太网交换机工作在数据链路层，用于实现相同 VLAN 的站点进行二层数据转发，而企业网络的拓扑结构一般会比较复杂，不同的部门，或者总部和分支可能处在不同的局域网中，此时就需要使用路由器等三层设备来连接不同的网络，实现网络之间的数据转发。以企业网络为例，路由器工作在网络层，隔离了广播域，并可以作为每个局域网的网关，发现到达目的网络的最优路径，最终实现报文在不同网络间的转发。

如图 4-1 所示，R1 和 R2 把整个网络分成了三个不同的局域网，每个局域网为一个广播域。LAN1 内部的主机可以直接通过交换机实现相互通信，LAN2 内部的主机之间也是如此。但是，LAN1 内部的主机与 LAN2 内部的主机之间则必须要通过路由器才能实现相互通信。

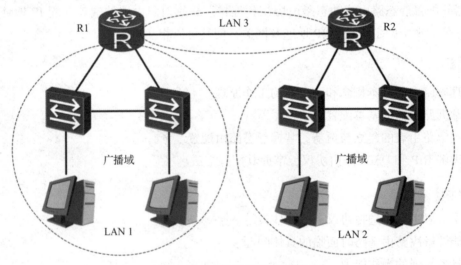

图 4-1 路由器组网示意图

路由器收到数据包后，会根据数据包中的目的 IP 地址选择一条最优的路径，并将数据包转发到下一个路由器，数据包在网络上的传输就好像快递包裹的传递一样，每一个路由器（站点）负责将数据包按照最优的路径向下一跳路由器进行转发，通过多个路由器一站一站地接力，最终将数据包通过最优路径转发到目的地。路由器能够决定数据报文的转发路径，如果有多条路径可以到达目的地，则路由器会通过计算来决定最佳下一跳，计算的原则会根据实际使用的路由协议不同而不同。

路由器转发数据包的关键是路由表，每个路由器中都保存着一张路由表，表中每条路由项都指明了数据包要到达某网络或某主机应通过路由器的哪个物理接口发送，以及可到达该路径的哪个下一个路由器，或者不再经过别的路由器而直接可以到达目的地。如果收到数据报文的目的 IP 地址在路由器的路由表中不存在相应条目，则路由器会丢弃相应的数据包。

路由器通常存在直连路由（自身接口对应路由）、管理员手工配置的静态路由、动态路由协议发现的路由，通过以上三种方式，路由器建立相应的路由表并指导数据转发。上文提到路由器在转发数据时，需要选择路由表中的最优路由，根据目的 IP 地址查询路由表中的路由条目，而当路由表中有多个匹配目的网络的路由条目时，则路由器会选择掩码最长的条目，如图 4 - 2 所示。R1 的路由表中存在两条精准程度有差异的路由，都可以指导路由器访问 10.1.1.1 的目标地址，但是 R1 会选择 10.1.1.0/30 这一条相对更为精确的路由。

```
[R1]display ip routing-table
Destination/Mask Proto   Pre  Cost Flags NextHop     Interface
10.1.1.0/24      Static  60   0    RD    20.1.1.2    GigabitEthernet 0/0/0
10.1.1.0/30      Static  60   0    RD    20.1.1.2    GigabitEthernet 0/0/0
```

图 4 - 2　最长掩码匹配示例

图 4 - 3 所示的路由表中包含了下列关键项：

（1）目的地址（Destination）：用来标识 IP 包的目的地址或目的网络。

（2）网络掩码（Mask）：在之前项目中已经介绍了网络掩码的结构和作用，在路由表中网络掩码也具有重要的意义，IP 地址和网络掩码进行"逻辑与"便可得到相应的网段信息。

（3）出接口（Interface）：指明 IP 包将从该路由器的哪个接口转发出去。

（4）下一跳 IP 地址（NextHop）：指明 IP 包所经由的下一个路由器的接口地址。

```
[Huawei]display ip routing-table
Route Flags: R - relay, D - download to fib
------------------------------------------------------------
Routing Tables: Public  Destinations : 2      Routes : 2
Destination/Mask  Proto   Pre   Cost  Flags  NextHop     Interface

0.0.0.0/0         Static  60    0      D     120.0.0.2   Serial1/0/0
8.0.0.0/8         RIP     100   3      D     120.0.0.2   Serial1/0/0
9.0.0.0/8         OSPF    10    50     D     20.0.0.2    Ethernet2/0/0
9.1.0.0/16        RIP     100   4      D     120.0.0.2   Serial1/0/0
11.0.0.0/8        Static  60    0      D     120.0.0.2   Serial2/0/0
20.0.0.0/8        Direct  0     0      D     20.0.0.1    Ethernet2/0/0
20.0.0.1/32       Direct  0     0      D     127.0.0.1   LoopBack0
```

图 4 - 3　IP 路由表

（5）优先级。路由器可以通过多种不同协议学习到去往同一目的网络的路由，当这些路由都符合最长匹配原则时，必须决定哪条路由优先。每个路由协议都有一个协议优先级（取值越小、优先级越高），当有多个路由信息时，选择最高优先级的路由作为最佳路由。

常见路由协议优先级见表 4 - 1。

表 4-1   路由协议优先级

路由类型	Direct	OSPF	Static	RIP
协议优先级	0	10	60	100

（6）度量值。如果路由器无法用优先级来判断最优路由，则使用度量值（metric）来决定需要加入路由表的路由，一些常用的度量值有跳数、带宽等。跳数是指到达目的地所通过的路由器数目，RIP 路由协议使用跳数作为度量值；带宽是指链路的容量，高速链路开销（度量值）较小，OSPF 使用接口带宽作为度量值计算的依据，其中 metric 值越小，路由越优。

2. 静态路由与默认路由

静态路由是指由管理员手动配置和维护的路由，静态路由配置简单，并且无须像动态路由那样占用路由器的 CPU 资源来计算和分析路由更新。

静态路由的缺点在于，当网络拓扑发生变化时，静态路由不会自动适应拓扑改变，而是需要管理员手动进行调整。

静态路由一般适用于结构简单的网络，在复杂网络环境中，一般会使用动态路由协议来生成动态路由，不过即使是在复杂网络环境中，合理地配置一些静态路由也可以改进网络的性能，如图 4-4 所示。通常在出口路由器配置静态默认路由，指导企业内部用户访问外部网络。

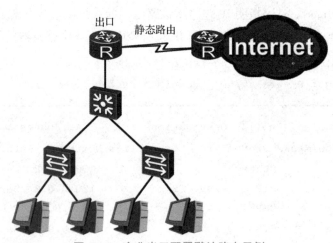

图 4-4   企业出口配置默认路由示例

静态路由可以应用在串行网络或以太网中，但静态路由在这两种网络中的配置有所不同。

在串行网络中配置静态路由时，可以只指定下一跳地址或只指定出接口，因为串行接口默认封装 PPP（点到点协议），对于这种类型的接口，静态路由的下一跳地址就是与接口相连的对端接口的地址，所以，在串行网络中配置静态路由时，可以只配置出接口。

具体配置命令如下：

```
[R1]ip route - static 192.168.1.0 255.255.255.0 10.0.12.2
[R2]ip route - static 192.168.1.0 255.255.255.0 Serial 1/0/0
```

注意，上述配置命令也支持简化为：

```
[R1]ip route - static 192.168.1.0 24 Serial 1/0/0
```

而以太网是广播类型网络，和串行网络情况不同，在以太网中配置静态路由，必须指定下一跳地址。

```
[R1]ip route - static 192.168.1.0 255.255.255.0 G0/0/1 10.0.12.2
```

或者直接简化为

```
[R1]ip route - static 192.168.1.0 255.255.255.0 10.0.12.2
```

也可以通过人为修改静态路由优先级的方式来调整实现路由备份，具体配置命令如下：

```
[R1]ip route - static 192.168.1.0 255.255.255.0 10.0.12.2
[R1]ip route - static 192.168.1.0 255.255.255.0 20.0.12.2 preference 100
```

在配置多条静态路由时，可以修改静态路由的优先级，使一条静态路由的优先级高于其他静态路由，从而实现静态路由的备份，也叫浮动静态路由。上述命令显示 R1 配置了两条静态路由：正常情况下，这两条静态路由是等价的，而通过配置 preference 100，使第二条静态路由的优先级低于第一条（值越大，优先级越低），路由器只把优先级最高的静态路由加入路由表中，当加入路由表中的静态路由出现故障时，优先级低的静态路由才会加入路由表并承担数据转发业务。

默认路由也称为默认路由，是一种目的地址和掩码都为全 0 的特殊路由，通常通过静态路由的配置方式添加默认路由。

```
[R1]ip route - static 0.0.0.0 0.0.0.0 10.0.12.2
```

当路由表中没有与报文的目的地址匹配的表项时，设备可以选择默认路由作为报文的转发路径，在路由表中，默认路由的目的网络地址为 0.0.0.0，掩码也为 0.0.0.0。上述命令 R1 使用默认路由转发到达未知目的地址的报文，默认静态路由的默认优先级也是 60，在路由选择过程中，因为上文提到的最长掩码匹配原则，默认路由会被最后匹配。

1.2　距离矢量路由协议——RIP

RIP（Routing Information Protocol）是路由信息协议的简称，它是一种基于距离矢量（Distance - Vector）算法的协议，使用跳数作为度量来衡量到达目的网络的距离，RIP 作为一种比较简单的内部网关协议，使用了基于距离矢量的贝尔曼 - 福特算法（Bellman - Ford）来计算到达目的网络的最佳路径。

最初的 RIP 协议开发时间较早，所以在带宽、配置和管理方面要求也较低，RIP 协议中定义的相关参数也比较少,例如早期的版本 1 不支持 VLSM 可变长子网掩码和 CIDR 无类域间路由,也不支持认证功能,但是由于 RIP 配置简单、易于维护,因此 RIP 主要适用于规模较小的网络中,由于 RIP 版本 1 的诸多缺陷,本文主要介绍 RIP 的版本 2。

　　路由器启动时,路由表中只会包含直连路由。运行 RIP 之后,路由器会立刻发送 RIP 的请求 Request 报文,用来请求邻居路由器的 RIP 路由。运行 RIP 的邻居路由器收到该 Request 报文后,会根据自己的路由表,生成 RIP 的响应 Response 报文进行回复,路由器在收到 Response 报文后,会将相应的路由添加到自己的路由表中。如图 4 – 5 所示,显示了 RIP 的基本工作原理。

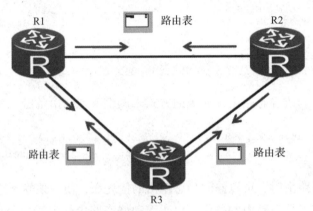

图 4 – 5　RIP 基本工作原理

　　RIP 网络稳定以后,每个路由器会周期性地向邻居路由器通告自己的整张路由表中的路由信息,默认周期为 30 s,邻居路由器根据收到的路由信息刷新自己的路由表。

　　图 4 – 6 和图 4 – 7 显示了 RIP 的两种报文。

```
⊞ Internet Protocol, Src: 12.1.1.2 (12.1.1.2), Dst: 224.0.0.9 (224.0.0.9)
⊞ User Datagram Protocol, Src Port: router (520), Dst Port: router (520)
⊟ Routing Information Protocol
   Command: Request (1)
   Version: RIPv2 (2)
   Routing Domain: 0
 ⊞ Address not specified, Metric: 16
```

图 4 – 6　RIP 请求消息

```
⊞ Internet Protocol, Src: 12.1.1.1 (12.1.1.1), Dst: 224.0.0.9 (224.0.0.9)
⊞ User Datagram Protocol, Src Port: router (520), Dst Port: router (520)
⊟ Routing Information Protocol
   Command: Response (2)
   Version: RIPv2 (2)
   Routing Domain: 0
 ⊞ IP Address: 12.1.1.0, Metric: 1
 ⊞ IP Address: 172.16.1.0, Metric: 1
```

图 4 – 7　RIP 响应消息

　　通过上述报文抓取的结果可以观察到 RIP 的报文是基于 UDP 进行封装的,端口号固定为 520。

　　RIP 包括 RIP 版本 1 和 RIP 版本 2 两个版本,以下简称为 RIPv1 和 RIPv2。

上文提到的 RIPv1 主要缺陷是：

（1）有类别路由协议，不支持 VLSM 和 CIDR。

（2）RIPv1 使用广播发送报文，目标地址为 255.255.255.255。

（3）RIPv1 不支持认证功能。

而 RIPv2 针对性地进行了改进：

（1）RIPv2 为无类别路由协议，支持 VLSM，支持路由聚合与 CIDR。

（2）RIPv2 的组播地址为 224.0.0.9。

（3）RIPv2 支持明文认证和 MD5 密文认证。

RIP 路由协议会通过周期更新完整路由表的方式将路由更新给其他 RIP 路由器，因此可能出现如图 4 - 8 所示的情况。

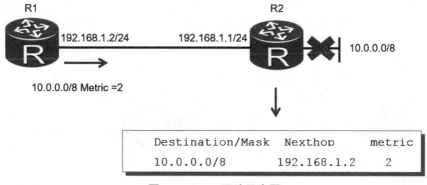

图 4 - 8　RIP 环路示意图

RIP 网络正常运行时，R1 会通过 R2 学习到 10.0.0.0/8 网络的路由，度量值为 1。一旦路由器 R2 的直连网络 10.0.0.0/8 产生故障，R2 会立即检测到该故障，并认为该路由不可达。此时 R1 还没有收到该路由不可达的信息，于是会继续向 R1 发送度量值为 2 的通往 10.0.0.0/8 的路由信息。R2 会学习此路由信息，并认为可以通过 R1 到达 10.0.0.0/8 网络。此后 R2 发送的更新路由表，又会导致 R1 路由表的更新，R1 会新增一条度量值为 3 的 10.0.0.0/8 网络路由表项，从而形成路由环路。

RIP 路由协议引入了很多机制来解决环路问题：

1. 最大跳数

上文提到的 RIP 使用跳数作为度量值来衡量到达目的网络的距离，在 RIP 中，路由器到与它直接相连网络的跳数为 0，每经过一个路由器后跳数加 1。RIP 规定跳数的取值范围为 0 ~ 15 之间的整数，16 跳为不可达路由，即目的网络或主机不可达，所以上述环路场景中 R1 和 R2 相互发送路由之后，最终路由的度量值会为 16 跳，不可达，从而失效。

2. 水平分割

水平分割的原理是，路由器从某个接口学习到的路由，不会再从该接口发出去。也就是说，上述环路场景中 R1 从 R2 学习到的 10.0.0.0/8 网络的路由不会再从 R1 的接收接口重新通告给 R2，由此避免了路由环路的产生，如图 4 - 9 所示。

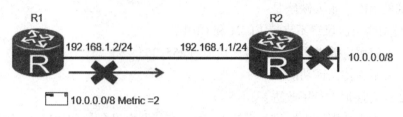

图 4 – 9　水平分割示例

3. 毒性逆转

毒性逆转机制的实现可以使错误路由立即超时。配置了毒性逆转之后，RIP 从某个接口学习到路由之后，发回给邻居路由器时，会将该路由的跳数设置为 16。利用这种方式，可以清除对方路由表中的无用路由。上述环路场景中，R2 向 R1 通告了度量值为 1 的 10.0.0.0/8 路由，R1 在通告给 R2 时，将该路由度量值设为 16。如果 10.0.0.0/8 网络发生故障，R2 便不会认为可以通过 R1 到达 10.0.0.0/8 网络，因此就可以避免路由环路的产生，如图 4 – 10 所示。

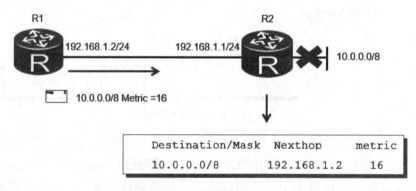

图 4 – 10　毒性逆转示例

4. 触发更新

默认情况下，一台 RIP 路由器每 30 s 会发送一次路由表更新给邻居路由器。

当本地路由信息发生变化时，触发更新功能，允许路由器立即发送触发更新报文给邻居路由器，来通知路由信息更新，而不需要等待更新定时器超时，从而加速了网络收敛，如图 4 – 11 所示。

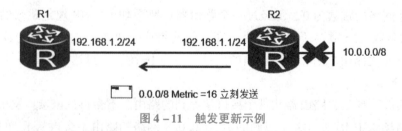

图 4 – 11　触发更新示例

介绍完 RIP 的基本工作原理，接下来主要介绍 RIP 基本配置命令：

```
[R1]rip
[R1-rip-1]version 2
[R1-rip-1]network 10.0.0.0
```

rip[process-id]命令用来使能 RIP 进程。该命令中，process-id 指定了 RIP 进程 ID。如果未指定 process-id，命令将使用 1 作为默认进程 ID。

version 2 可用于使能 RIPv2，以支持扩展能力，比如支持 VLSM、认证等，本书只介绍版本 2。

network ＜network-address＞命令可用于在 RIP 中通告网络，network-address 必须是一个主类网段的地址，只有处于此网络中的接口，才能进行 RIP 报文的接收和发送，比如接口 IP 地址配置为 10.1.1.0/24 网段，宣告的命令只能配置为 10.0.0.0；接口 IP 地址配置为 172.16.1.0/24 网段，宣告的命令只能配置为 172.16.0.0，也就是 RIP 只支持主类宣告。

RIP 调整开销值的配置命令主要介绍如下：

```
[R3]interface GigabitEthernet 0/0/0
[R3-GigabitEthernet0/0/0]rip metricin 2
```

命令 rip metricin ＜metric value＞用于修改接口上应用的度量值（注意：该命令所指定的度量值会与当前路由的度量值相加）。当路由器的一个接口收到路由时，路由器会首先将接口的附加度量值增加到该路由上，然后将路由加入路由表中。

如图 4-12 所示，将上述命令配置在 R3 的 G0/0/0 接口之后，R1 发送的 10.0.0.0/8 路由条目的度量值为 1，由于在 R3 的 GigabitEthernet0/0/0 接口上配置了 rip metricin 2，所以，当路由到达 3C 的接口时，RTC 会将该路由条目的度量值加 2，最后该路由的度量值为 3。

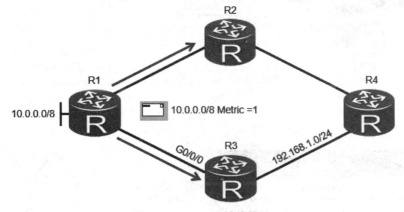

图 4-12　RIP 开销值修改

正如上文实验案例中，我们可以通过配置相应的接口来累加开销值的方式实现 RIP 路由的选路。

1.3　链路状态路由协议——OSPF

RIP 路由信息协议是一种基于距离矢量算法的路由协议，存在着收敛慢、基于传闻的工作方式、易产生路由环路、可扩展性差等问题，目前已逐渐被 OSPF 取代。开放式最短路径优先（Open Shortest Path First，OSPF）协议是 IETF 定义的一种基于链路状态的内部网关路由协议。OSPF 根据 LSA 链路状态，利用 SPF 最短路径优先算法计算相应的 SPT 最短路径树，从设计上就保证了无路由环路，OSPF 支持触发更新，能够快速检测并通告自治系统内的拓扑变化。

OSPF 可以解决网络扩容带来的问题，当网络上的路由器越来越多，路由信息流量急剧增长时，OSPF 可以将每个自治系统划分为多个区域，并限制每个区域的范围，借助区域级别的层次化部署可以实现区域内的链路状态信息内容和计算开销相对得到一定的减少，并且便于后续的路由管理。OSPF 这种分区域的特点，使得 OSPF 特别适用于大中型网络，OSPF 还可以同其他协议（比如多协议标记交换协议 MPLS）同时运行来支持地理覆盖很广的网络。

OSPF 要求每台运行 OSPF 的路由器都了解整个网络的链路状态信息，这样才能计算出到达目的地的最优路径。OSPF 的整个工作过程包括邻居关系建立、链路状态公告（Link State Advertisement，LSA）泛洪、SPF 计算等过程。

其中，LSA 中包含了路由器已知的接口 IP 地址、掩码、开销和网络类型等信息，收到 LSA 的路由器都可以根据 LSA 提供的信息建立自己的链路状态数据库（Link State Database，LSDB），并在 LSDB 的基础上使用 SPF 算法进行运算，建立起到达每个网络的最短路径树。最后，通过最短路径树得出到达目的网络的最优路由，并将其加入 IP 路由表中。图 4 – 13 显示了 OSPF 的基本工作原理。

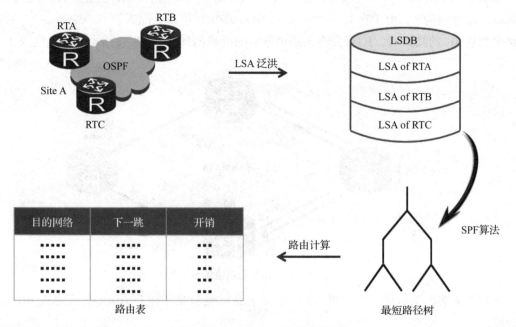

图 4 – 13　OSPF 工作过程示意图

1. OSPF 邻居表

OSPF 进行链路状态数据库同步之前，必须建立邻居关系，我们首先分析一下邻居表。

邻居表的基本构成如图 4 – 14 所示。

图 4 – 14 OSPF 邻居表

每一台运行 OSPF 的路由器都需要一个 Router – id 来唯一标识，一般推荐 OSPF 的 Router – id 手工配置，具体配置命令在实验环节已经演示过。通过相应的 OSPF 报文交互，可以完成邻居关系（邻接关系）的建立，OSPF 路由协议直接运行在 IP 协议之上，使用 IP 协议号 89，通常通过组播的方式进行报文的交互，组播地址为 224.0.0.5。

OSPF 有五种类型的报文，每种类型的报文对应的功能并不一致，我们首先介绍一下每种报文的功能：

（1）Hello 报文：最常用的一种报文，用于发现、建立、维护邻居关系，该报文通常周期发送，用于进行 OSPF 状态的维系。如图 4 – 15 显示了 OSPF 的 Hello 报文内容。

图 4 – 15　OSPF Hello 报文

（2）DD Database Description（数据库描述）报文：两台路由器进行 LSDB 数据库同步之前，会先用 DD 报文来描述自己的链路状态数据库。DD 报文的内容包括 LSDB 中每一条 LSA 的头部（LSA 的头部可以唯一标识一条 LSA）。LSA 头部只占一条 LSA 的整个数据量的一小部分，所以也可以理解为 DD 消息中携带了 OSPF 数据库的摘要信息。图 4 – 16 显示了 OSPF 的 LSR 报文。

图 4 – 16　OSPF DD 报文

（3）LSR LS Request（请求）报文：两台路由器互相交换过 DD 报文之后，知道对端的路由器有哪些 LSA 是本地 LSDB 所缺少的，这时需要发送 LSR 报文向对方请求缺少的 LSA，LSR 只包含了所需要的 LSA 的头部信息。图 4-17 显示 OSPF LSR 请求消息。

```
⊞ Internet Protocol, Src: 12.1.1.2 (12.1.1.2), Dst: 12.1.1.1 (12.1.1.1)
⊟ Open Shortest Path First
  ⊞ OSPF Header
  ⊟ Link State Request
    Link-State Advertisement Type: Router-LSA (1)
    Link State ID: 1.1.1.1
    Advertising Router: 1.1.1.1 (1.1.1.1)
```

图 4-17　OSPF LSR 请求消息

（4）LSU LS Update（更新）报文：用来向对端路由器发送所需要的 LSA，LSU 中包含相应 LSA 的明细信息。图 4-18 显示了 OSPF LSU 更新消息。

```
⊞ Internet Protocol, Src: 12.1.1.1 (12.1.1.1), Dst: 12.1.1.2 (12.1.1.2)
⊟ Open Shortest Path First
  ⊞ OSPF Header
  ⊟ LS Update Packet
    Number of LSAs: 1
    ⊟ LS Type: Router-LSA
```

图 4-18　OSPF LSU 更新消息

（5）LS ACK（确认）报文：用来对接收到的 LSU 报文进行确认，LS ACK 确认报文也只包含了 LSA 的头部信息，如图 4-19 所示。

```
⊞ Internet Protocol, Src: 12.1.1.1 (12.1.1.1), Dst: 224.0.0.5 (224.0.0.5)
⊟ Open Shortest Path First
  ⊞ OSPF Header
  ⊞ LSA Header
  ⊞ LSA Header
```

图 4-19　OSPF LS ACK 确认报文

OSPF 通过相应的邻居状态机完成邻居关系的建立，不同的邻居状态通过交互不同的报文完成不同的工作。详细邻居状态机如图 4-20 所示。

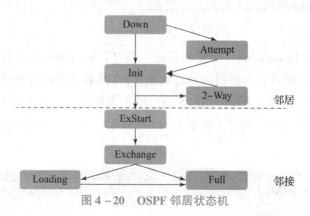

图 4-20　OSPF 邻居状态机

邻居和邻接关系建立的过程如下：

（1）Down：这是邻居的初始状态，表示没有从邻居收到任何信息。

（2）Init：在此状态下，路由器已经从邻居收到了 Hello 报文，但是该 Hello 报文的邻居列表中并没有自身的 Router – id，尚未与邻居建立双向通信关系。

（3）2 – Way：在此状态下，收到邻居 Hello 报文的邻居列表中包含了自身的Router – id，双向通信已经建立，但是没有与邻居建立邻接关系。这是建立邻接关系以前的最高级状态。

（4）ExStart：这是形成邻接关系的第一个步骤，邻居状态变成此状态以后，路由器开始向邻居发送 DD 报文，主从关系是在此状态下进行选举的，通过使用主设备的序列号来保证后续 DD 的对比过程是可靠的，在此状态下发送的 DD 报文不包含链路状态描述。

（5）Exchange：此状态下路由器相互发送包含链路状态信息摘要的 DD 报文，描述本地 LSDB 的内容。

（6）Loading：相互发送 LSR 报文请求 LSA，发送 LSU 报文通告 LSA。

（7）Full：路由器的 LSDB 已经同步。

上文简述了 OSPF 的邻居状态机，邻居关系的建立只需要交互 Hello 报文即可。Hello 报文的关键字段介绍如下：

（1）Network Mask：发送 Hello 报文的接口的网络掩码。

（2）Hello – Interval：发送 Hello 报文的时间间隔，单位为秒。

（3）Options：标识发送此报文的 OSPF 路由器所支持的可选功能。具体的可选功能已超出这里的讨论范围。

（4）Router Priority：发送 Hello 报文的接口的 Router Priority，用于选举 DR 和 BDR。

（5）Router – Dead – Interval：失效时间。如果在此时间内未收到邻居发来的 Hello 报文，则认为邻居失效，通常为四倍 Hello – Interval。

（6）Designated Router：发送 Hello 报文的路由器所选举出的 DR 的 IP 地址。如果设置为 0.0.0.0，表示未选举 DR 路由器。

（7）Backup Designated Router：发送 Hello 报文的路由器所选举出的 BDR 的 IP 地址。如果设置为 0.0.0.0，表示未选举 BDR。

（8）Neighbor：邻居的 Router ID 列表，表示本路由器已经从这些邻居收到了合法的 Hello 报文。

如果路由器发现所接收的合法 Hello 报文的邻居列表中有自己的 Router ID，则认为已经和邻居建立了双向连接，表示邻居关系已经建立。邻居关系建立完成之后，则会进入邻接关系的建立，首先是通过 DD 消息进行链路数据库内容的简单对比，过程如图 4 – 21 所示。

OSPF 根据不同的数据链路层协议定义了不同的网络类型，分别是点到点网络、广播型网络、NBMA 网络和点到多点网络，本书只介绍点到点和广播型网络。点到点网络是指只把两台路由器直接相连的网络，一个运行 PPP 的串行线路就是一个点到点网络的例子。广播型网络是指支持两台以上路由器，并且具有广播能力的网络，一个多路访问的以太网就是一个广播型网络的例子，如图 4 – 22 所示。

广播型网络因为可能会连接较多路由器，每一个含有至少两个路由器的广播型网络都有必要进行 DR 指定路由器和 BDR 备份指定路由器的选举。

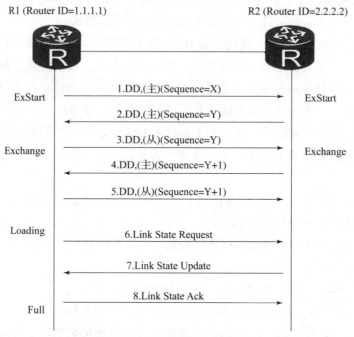

图 4-21 OSPF 邻接关系的建立

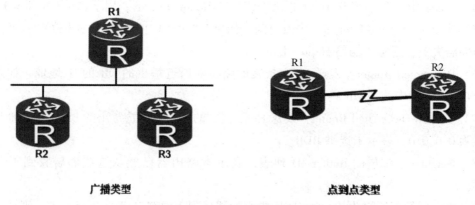

广播类型   点到点类型

图 4-22 OSPF 支持的网络类型

　　DR 和 BDR 可以减少邻接关系的数量，从而减少链路状态信息以及路由信息的交换次数，这样可以节省带宽，降低对路由器处理能力的压力，一个既不是 DR 也不是 BDR 的路由器只与 DR 和 BDR 形成邻接关系并交换链路状态信息以及路由信息，这样就大大减少了大型广播型网络和 NBMA 网络中的邻接关系数量。在没有 DR 的广播网络上，邻接关系的数量可以根据公式 $n(n-1)/2$ 计算出，n 代表参与 OSPF 的路由器数量。如图 4-23 所示，所有路由器之间有 6 个邻接关系。当指定了 DR 后，所有的路由器都与 DR 建立起邻接关系，DR 成为该广播网络上的中心点。BDR 作为 DR 的备份，在 DR 发生故障时接管业务，一个广播网络上所有路由器都必须同 BDR 建立邻接关系。本例中使用 DR 和 BDR 将邻接关系从 6 减少到了 5，RTA 和 RTB 都只需要同 DR 和 BDR 建立邻接关系，RTA 和 RTB 之间建立的是邻居关系。此例中邻接关系数量的减少效果并不明显。但是当网络上部署了大量路由器时，比如 100 台，情况就大不一样了。

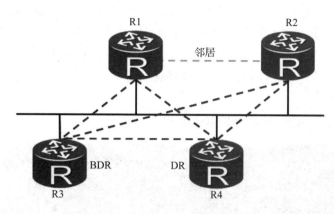

图 4 – 23　DR 和 BDR 邻接示意图

注意：每个广播型网络都会进行 DR 和 BDR 的选举，DR 和 BDR 选举过程首先会比较接口 DR 优先级，优先级取值范围为 0 ~ 255，值越高，越优先，默认情况下，接口优先级为 1。如果一个接口优先级为 0，那么该接口将不会参与 DR 或者 BDR 的选举。如果优先级相同，则比较 Router ID，值越大，越优先被选举为 DR。

2. OSPF 链路状态数据库

OSPF 通过一系列的报文交互完成了邻接关系的建立，这也意味着链路状态数据库同步完成。

每台运行 OSPF 的路由器都会产生若干条 LSA 链路状态通告，链路状态通告描述了路由器自身的拓扑信息和路由信息，LSDB 链路状态数据库包含了整个 OSPF 网络的信息，也就是对于整个 OSPF 全网信息的描述，路由器根据数据库的信息通过 SPF 算法进行拓扑计算，最终计算出相应的路由。图 4 – 24 给出了一个 OSPF 的拓扑，以及经过 SPF 计算之后的逻辑结果。

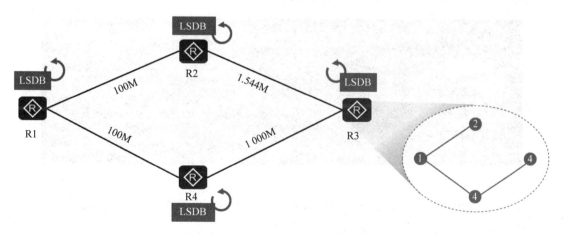

图 4 – 24　OSPF 拓扑计算结果示意图

OSPF 拓扑计算基于链路带宽进行，根据接口带宽不同，计算的度量值也不一致，默认情况下，接口 Metric ＝参考带宽/接口真实带宽，其中参考带宽的取值为 100 Mb/s，假设接口带宽为 100 Mb/s，则接口 OSPF 度量值为 1；接口带宽为 1.544 Mb/s，则接口 OSPF 度量值为 64。简单地说，某一条 OSPF 路由的 Cost 值可以理解为是从目的网段到本路由器沿途所有入接口的 Cost 值累加。所以，上述拓扑假设以 R1 为根，利用同步完成的链路状态数据库中的 LSA 完成 SPF 计算，相应的 SPT 最短路径树如图 4 – 24 所示，这也就是 OSPF 无环的根本原因。

图 4 – 25 显示了路由器 R1 的链路状态数据库内容。

```
[R1]display ospf lsdb

        OSPF Process 1 with Router ID 1.1.1.1
            Link State Database

                Area: 0.0.0.0
Type        LinkState ID      AdvRouter          Age   Len   Sequence    Metric
Router      2.2.2.2           2.2.2.2            109   36    80000004    1
Router      1.1.1.1           1.1.1.1            115   36    80000004    1
Network     12.1.1.2          2.2.2.2            109   32    80000002    0
```

图 4 – 25　OSPF 链路状态数据库

关于 LSA 内容的细节，超出了本书的范围，而对于 OSPF 的 LSDB 表，需要了解：

LSDB 会保存自己产生的及从邻居收到的 LSA 信息，本例中 R1 的 LSDB 包含了三条 LSA，其中 Type 标识 LSA 的类型，AdvRouter 标识发送 LSA 的路由器，LinkState – ID 是 LSA 的标识，类型、通告路由器、LinkState – ID 可以唯一标识一条 LSA，也可以称之为 LSA 三要素。

3. OSPF 路由表

通过 LSA 计算的结果会直接加入 OSPF 路由表中，对于 OSPF 的路由表，需要了解：OSPF 路由表和路由器路由表是两张不同的表项。本例中 OSPF 路由表有两条路由。OSPF 路由表包含 Destination 目标路由、Cost 度量值和 NextHop 下一跳信息等指导转发的信息。

使用命令 display ospf routing 查看 OSPF 路由表，如图 4 – 26 所示。

```
[R1]display ospf routing

        OSPF Process 1 with Router ID 1.1.1.1
            Routing Tables

Routing for Network
Destination         Cost   Type       NextHop        AdvRouter       Area
12.1.1.0/24         1      Transit    12.1.1.1       1.1.1.1         0.0.0.0
172.16.2.2/32       1      Stub       12.1.1.1       2.2.2.2         0.0.0.0

Total Nets: 2
Intra Area: 2  Inter Area: 0  ASE: 0  NSSA: 0
```

图 4 – 26　OSPF 路由表

而 OSPF 路由表最终会根据优先级、开销值等参数的判断决定是否下发到 IP 路由表中，上文提到 IP 路由表中只会存放最优路由，可以通过 display ip routing – table protocol ospf 观察下发到 IP 路由表中的 OSPF 路由，如图 4 – 27 所示。

图 4 – 27　下发至 IP 路由表的 OSPF 路由条目

上文提到的 OSPF 引入区域（Area）的概念，将一个 OSPF 域划分成多个区域，可以使 OSPF 支撑更大规模组网。OSPF 多区域的设计减小了 LSA 泛洪的范围，有效地把拓扑变化的影响控制在区域内，达到网络优化的目的。在区域边界可以做路由汇总，减小了路由表规模，区域提高了网络扩展性，有利于组建大规模的网络。

OSPF 的区域可以分为骨干区域与非骨干区域，骨干区域即 Area0，除 Area0 以外，其他区域都称为非骨干区域。

区域内可以利用 SPF 算法计算无环拓扑，而为了防止区域间环路问题的出现，多区域互联的原则是非骨干区域与非骨干区域不能直接相连，所有非骨干区域必须与骨干区域相连。中小型园区网通过单区域 OSPF 部署可以满足基本需求，而大型园区网通常需要部署多区域提高扩展性，如图 4 – 28 所示。

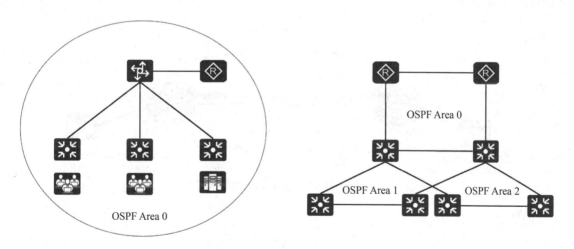

图 4 – 28　多区域 OSPF 部署

部署 OSPF 多区域、特殊场景其他协议外部路由的引入，会产生不同的 OSPF 的路由器角色，如图 4 – 29 所示。

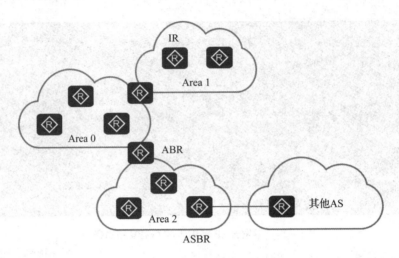

图 4 – 29　OSPF 路由器类型

OSPF 路由器类型包含如下几种：

（1）区域内路由器（Internal Router）：该类路由器的所有接口都属于同一个 OSPF 区域。

（2）区域边界路由器（Area Border Router，ABR）：该类路由器的接口同时属于两个以上的区域，但至少有一个接口属于骨干区域。

（3）自治系统边界路由器（AS Boundary Router，ASBR）：该类路由器与其他 AS 交换路由信息。只要一台 OSPF 路由器引入了外部路由的信息，它就成为 ASBR。

4. OSPF 基础配置

如图 4 – 30 所示，借助路由器 R1 和 R2 组建了一个小型网络同步，可以部署 OSPF 实现两台路由器的互通。

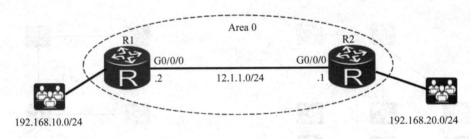

图 4 – 30　OSPF 小型拓扑案例

配置介绍，以 R1 为例：

```
[R1]ospf router – id 1.1.1.1
[R1 – ospf – 1]area 0
[R1 – ospf – 1 – area – 0.0.0.0]network 12.1.1.1 0.0.0.0
[R1 – ospf – 1 – area – 0.0.0.0]network 192.168.10.254 0.0.0.0
```

在配置 OSPF 时，需要首先使能 OSPF 进程。

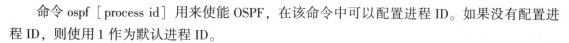

命令 ospf［process id］用来使能 OSPF，在该命令中可以配置进程 ID。如果没有配置进程 ID，则使用 1 作为默认进程 ID。

命令 ospf［process id］［router－id ＜router－id＞］既可以使能 OSPF 进程，也可以用于配置 Router ID。在该命令中，router－id 代表路由器的 ID。

命令 network 用于指定运行 OSPF 协议的接口，在该命令中需要指定一个反掩码。反掩码中，"0" 表示此位必须严格匹配，"1" 表示该地址可以为任意值。

部分场景需要修改 OSPF 接口开销值影响选路，配置如下：

```
[R1]interface GigabitEthernet 0/0/0
[R1 - GigabitEthernet0/0/0]ospf cost 20
```

整个 OSPF 配置过程分为三个步骤：配置设备接口、配置 OSPF 和验证结果。结果验证可以通过查看邻居表、链路状态数据库、路由表等方式完成，具体命令上文已经介绍过，此处不再赘述。

【知识链接】

路由器的发展历史

2016 年，随着互联网的普及，以及 4G 网络的覆盖，网络这个词汇，对于我们来说已经不再陌生。"秀才不出门，便知天下事" 的理论，也随着网络的覆盖而得以实现。网络是人类进步的一个里程碑！

当我们在享受着网络带给我们快捷方便的同时，却忽视了网络背后的大功臣——路由器。它一直被我们忽视，买回家后基本设置一次就不会再管，放在角落里沾满了灰尘，也无人问津。但是它可以说是整个网络中的重要枢纽，没有它，我们就不能像如今一样愉快地上网冲浪了。它的重要性可想而知，但是我们却不曾了解过它，因为它一直都是默默无闻，都在为我们的生活而奉献！

➢ 第一代路由器

1984 年，随着思科公司的创立，其创始人设计了一种叫作"多协议路由器"的全新网络设备，使得斯坦福大学中相互不兼容的计算机网络连接到了一起，这就是路由器的前身。随后，思科公司在 1986 年正式推出了第一款多协议路由器——AGS。

但是你知道吗？第一代的路由器跟今天的路由器相比有很大的区别。

第一代的路由器并没有太多的网络连接，主要是用于科研和教育机构以及企业连接到互联网。因为早先的 IP 网络并不像现在这样庞大，路由器所连接的设备以及需要处理的业务也都很少，路由器的功能可以使用一台计算机接上多块网卡的方式来实现，CPU 则负责转发处理、设备管理等。

➢ 第二代路由器

随着网络流量的不断增大，为了解决越来越大的 CPU 和总线负担，将少数常用的路由信息采用 Cache 技术保留在业务接口卡上，使大多数报文直接通过业务板 Cache 的路由表进行转发，减少对总线和 CPU 的请求。只对 Cache 中找不到的报文传输到 CPU 进行处理，这就是第二代路由器。

第二代路由器转发性能提升较大，还可以根据具体的网络环境提供丰富的连接方式和接口密度，在互联网和企业网中得到了广泛的应用。

> 第三代路由器

20 世纪 90 年代互联网高速发展，Web 技术更是让 IP 网络得到了迅猛的发展，用户上网的访问内容得到了极大的丰富。为了应对这一局面，人们采用了全分布式结构——路由与转发分离的技术，制造出第三代路由器。

第三代路由器通过主控板负责整个设备的管理和路由的收集、计算功能，并把计算形成的转发表下发到各业务板；各业务板根据保存的路由转发表能够独立进行路由转发。另外，总线技术也得到了较大的发展，通过总线、业务板之间的数据转发完全独立于主控板，实现了并行高速处理，使得路由器的处理性能成倍提高。

> 第四代路由器

90 年代中后期，随着 IP 网络的商业化，Web 技术出现以后，互联网技术得到空前的发展，互联网用户呈爆炸式增长。网络流量特别是核心网络的流量以指数级增长，传统的基于软件的 IP 路由器已经无法满足网络发展的需要。报文处理中需要包含诸如 QoS 保证、路由查找、二层帧头的剥离/添加等复杂操作，以传统的做法是不可能实现的。

于是一些厂商提出了 ASIC 实现方式，它把转发过程的所有细节全部采用硬件方式来实现。另外，在交换网上采用了 Crossbar 或共享内存的方式解决了内部交换的问题，使得路由器的性能达到千兆比特，即早期的千兆交换式路由器（Gigabit Switch Router，GSR）。

> 第五代路由器

进入 21 世纪后，围绕业务能力，厂商对路由器展开了大刀阔斧的改革。网络管理、用户管理、业务管理、MPLS、VPN、可控组播、IP–QoS 和流量工程等各种新技术纷纷加入路由器中。

第五代路由器在硬件体系结构上继承了第四代路由器的成果，在关键的 IP 业务流程处理上则采用了可编程的、专为 IP 网络设计的网络处理器技术。网络处理器（NP）通常由若干微处理器和一些硬件协处理器组成，多个微处理器并行工作，通过软件来控制处理流程，实现业务灵活性与高性能的有机结合。

> 第六代路由器

在第六代路由上将出现智能路由器 +5G 卡，实现不用拉网插卡即可满足上网需求，5G 时代拉线宽带入户或将会消失，但目前市场上 5G 芯片商用比较少。4G 路由器是目前市场主流无线路由器，即插 4G 卡实现上网功能。前海翼联物联网卡有 527 GB/月的卡，一年套餐只要 599 元；新迅 4G 路由器是一款基于拉宽带不变为流动性大的人群开发一款路由器，实现办公、商超、租房、偏远地区、工地、农庄的上网需求。

【项目实训】

任务1　静态路由配置

【实验目的】

➢ 了解路由器基本原理。

➢ 了解路由表构成。

➢ 了解静态路由配置方式。

【实验设备与条件】

使用华为 eNSP（Enterprise Network Simulation Platform，企业级网络仿真平台）完成实验，本实验使用的 eNSP 版本为 1.3.00.100。

一、实验要求与说明

本实验需要借助路由器配置静态路由的方式实现客户端 PC 之间互访，路由器型号采用 AR2220，客户端 PC1 的网段为 192.168.10.0/24、客户端 PC2 的网段为 192.168.20.0/24，实验基本拓扑如图 4-31 所示。

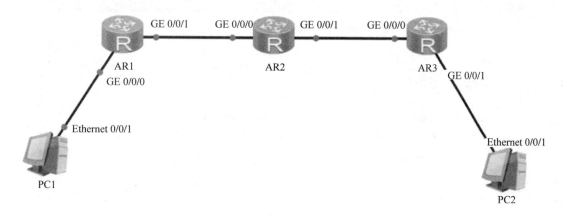

图 4-31　静态路由实验拓扑

二、实验内容与步骤

1. 拓扑创建

实验拓扑创建、设备的拖放、线缆连接过程如图 4-31 所示，该步骤不再重复介绍。注意，路由器和客户端 PC 拖放至工作区之后，线缆连接依次单击 PC1 和 R1、R1 和 R2、R2 和 R3、R3 和 PC2，保证接口编号与图 4-31 拓扑一致。

2. 配置客户端 IP 地址

客户端 PC1 的配置如图 4-32 所示。

客户端 PC2 的配置如图 4-33 所示。

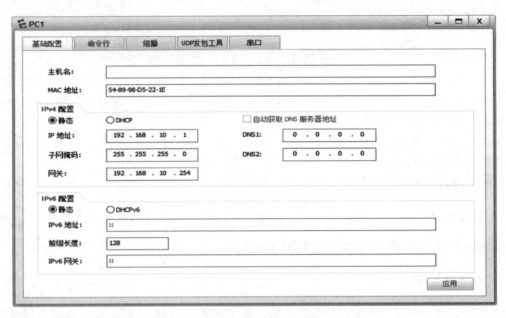

图 4-32 PC1 的基础配置

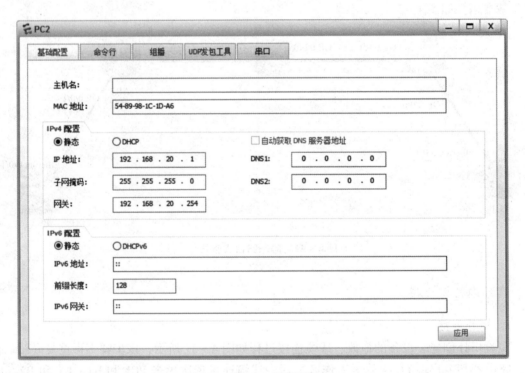

图 4-33 PC2 的基础配置

3. 配置 AR2220 路由器

AR2220 路由器接口地址规划见表 4-2。

表 4 – 2 路由器接口信息

路由器	接口编号	IP 地址	子网掩码
R1	GE0/0/0	192. 168. 10. 254	255. 255. 255. 0
	GE0/0/1	12. 1. 1. 1	255. 255. 255. 0
R2	GE0/0/0	12. 1. 1. 2	255. 255. 255. 0
	GE0/0/1	23. 1. 1. 2	255. 255. 255. 0
R3	GE0/0/0	23. 1. 1. 3	255. 255. 255. 0
	GE0/0/1	192. 168. 20. 254	255. 255. 255. 0

双击打开路由器 R1 配置界面, 配置命令如下:

```
< Huawei >
< Huawei > system - view
[Huawei]sysname R1
[R1]interface GigabitEthernet 0/0/0
[R1 - GigabitEthernet0/0/0]ip address  192.168.10.254 255.255.255.0
[R1 - GigabitEthernet0/0/0]quit
[R1]interface  GigabitEthernet  0/0/1
[R1 - GigabitEthernet0/0/1]ip address  12.1.1.1 255.255.255.0
[R1 - GigabitEthernet0/0/1]quit
[R1]ip route - static  192.168.20.0 255.255.255.0 12.1.1.2
```

双击打开路由器 R2 配置界面, 配置命令如下:

```
< Huawei >
< Huawei > system - view
[Huawei]sysname R2
[R2]interface GigabitEthernet 0/0/0
[R2 - GigabitEthernet0/0/0]ip address  12.1.1.2 255.255.255.0
[R2 - GigabitEthernet0/0/0]quit
[R2]interface  GigabitEthernet  0/0/1
[R2 - GigabitEthernet0/0/1]ip address  23.1.1.2 255.255.255.0
[R2 - GigabitEthernet0/0/1]quit
[R2]ip route - static  192.168.10.0 255.255.255.0 12.1.1.1
[R2]ip route - static  192.168.20.0 255.255.255.0 23.1.1.3
```

双击打开路由器 R3 配置界面, 配置命令如下:

```
<Huawei>
<Huawei>system-view
[Huawei]sysname R3
[R3]interface GigabitEthernet 0/0/0
[R3-GigabitEthernet0/0/0]ip address  23.1.1.3 255.255.255.0
[R3-GigabitEthernet0/0/0]quit
[R3]interface  GigabitEthernet  0/0/1
[R3-GigabitEthernet0/0/1]ip address  192.168.20.254 255.255.255.0
[R3-GigabitEthernet0/0/1]quit
[R3]ip route-static  192.168.10.0 255.255.255.0 23.1.1.2
```

验证路由器静态路由配置是否正确，输出结果如图 4－34～图 4－36 所示。

```
[R1]display  ip routing-table  protocol  static
Route Flags: R - relay, D - download to fib
------------------------------------------------------------------------------
Public routing table : Static
         Destinations : 1        Routes : 1        Configured Routes : 1

Static routing table status : <Active>
         Destinations : 1        Routes : 1

Destination/Mask    Proto   Pre  Cost      Flags NextHop         Interface

   192.168.20.0/24  Static  60   0           RD   12.1.1.2        GigabitEthernet
0/0/1
```

图 4－34　R1 静态路由表项

```
[R2]display  ip routing-table  protocol  static
Route Flags: R - relay, D - download to fib
------------------------------------------------------------------------------
Public routing table : Static
         Destinations : 2        Routes : 2        Configured Routes : 2

Static routing table status : <Active>
         Destinations : 2        Routes : 2

Destination/Mask    Proto   Pre  Cost      Flags NextHop         Interface

   192.168.10.0/24  Static  60   0           RD   12.1.1.1        GigabitEthernet
0/0/0
   192.168.20.0/24  Static  60   0           RD   23.1.1.3        GigabitEthernet
0/0/1
```

图 4－35　R2 静态路由表项

```
[R3]display  ip routing-table protocol  static
Route Flags: R - relay, D - download to fib
------------------------------------------------------------------------------
Public routing table : Static
         Destinations : 1        Routes : 1        Configured Routes : 1

Static routing table status : <Active>
         Destinations : 1        Routes : 1

Destination/Mask    Proto   Pre  Cost      Flags NextHop         Interface

   192.168.10.0/24  Static  60   0           RD   23.1.1.2        GigabitEthernet
0/0/0
```

图 4－36　R3 静态路由表项

4. 验证 PC 之间互通

在客户端 PC1 的命令行界面利用 ping 测试访问 PC2，如果能够实现互通，证明静态路由配置无误，结果如图 4 – 37 所示。

图 4 – 37 客户端 PC 互访测试

通过上述输出结果可以发现，在路由器配置静态路由已经实现了处在不同局域网的 PC 互访，静态路由配置无误。

任务 2 动态 RIP 配置

【实验目的】

➤ 了解 RIP 路由协议的工作原理。

➤ 了解 OSPF 基本配置方式。

➤ 了解 RIP 修改接口开销值的配置。

【实验设备与条件】

使用华为 eNSP（Enterprise Network Simulation Platform，企业级网络仿真平台）完成实验，本实验使用的 eNSP 版本为 1.3.00.100。

一、实验要求与说明

本实验需要借助路由器配置动态路由协议 RIP 的方式实现客户端 PC 之间互访，路由器型号采用 AR2220，客户端 PC1 的网段为 192.168.10.0/24、客户端 PC2 的网段为 192.168.20.0/24，实验基本拓扑如图 4 – 38 所示。

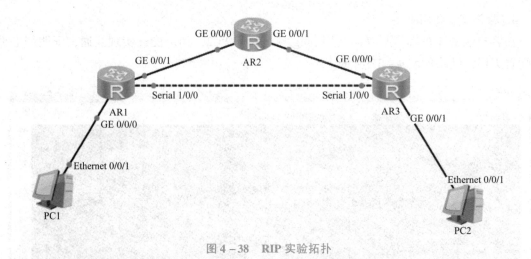

图 4 – 38　RIP 实验拓扑

二、实验内容与步骤

1. 拓扑创建

实验拓扑创建、设备的拖放、线缆连接过程与任务 1 一致的部分则不再重复介绍，但是本实验拓扑增加了串行链路模拟低速备份链路，因此重点介绍一下。如果为 AR2220 路由器添加接口卡，则连接串行链路。

首先，设备保持关机状态（无须单击"启动"按钮），右击设备，选择"设置"，如图 4 – 39 所示。

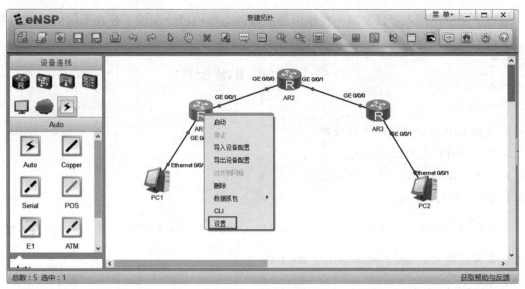

图 4 – 39　右击设备，选择"设置"

打开"配置"界面之后，可以观察到能够通过选择不同的接口卡扩展路由器的接口类型，本实验中选择并添加 2SA 2 端口——同异步 WAN 接口卡，选中相应接口卡并拖放至设备对应的槽位，如图 4 – 40 所示。

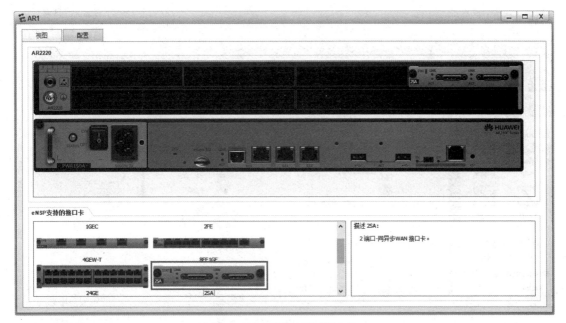

图 4 – 40　添加 2SA 接口卡

接口卡添加成功之后，需要继续添加连接设备串口的线缆，通过设备连线，选中 Serial 串行线缆，依次选择 R1 的 Serial 1/0/0 接口和 R3 的 Serial 1/0/0 接口，即可完成线缆连接，如图 4 – 41 所示。

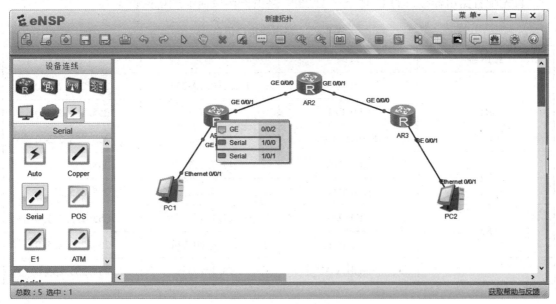

图 4 – 41　设备线缆连接

设备连接无误后，可以创建与实验要求一致的拓扑，单击"启动设备"按钮打开所有设备后，可以进行后续 RIP 相关实验的配置，最终建立的拓扑如图 4 – 42 所示，注意接口编号为 Serial 1/0/0。

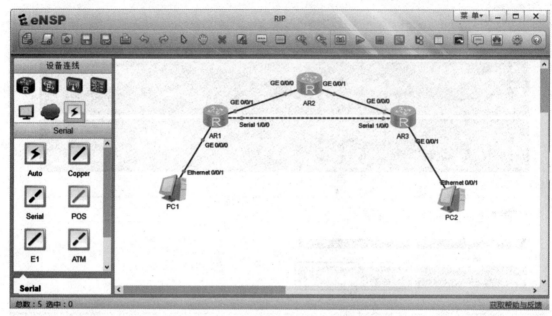

图 4 - 42 eNSP 建立拓扑图

2. 配置客户端 IP 地址

客户端 PC1 和客户端 PC2 的配置同任务 1 静态路由配置一致, 本节不再重复介绍.

3. 配置 AR2220 路由器

首先配置路由器接口的 IP 地址, AR2220 路由器接口地址规划见表 4 - 3.

表 4 - 3　路由器接口信息

路由器	接口编号	IP 地址	子网掩码
R1	GE0/0/0	192. 168. 10. 254	255. 255. 255. 0
	GE0/0/1	12. 1. 1. 1	255. 255. 255. 0
	Serial1/0/0	13. 1. 1. 1	255. 255. 255. 0
R2	GE0/0/0	12. 1. 1. 2	255. 255. 255. 0
	GE0/0/1	23. 1. 1. 2	255. 255. 255. 0
R3	GE0/0/0	23. 1. 1. 3	255. 255. 255. 0
	GE0/0/1	192. 168. 20. 254	255. 255. 255. 0
	Serial1/0/0	13. 1. 1. 3	255. 255. 255. 0

双击打开路由器 R1 配置界面, 配置命令如下:

```
< Huawei >
< Huawei > system - view
[Huawei]sysname R1
```

```
[R1]interface GigabitEthernet 0/0/0
[R1-GigabitEthernet0/0/0]ip address  192.168.10.254 255.255.255.0
[R1-GigabitEthernet0/0/0]quit
[R1]interface  GigabitEthernet  0/0/1
[R1-GigabitEthernet0/0/1]ip address  12.1.1.1 255.255.255.0
[R1-GigabitEthernet0/0/1]quit
[R1]interface  Serial  1/0/0
[R1-Serial1/0/0]ip address  13.1.1.1 255.255.255.0
[R1-Serial1/0/0]quit
```

双击打开路由器 R2 配置界面，配置命令如下：

```
<Huawei>
<Huawei>system-view
[Huawei]sysname R2
[R2]interface GigabitEthernet 0/0/0
[R2-GigabitEthernet0/0/0]ip address  12.1.1.2 255.255.255.0
[R2-GigabitEthernet0/0/0]quit
[R2]interface  GigabitEthernet  0/0/1
[R2-GigabitEthernet0/0/1]ip address  23.1.1.2 255.255.255.0
[R2-GigabitEthernet0/0/1]quit
```

双击打开路由器 R3 配置界面，配置命令如下：

```
<Huawei>
<Huawei>system-view
[Huawei]sysname R3
[R3]interface GigabitEthernet 0/0/0
[R3-GigabitEthernet0/0/0]ip address  23.1.1.3 255.255.255.0
[R3-GigabitEthernet0/0/0]quit
[R3]interface  GigabitEthernet  0/0/1
[R3-GigabitEthernet0/0/1]ip address  192.168.20.254 255.255.255.0
[R3-GigabitEthernet0/0/1]quit
[R3]interface  Serial  1/0/0
[R3-Serial1/0/0]ip address  13.1.1.3 255.255.255.0
[R3-Serial1/0/0]quit
```

然后对所有路由器配置 RIP 路由协议，实现路由动态的学习。

R1 配置：

```
[R1]
[R1]rip 1
[R1-rip-1]version 2
[R1-rip-1]network 192.168.10.0
[R1-rip-1]network 12.0.0.0
[R1-rip-1]network 13.0.0.0
[R1-rip-1]quit
[R1]
```

R2 配置：

```
[R2]
[R2]rip 1
[R2 - rip - 1]version 2
[R2 - rip - 1]network 12.0.0.0
[R2 - rip - 1]network 23.0.0.0
[R2 - rip - 1]quit
[R2]
```

R3 配置：

```
[R3]
[R3]rip 1
[R3 - rip - 1]version 2
[R3 - rip - 1]network 192.168.20.0
[R3 - rip - 1]network 23.0.0.0
[R3 - rip - 1]network 13.0.0.0
[R3 - rip - 1]quit
[R3]
```

注意： RIP 协议版本 1 存在诸多缺陷，所以本书配置 RIP 直接采用版本 2。

另外，需要强调的是，路由器的 GigabitEthernet 为千兆以太网接口，而 Serial 串行链路默认带宽仅为 2.048 MB，但是默认情况下，R1 和 R3 都会选择直接通过低速链路实现 PC 之间的数据互访，如图 4 - 43 所示，因此需要配置 RIP 接口度量值，以确保 PC 之间流量互访通过 R1、R2、R3 之间的高速链路。

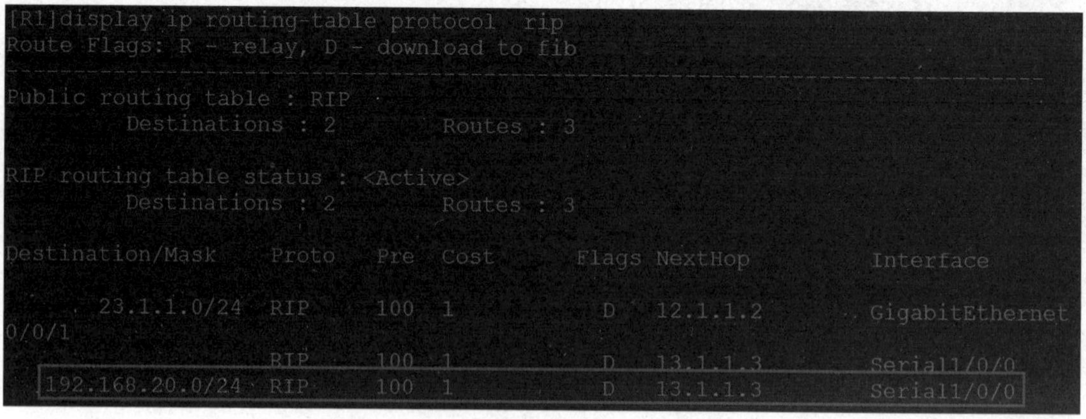

```
[R1]display ip routing-table protocol rip
Route Flags: R - relay, D - download to fib
-------------------------------------------------------------
Public routing table : RIP
         Destinations : 2          Routes : 3

RIP routing table status : <Active>
         Destinations : 2          Routes : 3

Destination/Mask    Proto   Pre  Cost       Flags NextHop          Interface

     23.1.1.0/24    RIP     100   1           D   12.1.1.2     GigabitEthernet
0/0/1
                    RIP     100   1           D   13.1.1.3         Serial1/0/0
 192.168.20.0/24    RIP     100   1           D   13.1.1.3         Serial1/0/0
```

图 4 - 43 R1 的 RIP 路由表项

修改 R1、R3 的串行链路接口度量值，配置如下：

```
interface Serial1/0/0
rip metricin 3
```

通过检查路由器的路由表来验证路由器能否通过 RIP 学习到相应的路由条目，判断 RIP

的配置是否正确，路由条目的出接口是否修改为 GE0/0/1 接口，即选择最优链路实现数据转发，表项结果如图 4 - 44 所示。

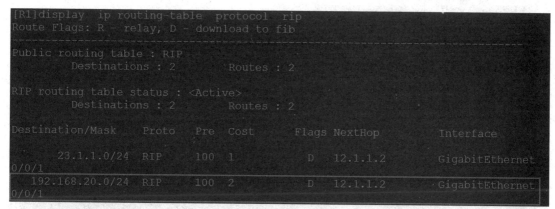

```
[R1]display ip routing-table protocol rip
Route Flags: R - relay, D - download to fib
------------------------------------------------------------
Public routing table : RIP
        Destinations : 2        Routes : 2

RIP routing table status : <Active>
        Destinations : 2        Routes : 2

Destination/Mask    Proto   Pre  Cost      Flags NextHop         Interface

     23.1.1.0/24    RIP     100  1            D   12.1.1.2        GigabitEthernet
0/0/1
   192.168.20.0/24  RIP     100  2            D   12.1.1.2        GigabitEthernet
0/0/1
```

图 4 - 44　R1 调整选路后的 RIP 路由表项

4. 验证 PC 之间互通

在客户端 PC1 的命令行界面利用 ping 命令测试访问 PC2，如果能够实现互通，证明路由器 RIP 配置无误，结果如图 4 - 45 所示。

图 4 - 45　客户端 PC 互访测试

另外，可以通过 PC1 的命令行界面利用 tracert 命令根据数据报文转发路径，观察流量是否通过最优链路转发，结果输出如图 4 - 46 所示。

图 4 – 46　PC 路由互访转发路径

通过上述输出结果可以发现，在路由器配置 RIP 路由协议已经实现了处在不同局域网的 PC 互访，RIP 路由协议配置无误。

任务3　单区域 OSPF 配置

【实验目的】

➢ 了解 OSPF 的工作原理。

➢ 掌握 OSPF 的基本配置。

【实验设备与条件】

使用华为 eNSP（Enterprise Network Simulation Platform，企业级网络仿真平台）完成实验，本实验使用的 eNSP 版本为 1.3.00.100。

一、实验要求与说明

本实验需要借助路由器配置动态路由协议 OSPF 的方式实现客户端 PC 之间互访，路由器型号采用 AR2220，客户端 PC1 的网段为 192.168.10.0/24，客户端 PC2 的网段为 192.168.20.0/24，实验基本拓扑如图 4 – 47 所示。

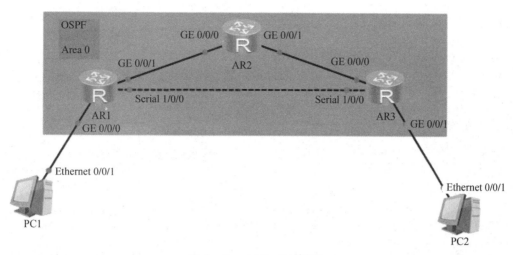

图 4 – 47　OSPF 实验拓扑

二、实验内容与步骤

1. 拓扑创建

实验拓扑创建、设备的拖放、线缆连接过程与任务 2 一致，此处不再重复介绍。

2. 配置客户端 IP 地址

客户端 PC1 和客户端 PC2 的配置同任务 2 静态路由配置一致，本节不再重复介绍。

3. 配置 AR2220 路由器

首先配置路由器接口的 IP 地址，配置命令与任务 2 一致，配置完成之后，可以通过图 4 – 48 所示命令检查 IP 地址配置是否正确。

```
[R1]display ip interface brief
*down: administratively down
^down: standby
(l): loopback
(s): spoofing
The number of interface that is UP in Physical is 4
The number of interface that is DOWN in Physical is 2
The number of interface that is UP in Protocol is 4
The number of interface that is DOWN in Protocol is 2

Interface                    IP Address/Mask      Physical    Protocol
GigabitEthernet0/0/0         192.168.10.254/24    up          up
GigabitEthernet0/0/1         12.1.1.1/24          up          up
GigabitEthernet0/0/2         unassigned           down        down
NULL0                        unassigned           up          up(s)
Serial1/0/0                  13.1.1.1/24          up          up
```

图 4 – 48　接口 IP 地址配置验证

然后所有路由器配置基于单区域的 OSPF 路由协议，虽然单区域没有约定具体的区域号，但是考虑到后续路由协议扩展性，建议从区域 0 开始配置。而运行 OSPF 的路由器必须存在相应的 Router – id，Router – id 可以自动选择，也可以手工指定，本实验采用手工指定的方式配置，相关路由器的 OSPF 具体配置命令如下。

R1 配置：

```
[R1]ospf 1 router-id 1.1.1.1
[R1-ospf-1]
[R1-ospf-1]area 0
[R1-ospf-1-area-0.0.0.0]network 192.168.10.254 0.0.0.0
[R1-ospf-1-area-0.0.0.0]network 12.1.1.1 0.0.0.0
[R1-ospf-1-area-0.0.0.0]network 13.1.1.1 0.0.0.0
[R1-ospf-1-area-0.0.0.0]quit
[R1-ospf-1]quit
[R1]
```

R2 配置:

```
[R2]ospf 1 router-id 2.2.2.2
[R2-ospf-1]
[R2-ospf-1]area 0
[R2-ospf-1-area-0.0.0.0]network 12.1.1.2 0.0.0.0
[R2-ospf-1-area-0.0.0.0]network 23.1.1.2 0.0.0.0
[R2-ospf-1-area-0.0.0.0]quit
[R2-ospf-1]quit
[R2]
```

R3 配置:

```
[R3]ospf 1 router-id 3.3.3.3
[R3-ospf-1]
[R3-ospf-1]area 0
[R3-ospf-1-area-0.0.0.0]network 192.168.20.254 0.0.0.0
[R3-ospf-1-area-0.0.0.0]network 13.1.1.3 0.0.0.0
[R3-ospf-1-area-0.0.0.0]network 23.1.1.3 0.0.0.0
[R3-ospf-1-area-0.0.0.0]quit
[R3-ospf-1]quit
[R3]
```

OSPF 路由协议配置完成之后, 可以通过 OSPF 邻居表、OSPF 链路状态数据库、OSPF 路由表来判断 OSPF 是否正常工作。

图 4-49 显示了 OSPF 的邻居表。

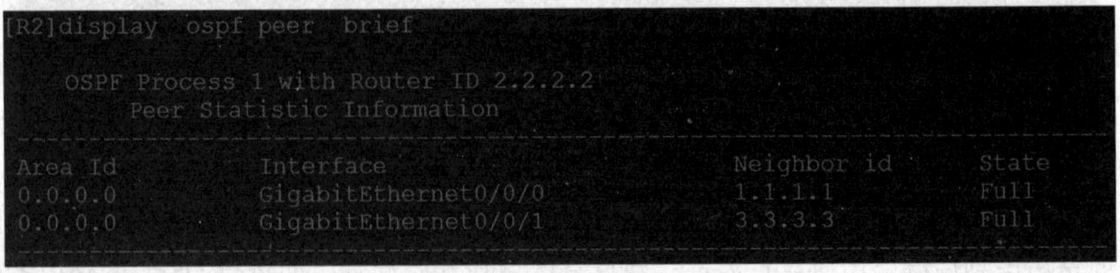

```
[R2]display ospf peer brief

    OSPF Process 1 with Router ID 2.2.2.2
        Peer Statistic Information
----------------------------------------------------------------
Area Id          Interface                    Neighbor id       State
0.0.0.0          GigabitEthernet0/0/0         1.1.1.1           Full
0.0.0.0          GigabitEthernet0/0/1         3.3.3.3           Full
----------------------------------------------------------------
```

图 4-49 OSPF 邻居表

通过在 R2 上观察邻居表来判断 R2 和 R1、R2 和 R3 能够正确达到 Full (完全) 邻接状态, OSPF 邻居状态信息会在后续章节中介绍。

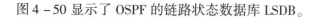

图4-50显示了OSPF的链路状态数据库LSDB。

```
[R2]display ospf lsdb

     OSPF Process 1 with Router ID 2.2.2.2
          Link State Database

              Area: 0.0.0.0
Type        LinkState ID      AdvRouter         Age   Len   Sequence    Metric
Router      2.2.2.2           2.2.2.2           690   48    80000007    1
Router      1.1.1.1           1.1.1.1           719   72    80000009    1
Router      3.3.3.3           3.3.3.3           671   72    80000008    1
Network     23.1.1.3          3.3.3.3           687   32    80000002    0
Network     12.1.1.1          1.1.1.1           734   32    80000002    0
```

图4-50　OSPF链路状态数据库

单区域OSPF场景下所有路由器的LSDB链路状态数据库的内容是一致的，OSPF正是通过链路状态数据库中的LSA链路状态通告进行路由计算的，链路状态信息描述了每一台路由器的拓扑信息（与哪些路由器相连）、路由信息（存在哪些网段）。

图4-51显示了OSPF的路由表。

```
[R1]display ip routing-table protocol ospf
Route Flags: R - relay, D - download to fib
------------------------------------------------------------------------
Public routing table : OSPF
         Destinations : 2         Routes : 2

OSPF routing table status : <Active>
         Destinations : 2         Routes : 2

Destination/Mask    Proto   Pre   Cost      Flags NextHop       Interface

     23.1.1.0/24    OSPF    10    2         D     12.1.1.2       GigabitEthernet
0/0/1
   192.168.20.0/24  OSPF    10    3         D     12.1.1.2       GigabitEthernet
0/0/1
```

图4-51　OSPF路由表

OSPF通过链路状态数据库的内容进行路由计算，最终下发的IP路由表中指导数据转发，通过上述表项可以发现OSPF已经成功完成路由的计算发现。

4. 验证PC之间互通

在客户端PC1的命令行界面利用ping命令测试访问PC2，如果能够实现互通，证明路由器OSPF配置无误，结果如图4-52所示。

另外，可以通过PC1的命令行界面利用tracert命令根据数据报文转发路径，观察流量是否通过最优链路转发，结果输出如图4-53所示。

通过上述输出结果可以发现，在路由器配置OSPF路由协议已经实现了处在不同局域网的PC互访，而且我们并没有针对OSPF路由协议进行链路开销值的修改，OSPF协议自身就可以计算最优路由，通过高速链路实现不同网段PC流量的互访。

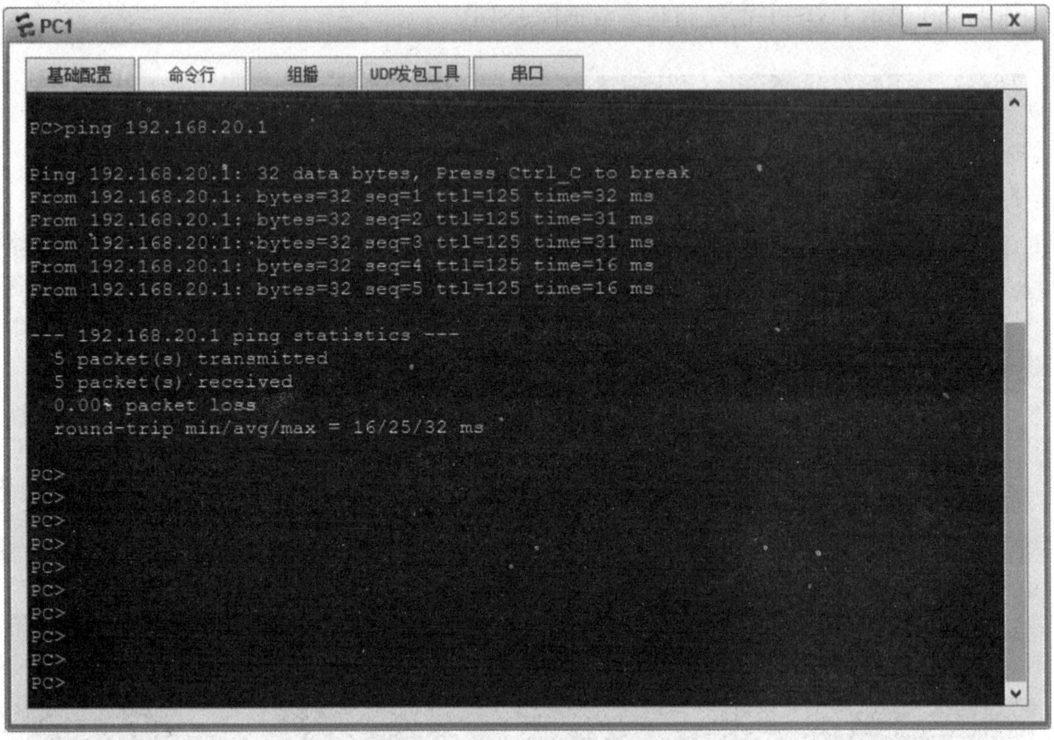

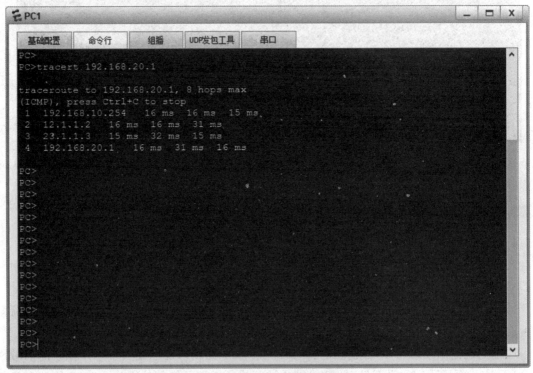

图 4-52 客户端 PC 互访测试

图 4-53 PC 路由互访转发路径

【思考题】

1. 介绍路由器路由表的构成。

2. 路由器如何通过路由表进行数据转发？

3. 静态路由配置方式有什么优点？有什么缺陷？

4. RIP 是如何自动进行路由的学习的？

5. 为什么上述实验需要进行开销值的修改？

6. RIP 有什么缺陷？

7. OSPF 取代了比较陈旧的 RIP 路由协议，OSPF 有哪些改进？

8. OSPF 接口开销值如何与接口带宽进行关联？

9. OSPF 是如何进行路由计算的？

项目5

Windows Server 2016网络及其应用

某一天张明的女朋友王红希望通过在网上订购去往首都北京的火车票，张明利用手机软件 APP（12306）很快就帮王红订了一张靠窗的商务座，王红非常满意！这就是网络服务的具体应用。日常生活中，网络服务在电子商务、电子政务、公司业务流程电子化等应用领域有广泛的应用，被业内人士奉为互联网的下一个重点。目前，典型的网络服务有 DHCP、DNS、WWW、FTP、Telnet、WINS、SMTP 等。

【项目分析】

随着信息技术的发展，计算机网络已广泛应用于社会各个领域，很多企事业单位、机关学校等都组建了内部局域网络，并大部分与 Internet 相连。网络应用与网络服务成为获取信息的重要方式、提高效率的手段、相互沟通的便捷途径。提供网络服务的机器就是网络服务器。网络服务器在网络操作系统的管理与控制下，可以为网上用户提供共享信息、资源和各种服务，英文名称叫作 SERVER。其作为网络的结点，存储、处理网络上 80% 的数据信息。

为了让服务器提供各种不同的服务，实现各种不同的用途，通常需要在服务器上安装各种软件。因此，服务器按照功能，可以划分为文件服务器、数据库服务器、邮件服务器、Web 服务器、DNS 服务器、DHCP 服务器、FTP 服务器、应用服务器等。

架设单位服务器，首先要在单位服务器上安装网络操作系统，常见的网络操作系统有 Windows Server 2016、UNIX、Linux 等，几种操作系统各有所长。

【知识目标】

- 了解 DNS 服务器的工作原理。
- 掌握 DNS 服务器的配置方法。
- 了解 Web 服务器的工作原理。
- 掌握 Web 服务器的配置方法。
- 了解 DHCP 服务器的工作原理。
- 掌握 DHCP 服务器的配置方法。
- 了解 FTP 服务器的工作原理。
- 掌握 FTP 服务器的配置方法。

【能力目标】

- 具备创新思维并熟练安装各种不同的服务器。

- 能独立自主地配置不同的网络服务器。
- 具备较强的操作能力。
- 在操作的过程中能独立克服出现的困难。

【素质目标】

- 培养学生耐心、专注、专业的工匠精神；
- 培养良好的创新思维能力；
- 培养良好的沟通合作能力和表达能力。

【相关知识】

知识点 1　网络操作系统概述

1.1　网络操作系统概述

网络操作系统（Network Operating System，NOS）是使网络中计算机能够方便而有效地共享网络资源，为网络用户提供所需服务的软件与协议的集合。通过网络操作系统屏蔽本地资源与网络资源的差异性，为用户提供各种基本网络服务功能，完成网络共享系统资源的管理，并提供网络系统的安全性服务。

1. 网络操作系统的分类

构建计算机网络的基本目的是共享资源。根据共享资源的方式不同，网络操作系统软件既可对等地分布在网络上的所有结点，形成对等式结构；也可以将网络操作系统软件的主要部分驻留在中心结点管理资源，并为其他结点提供服务，称为集中式结构；还可以在网络中的一台或多台功能较强的计算机结点上安装服务器操作系统，集中进行共享资源的管理和存取控制；在其他被称为客户机的计算机结点上安装工作站操作系统，负责用户应用处理工作和共享资源的访问。这种结构是目前流行的客户机/服务器（C/S）结构。

2. 网络操作系统的主要功能

网络操作系统的主要功能如下。

（1）文件服务。文件服务是网络操作系统最重要、最基本的功能，它为网络用户提供了访问文件、目录的并发控制和安全保密措施。文件服务器以集中方式管理共享文件，网络工作站可以根据所规定的权限对文件进行读写以及其他各种操作，文件服务器为网络用户的文件安全与保密提供了必需的控制方法。

（2）打印服务。打印服务可以通过设置专门的打印服务器来对网络中共享的打印机和打印作业进行管理。通过打印服务功能，在局域网中可以安装一台或多台网络打印机，用户可以远程共享网络打印机。

（3）数据库服务。数据库服务是现今最流行的网络服务之一。一般采用关系型数据库，可利用 SQL 命令对数据库进行查询等操作。

（4）通信服务。局域网主要提供工作站与工作站之间、工作站与服务器之间的通信服务。

（5）信息服务。局域网可以通过存储转发方式或对等方式提供电子邮件等服务。目前，信息服务已经逐步发展为文件、图像、视频与语音数据的传输服务。

（6）分布式服务。分布式服务将网络中分布在不同地理位置的网络资源组织在一个全局性的、可复制的分布式数据库中，网络中多个服务器都有该数据库的副本。用户在一个工作站上注册，便可与多个服务器连接。对于用户来说，网络系统中分布在不同位置的资源是透明的，这样就可以用简单的方法去访问一个大型互联局域网系统。

（7）网络管理服务。网络操作系统提供了丰富的网络管理服务工具，可以提供网络性能分析、网络状态监控、存储管理等多种管理服务。

（8）Internet/Intranet 服务。为了适应 Internet 与 Intranet 的应用，网络操作系统一般都支持 TCP/IP 协议，提供诸如 HTTP、FTP 等 Internet 服务。

1.2　Windows 网络操作系统

Windows 操作系统是全球最大的软件开发商 Microsoft（微软）公司开发的。微软公司的 Windows 操作系统不仅在个人操作系统中占有绝对优势，在网络操作系统中也占了相当大的份额。因此，为局域网中的计算机安装 Windows 网络操作系统是最常见的。由于它对服务器的硬件要求较高，并且稳定性不是很好，所以 Windows 网络操作系统一般只用在中低档服务器中，高端服务器通常采用 UNIX、Linux 或 Solairs 等非 Windows 操作系统。

1. Windows 操作系统概述

Windows 操作系统是一个产品系列。Microsoft 公司在 1993 年推出第一代网络操作系统产品 Windows NT 3.1。随着 Windows NT 3.1 的问世，Microsoft 正式加入网络操作系统的市场角逐。至今，Microsoft 公司已对其 Windows、网络操作系统进行了多次改进，陆续推出了 Windows NT 3.5、Windows NT 4.0、Windows 2000 Server、Windows Server 2003、Windows Server 2008、Windows Server 2016 等多个版本。

2. Windows NT 概述

Windows NT 操作系统分为两部分：Windows NT Server 服务器端软件和 Windows NT Workstation 客户端软件。网络结构分为工作组模型和域模型。Windows NT 操作系统具有优良的安全性，符合 C2 安全标准。

工作组（Workgroup）模型是资源和管理都分布在整个网络上的一种网络模式，即网络中的每台计算机的地位是平等的，每台计算机既可用作服务器，也可用作工作站，每台计算机都有自己的账户和资源对象。工作组模型适用于计算机数量较少、数据量不大、对网络的集中管理和安全性要求不高的场合。

域（Domain）是由一组计算机构成的逻辑组织单元，管理员通过它对网络上的计算机系统进行安全管理。在 Windows NT 中，以"域"为单位实现对网络资源的集中管理。每个用户只需一次登录即可在整个网络中漫游，访问域中所有被授权使用的资源。用户登录由系统管理员统一管理，而不是分散地由各个服务器单独管理。

在一个域中，可能有一台主域控制器（Primary Directory Controller，PDC）、多台备份域控制器（Back Directory Controller，BDC）和成员服务器。PDC 负责为域用户与用户组提供信息，BDC 主要提供系统容错功能，保存域用户与用户组信息的备份，BDC 可以处理用户请求，在 PDC 失效时将会自动升级为 PDC。

1.3　Linux 网络操作系统

1991 年，芬兰赫尔辛基大学的学生 Linus Torvalds 为了满足自己使用与学习的需要，开发了类似于 UNIX 的操作系统，命名为 Linux。为了使每个需要它的人都能够容易地得到它，Linus Torvalds 把它变成了"自由"软件。Linux 操作系统与 Windows、NetWare、UNIX 等传统网络操作系统最大的区别是开放源代码。

1．Linux 操作系统的特点

Linux 操作系统具有以下特点。

（1）Linux 系统是自由软件，具有开放性。

（2）Linux 系统支持多用户、多任务。

（3）Linux 系统能把 CPU 的性能发挥到极限，具有出色的高速度。

（4）Linux 系统具有良好的用户界面。

（5）Linux 系统具有丰富的网络功能。

（6）Linux 系统采取了许多安全措施，为网络多用户提供了安全保障。

（7）Linux 系统符合 POSIX（可移植操作系统接口）标准，具有可移植性。

（8）Linux 系统具有标准的兼容性。

2．Linux 操作系统的组成

Linux 操作系统由以下 4 个部分组成。

（1）内核：具有运行程序和管理磁盘、打印机等硬件设备的核心程序。

（2）外核：系统的用户界面，提供了用户与内核交互操作的接口。

（3）文件系统：支持目前流行的多种文件系统，如 FAT、NFS 等。

（4）应用程序：标准的 Linux 系统都有一套应用程序的程序集，包括文本编辑器、编程语言、办公套件等。

常见的 Linux 系统有 Novell 公司的 SUSE Linux、RedHat 公司的 Linux 等。

知识点 2　DNS 服务器

2.1　域名系统

域名系统（Domain Name System，DNS）是互联网的一项服务。它作为将域名和 IP 地址相互映射的一个分布式数据库，能够使人更方便地访问互联网。DNS 使用 TCP 和 UDP 端口 53。当前，对于每一级域名长度的限制是 63 个字符，域名总长度则不能超过 253 个字符。

开始时，域名的字符仅限于 ASCII 字符的一个子集。2008 年，ICANN 通过一项决议，允许使用其他语言作为互联网顶级域名的字符。使用基于 Punycode 码的 IDNA 系统，可以将 Unicode 字符串映射为有效的 DNS 字符集。因此，诸如"XXX.中国"的域名可以在地址栏直接输入并访问，而不需要安装插件。但是，由于英语的广泛使用，使用其他语言字符作为域名会产生多种问题，例如难以输入、难以在国际推广等。

DNS 系统中，常见的资源记录类型有：

（1）主机记录（A 记录）：RFC 1035 定义，A 记录是用于名称解析的重要记录，它将特定的主机名映射到对应主机的 IP 地址上。

（2）别名记录（CNAME 记录）：RFC 1035 定义，CNAME 记录用于将某个别名指向某个 A 记录，这样就不需要再为某个新名字另外创建一条新的 A 记录。

（3）IPv6 主机记录（AAAA 记录）：RFC 3596 定义，与 A 记录对应，用于将特定的主机名映射到一个主机的 IPv6 地址。

（4）服务位置记录（SRV 记录）：RFC 2782 定义，用于定义提供特定服务的服务器的位置，如主机（hostname）、端口（port number）等。

（5）域名服务器记录（NS 记录）：用来指定该域名由哪个 DNS 服务器来进行解析。

2.2　根域名服务器

根域名服务器（root name server）是互联网域名解析系统（DNS）中最高级别的域名服务器，负责返回顶级域的权威域名服务器地址。它们是互联网基础设施中的重要部分，因为所有域名解析操作均离不开它们。由于 DNS 和某些协议（未分片的用户数据报协议（UDP）数据包在 IPv4 内的最大有效大小为 512 字节）的共同限制，根域名服务器地址的数量被限制为 13 个。幸运的是，采用任播技术架设镜像服务器可解决该问题，并使得实际运行的根域名服务器数量大大增加。截至 2019 年 8 月，全球共有 1 008 台根域名服务器在运行。

2.3　IPv4 反向解析

反向解析 IPv4 地址时，使用一个特殊的域名 in-addr. arpa。在这个模式下，一个 IPv4 由点号分隔的 4 个十进制数字串联，并加上一个 . in-addr. arpa 域名后缀。通过将 32 位 IPv4 地址拆分为 4 个 8 位字节，并将每个 8 位字节转换为十进制数来获得前 4 个十进制数。不过，需要注意的是，在反向 DNS 解析时，IPv4 书写的顺序是和普通 IPv4 地址相反的。比如，如果要查询 8. 8. 4. 4 这个 IP 地址的 PTR 记录，那么需要查询 4. 4. 8. 8. in-addr. arpa，结果被指到 google-public-dns-b. google. com 这条记录。

如果 google-public-dns-b. google. com 的 A 记录反过来指向 8. 8. 4. 4，那么就可以说转发被认证（Forward-confirmed）。

反向 DNS 查找或反向 DNS 解析（rDNS）是查询域名系统（DNS）来确定 IP 地址关联的域名的技术。反向 DNS 查询的过程使用 PTR 记录。互联网的反向 DNS 数据库植根于 . arpa 顶级域名。

注：虽然协议［rfc：1912 RFC1912 年］（第 2. 1 节）建议"每一个互联网可访问的主机都应该有一个名字"和"每一个 IP 地址都应该有一个匹配 PTR 记录"，但这并不是一个

互联网标准强制要求，所以并不是每一个 IP 地址都有一个反向记录。

知识点 3　WWW 服务

3.1　WWW 的基本概念

1. WWW 服务系统

WWW（World Wide Web）或 Web 服务，采用客户机/服务器工作模式，它以超文本标记语言（HTML）和超文本传输协议（HTTP）为基础。WWW 服务具有以下特点：

①以超文本方式组织网络多媒体信息。

②可在世界范围内任意查找、检索、浏览及添加信息。

③提供生动、直观、易于使用、统一的图形用户界面。

④服务器之间可相互连接。

⑤可访问图像、声音、影像和文本等信息。

2. WWW 服务器

WWW 服务器上的信息通常以 Web 页面的方式进行组织，还包含指向其他页面的超链接。利用超链接可以将 WWW 服务器上的一个页面与互联网上其他服务器的任意页面进行关联，使用户在检索一个页面时可以方便地查看其他相关页面。

WWW 服务器不但需要保存大量的 Web 页面，而且需要接收和处理浏览器的请求，实现 HTTP 服务器功能。通常 WWW 服务器在 TCP 的知名端口 80 侦听来自 WWW 浏览器的连接请求。当 WWW 服务器接收到浏览器对某一 Web 页面的请求信息时，服务器搜索该 Web 页面，并将该 Web 页面内容返回给浏览器。

3. WWW 浏览器

WWW 的客户机程序称为 WWW 浏览器，它是用来浏览服务器中 Web 页面的软件。

WWW 浏览器负责接收用户的请求（从键盘或鼠标输入），利用 HITTP 协议将用户的请求传送给 WWW 服务器。服务器将请求的 Web 页面返回到浏览器后，浏览器再对 Web 页面进行解释，显示在用户的屏幕上。

4. 页面地址和 URL

WWW 服务器中的 Web 面面很多，要通过 URL（Uniform Resource Location，统一资源定位器）指定使用什么协议、哪台服务器和哪个文件等。URL 由三部分组成：协议类型、主机名、路径及文件名。

3.2　WWW 系统的传输协议

超文本传输协议是 WWW 客户机和 WWW 服务器之间的传输协议，是建立在 TCP 连接基础之上的，属于应用层的面向对象的协议。为了保证 WWW 客户机与 WWW 服务器之间的通信没有歧义，HTTP 精确定义了请求报文和响应报文的格式。

3.3 超文本标记语言

WWW 服务器中存储的 Web 页面是一种结构化的文档,采用超文本标记语言 (Hypertext Mark – up Language, HTML) 书写。HTML 是 WWW 用于创建超文本链接的基本语言,可定义格式化的文本、色彩、图像与超文本链接等,主要用于 Web 页面的创建与制作。

知识点 4   DHCP 服务

4.1 DHCP

动态主机设置协议 (Dynamic Host Configuration Protocol, DHCP),又称动态主机组态协定,是一个用于 IP 网络的网络协议,位于 OSI 模型的应用层,使用 UDP 协议工作,主要有两个用途:

①用于内部网或网络服务供应商自动分配 IP 地址给用户。

②用于内部网管理员对所有电脑做中央管理。

DHCP 用一台或一组 DHCP 服务器来管理网络参数的分配,这种方案具有容错性。即使在一个仅拥有少量机器的网络中,DHCP 仍然是有用的,因为一台机器可以几乎不造成任何影响地被增加到本地网络中。

甚至对于那些很少改变地址的服务器来说,DHCP 仍然被建议用来设置它们的地址。如果服务器需要被重新分配地址 (RFC 2071),就尽可能不去做更改。对于一些设备,如路由器和防火墙,则不应使用 DHCP。

4.2 DHCP 地址分配

DHCP 也可以用于直接为服务器和桌面计算机分配地址,并且通过一个 PPP 代理,也可为拨接及宽带的主机,以及住宅 NAT 网关和路由器分配地址。DHCP 一般不合使用在无边际路由器和 DNS 服务器上。

在 IP 网络中,每个连接 Internet 的设备都需要分配唯一的 IP 地址。DHCP 使网络管理员能从中心结点监控和分配 IP 地址。当某台计算机移到网络中的其他位置时,能自动收到新的 IP 地址。

DHCP 使用了租约的概念,或称为计算机 IP 地址的有效期。租用时间是不定的,主要取决于用户在某地连接 Internet 需要多久,这对于教育行业和其他用户频繁改变的环境是很实用的。

DHCP 支持为计算机分配静态地址,如需要永久性 IP 地址的 Web 服务器。某些操作系统,如 Windows Server,带有 DHCP 服务器。

知识点 5　FTP 服务

5.1　FTP 客户机/服务器模型

FTP 主要用于 Internet 上文件的双向传输，通常称为"下载"和"上传"。

FTP 采用客户机/服务器模式，客户机与服务器之间利用 TCP 建立连接。与其他连接不同，FTP 需要建立双重连接，一个是控制连接，另一个是数据连接。FTP 服务器控制连接的端口号为 21，数据连接的端口号为 20。控制连接以客户机/服务器模式建立，连接一旦建立，客户机与服务器之间进入交互式会话状态。数据连接用于数据传输，数据连接建立成功后，就可以开始传输数据，数据传输结束后，数据连接断开。

建立数据连接的方式有以下两种。

（1）主动模式（默认模式）。当客户机向服务器的 FTP 端口（默认是 21）发出数据传输命令时，客户机在 TCP 的一个随机端口上被动打开数据传输进程，并通过控制连接利用 PORT 命令将客户机数据传输所使用的端口号发送给服务器，服务器在 TCP 的 20 端口建立一个数据传输进程，并与客户机的数据传输进程建立数据连接。

（2）被动模式。当客户机向服务器的 FTP 端口（默认是 21）发出数据传输命令时，通过控制连接向服务器发送一个 PASV 命令，请求进入被动模式，服务器在 TCP 的 20 端口被动打开数据传输进程，客户机以主动方式打开数据传输进程，建立数据传输连接。

5.2　FTP 文件格式

FTP 协议支持两种文件传输方式：文本文件传输和二进制文件传输。

（1）文本文件传输。文本文件包括 ASCII 文件类型和 EBCDIC 文件类型。ASCII 文件采用虚拟终端 NVT 的形式在数据连接中传输，而 EBCDIC 要求双方均采用 EBCDIC 编码系统。

（2）二进制（Binary）文件传输（图像文件类型）。不需要对文件格式进行转换，按原始文件的位序以比特流的方式进行传输，确保复制的文件与原始文件逐位一一对应。

5.3　用户接口

FTP 没有对用户接口进行定义，因而存在多种形式的接口。用户使用的接口程序通常有 3 种：传统的 FTP 命令、浏览器和下载工具。

（1）传统的 FTP 命令。传统的 FTP 命令是在 MS-DOS 窗口中使用的命令。例如，FTP 命令表示进入 FTP 会话；quit 或 bye 命令表示退出 FTP 会话；close 命令表示中断与服务器的 FTP 连接；pwd 命令表示显示远程主机的当前工作目录等。

（2）浏览器。在 WWW 中，采用"FTP://URL 地址"格式访问 FTP 站点。

（3）下载工具。下载工具通过支持断点续传等功能来提高下载速度。常用的下载工具有 CuteFTP、FlashFXP 等。

5.4　FTP 访问控制

FTP 服务器利用用户账号来控制用户对服务器的访问权限。用户在访问 FTP 服务器前必须先登录，登录时给出用户在 FTP 服务器上的合法账户和密码。

FTP 的这种访问方式限制了 Internet 上一些公用文件以及资源的发布。为此，Internet 上大多为用户提供了匿名 FTP 服务。

所谓匿名服务，是指用户访问 FTP 服务器时，不需要输入账户和密码或使用匿名的账号（anonymous）和密码。匿名 PTP 服务是在 Internet 上发布软件常用的方法之一。

【项目实训】

任务 1　DNS 服务器的配置

【实验目的】

企业内部对私有服务器的访问需要基于 IP 地址，数量过多的 IP 地址非常不利于使用者的记忆、访问和传播。利用 DNS（Domain Name System，域名解析系统）可以将服务器的 IP 地址转变为便于记忆与使用的名称地址格式（www. example. com），以供访问者使用。在 Windows Server 中开启并配置 DNS 是本实验主要目的。

【实验设备与条件】

服务器安装 Server 2016 系统（桌面体验），实验中服务器需要配置为固定私网 IP，用于从本机测试域名解析，也可基于局域网内终端互通前提下实现访问域名的地址解析。

本实验中使用同一台机器进行服务搭建和功能测试。

【实验内容】

①添加服务器角色。

②管理 DNS 服务器。

③添加正向查找区域。

④添加反向查找区域。

⑤创建资源记录。

⑥创建别名。

【实验步骤】

（1）在 cmd 窗口用，利用 ipconfig 命令，确认服务器本地 IP 地址信息，如图 5 - 1 所示。

图 5 - 1　查看本机地址信息

（2）在"开始"菜单中单击"服务器管理器"，启动服务器管理器，如图 5 - 2 所示。

图 5 - 2 启动服务器管理器

在服务器管理界面选择"添加角色和功能"，如图 5 - 3 所示。

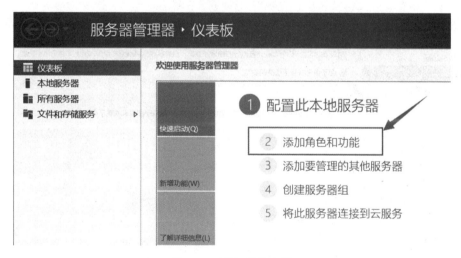

图 5 - 3 服务器管理器

根据提示单击"下一步"按钮进入"添加角色和功能向导"对话框，如图 5 - 4 所示。

（3）在"选择安装类型"窗口中选择"基于角色或基于功能的安装"，单击"下一步"按钮，在"选择目标服务器"窗口中，选择目标服务器，如图 5 - 5 和图 5 - 6 所示。

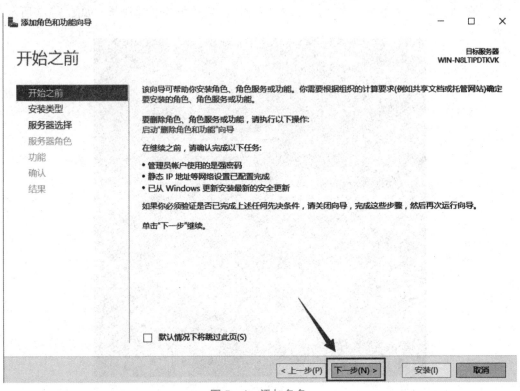

图 5 - 4　添加角色

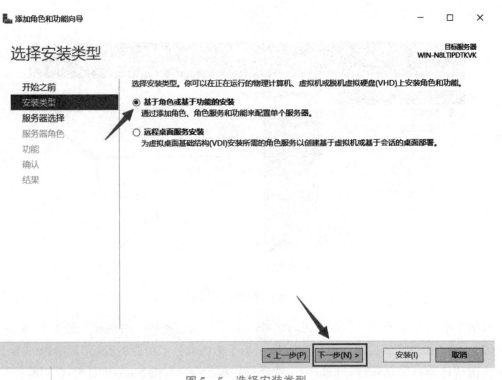

图 5 - 5　选择安装类型

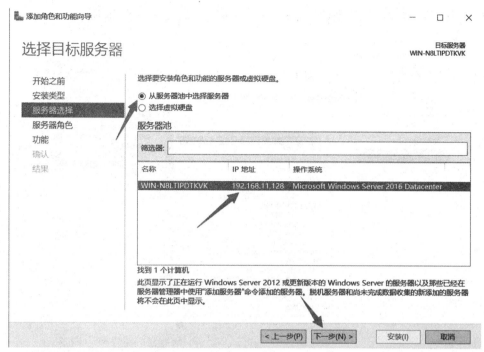

图 5-6　选择目标服务器

（4）在"选择服务器角色"窗口中选择"DNS 服务器"，如图 5-7 所示，单击"下一步"按钮，在弹出的"添加 DNS 服务器所需的功能"对话框中保持默认选项，单击"添加功能"，单击"下一步"按钮。

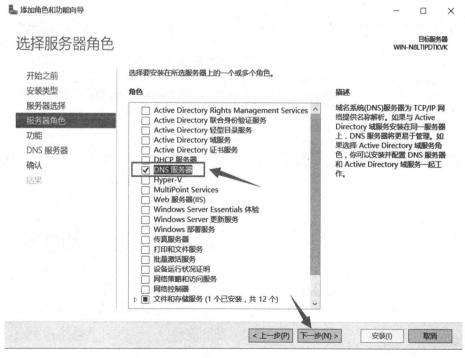

图 5-7　添加 DNS 服务器角色

（5）"功能"选项中保持默认，单击"下一步"按钮，如图5-8所示。

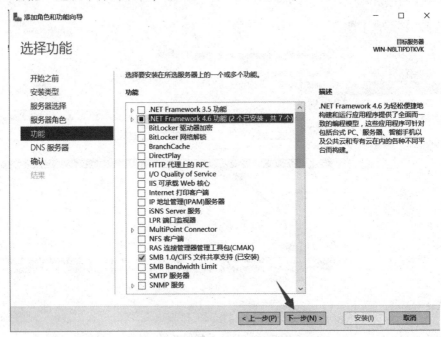

图5-8　添加服务依赖的功能组件

（6）后续选择页面中保持默认选项，单击"下一步"按钮，直到"安装"按钮选项出现，单击"安装"按钮后耐心等待角色添加完成，如图5-9和图5-10所示。

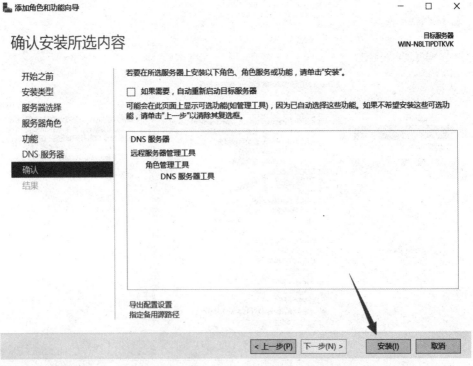

图5-9　安装角色

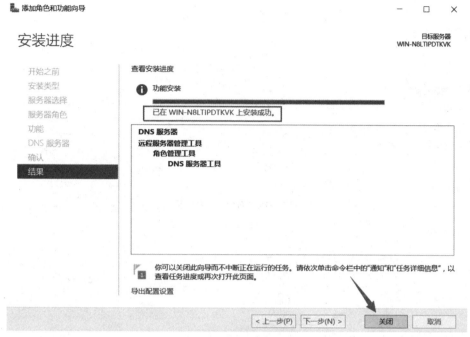

图 5 – 10　角色添加成功

（7）安装角色完成后，开始配置 DNS 服务器，如图 5 – 11 所示，打开 "Windows 管理工具"，并打开 DNS 配置界面，如图 5 – 12 所示。

图 5 – 11　打开 "Windows 管理工具"

（8）在 "DNS 管理器" 窗口右击服务器名称，在弹出的快捷菜单中选择 "新建区域"，如图 5 – 13 所示。

在 "欢迎使用新建区域向导" 对话框中单击 "下一步" 按钮，如图 5 – 14 所示。

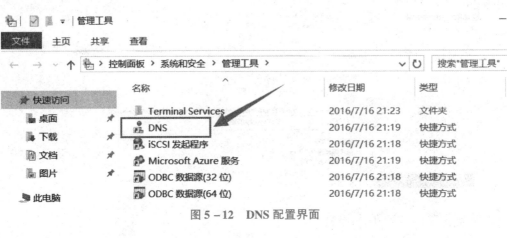

图 5 – 12 DNS 配置界面

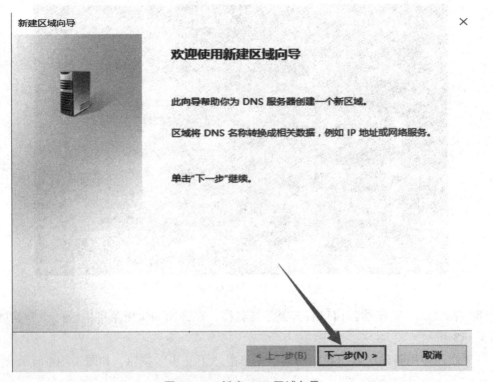

图 5 – 13 新建 DNS 区域

图 5 – 14 新建 DNS 区域向导

在"区域类型"对话框中，选择"主要区域"，单击"下一步"按钮，如图 5-15 所示。

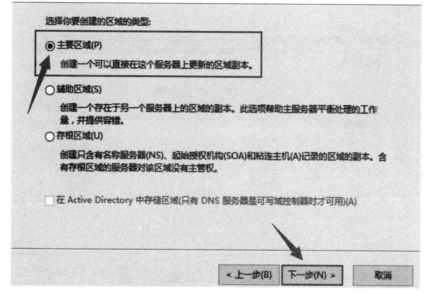

图 5-15   新建 DNS 主要区域

在"正向或反向查找区域"对话框中选择"正向查找区域"，单击"下一步"按钮，如图 5-16 所示。

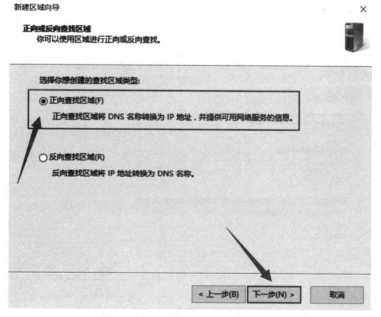

图 5-16   配置 DNS 正向查找区域

在"区域名称"对话框的"区域名称"文本框中输入"xgy.com",单击"下一步"按钮,如图 5-17 所示。

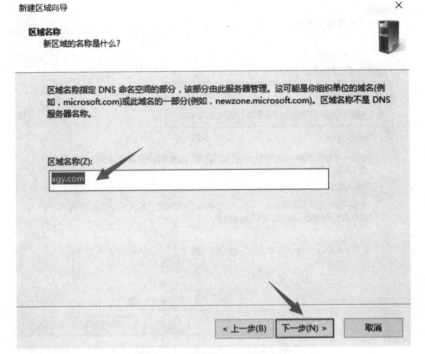

图 5-17 配置 DNS 区域名称

在"区域文件"对话框中,保持默认设置,单击"下一步"按钮,如图 5-18 所示。

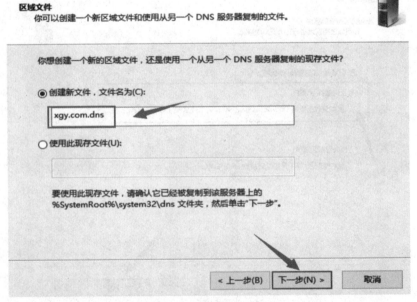

图 5-18 配置 DNS 区域

在"动态更新"对话框中，选择"不允许动态更新"，单击"下一步"按钮，如图 5 – 19 所示。

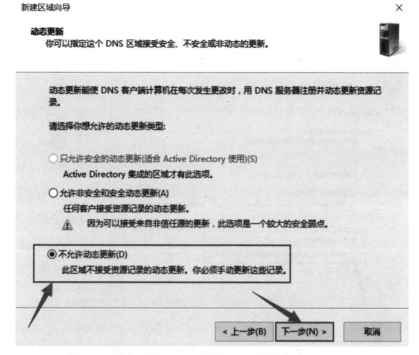

图 5 – 19　配置 DNS 区域

在"正在完成新建区域向导"对话框中单击"完成"按钮，完成新建区域向导，如图 5 – 20 所示。

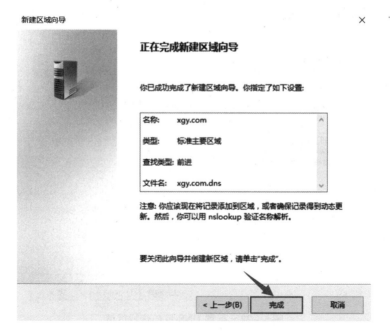

图 5 – 20　完成正向区域创建

（9）创建 DNS 反向查找区域。

①打开 DNS 管理器控制台。

②在 DNS 管理器控制台中，右击服务器名称，选择"新建区域"，在"欢迎使用新建区域向导"对话框中，单击"下一步"按钮。

③在"区域类型"对话框中，选择"主要区域"单选按钮，并单击"下一步"按钮。

④在"正向或反向查询区域"对话框中，选择"反向查找区域"单选按钮，单击"下一步"按钮，如图 5 - 21 所示。

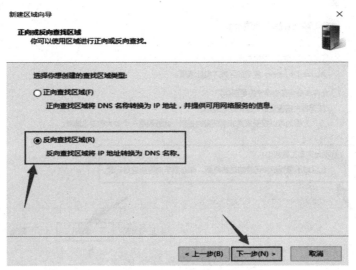

图 5 - 21 创建 DNS 反向查找区域

⑤在"反向查找区域名称"对话框中，选择"IPv4 反向查找区域"单选按钮，单击"下一步"按钮，如图 5 - 22 所示。

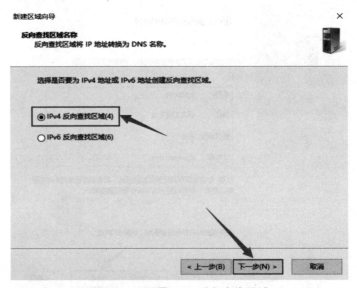

图 5 - 22 配置 DNS 反向查找区域

⑥输入网络 ID，也就是查找的网段，单击"下一步"按钮，如图 5 – 23 所示。

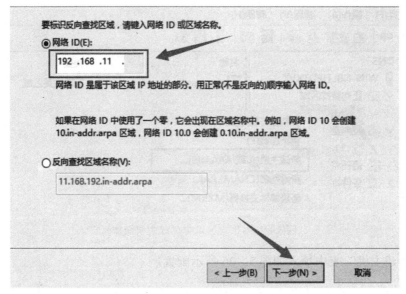

图 5 – 23　配置 DNS 反向查找区域

⑦保持默认选项，直至完成，如图 5 – 24 所示。

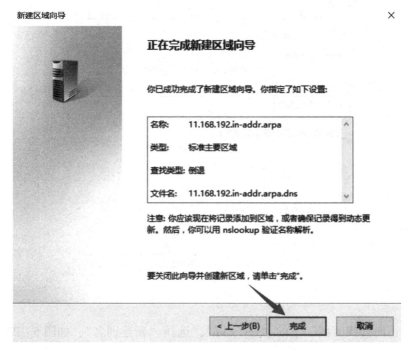

图 5 – 24　完成 DNS 反向区域配置

（10）在 DNS 正向区域中创建资源记录。

①在"DNS 管理器"窗口中展开节点树，右击"正向查找区域"下的"xgy. com"，选择"新建主机"，如图 5 - 25 所示。

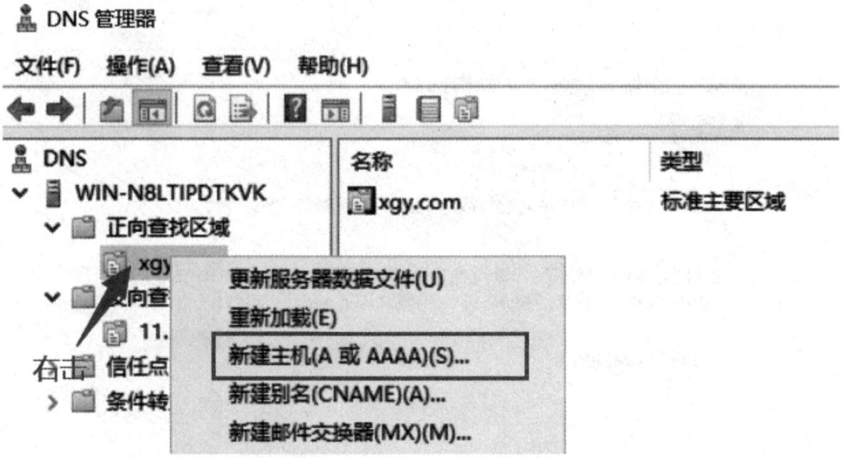

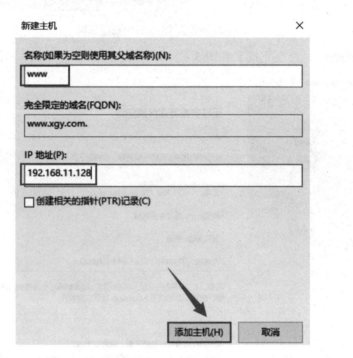

图 5 - 25　正向区域中创建主机资源

②在"新建主机"表中填入如图 5 - 26 所示配置。

图 5 - 26　新建主机资源

③右击"正向查找区域"下的"xgy. com"，选择"新建别名"，如图 5 - 27 所示。

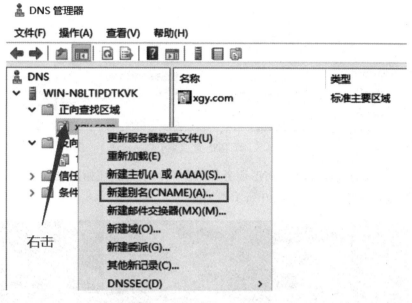

图 5 – 27　新建主机别名

④在"新建资源记录"对话框中的"别名"中填写"ftp",单击"浏览"按钮,单击"确定"按钮(也可以手动输入),完成别名记录的创建,如图 5 – 28 所示。

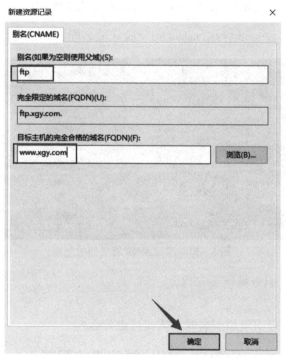

图 5 – 28　创建主机别名

⑤完成后,在 DNS 管理器中可以看到图 5 – 29 所示的条目,至此,完成 DNS 资源配置。

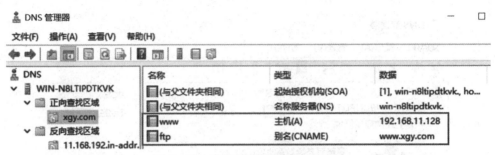

图 5 – 29　在 DNS 管理器中确认资源

（11）在同网段的设备上进行 DNS 服务器的测试，本实验在相同设备上进行。确认终端设备所使用的 DNS 信息，如图 5 – 30 所示。

图 5 – 30　在服务器上确认 DNS 服务器配置

（12）在 cmd 命令行中，运行"nslookup"验证域名配置的正确性，如图 5 – 31 所示。

图 5 – 31　验证 DNS 服务器的功能

至此，基本的 DNS 服务器配置完成。

【扩展思考】

DNS 在域名配置过程中增加别名时，需要注意什么？

任务 2　Web 服务器的配置

【实验目的】

本实验的目的是掌握在 Windows Server 系统下配置 IIS 的基本方法。

【实验设备与条件】

安装好 Windows Server 2016 的物理机或虚拟机一台、用于测试的 Windows 7 客户端一台。

【实验要求与说明】

在 Windows Server 2016 上添加 Web 服务器角色，并配置 IIS，在客户端上进行访问测试。

【实验步骤】

（1）首先确定自己本机的 IP 地址，如图 5 - 32 所示。

图 5 - 32　查看服务器本地地址信息

（2）打开"服务器管理器"，单击"添加角色和功能"，如图 5 - 33 所示。

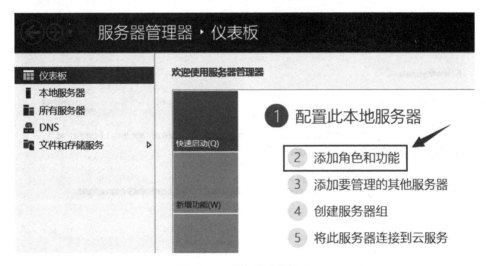

图 5 - 33　添加服务器角色

（3）在"添加角色和功能向导"对话框中，单击"下一步"按钮，如图 5 - 34 所示。

（4）选择"基于角色或基于功能的安装"，如图 5 - 35 所示，然后单击"下一步"按钮。

（5）确认自己的 IP 地址，然后单击"下一步"按钮，如图 5 - 36 所示。

（6）添加 Web 服务器角色，然后单击"下一步"按钮，并在弹出的对话框中单击"添加功能"按钮，如图 5 - 37 和图 5 - 38 所示。

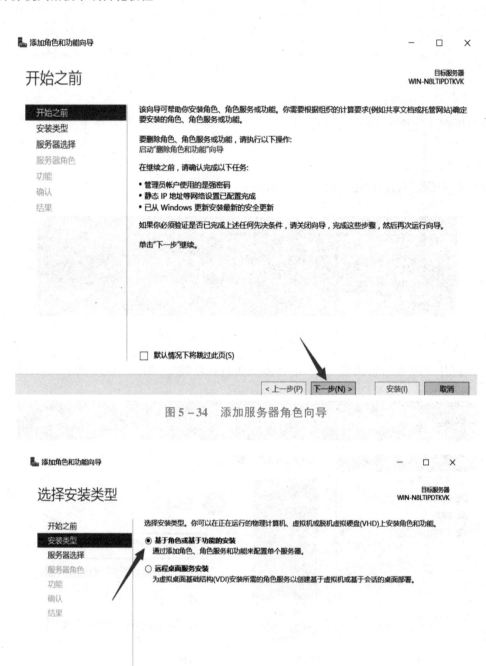

图 5 – 34   添加服务器角色向导

图 5 – 35   添加服务器 IIS 角色

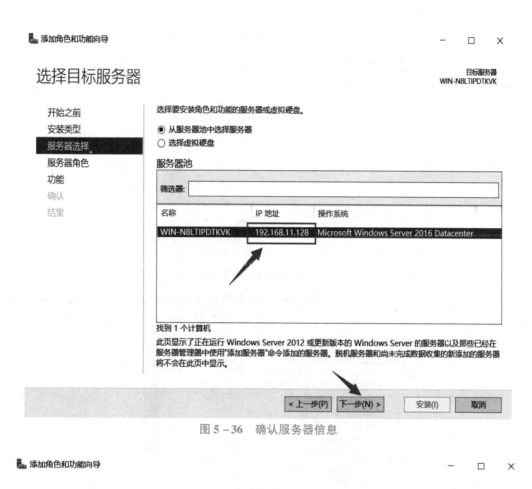

图 5 – 36 确认服务器信息

图 5 – 37 选择服务器角色

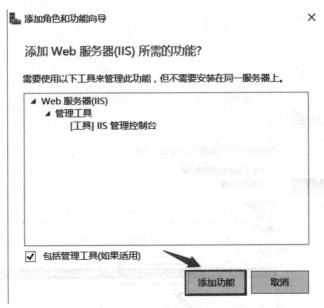

图 5 - 38　添加 IIS 服务功能

（7）在"选择功能"窗口中，可以根据工作需要选择相应的功能。本次实验案例保持默认选项，在确认勾选"Web 服务器"后，单击"下一步"按钮，如图 5 - 39 所示。

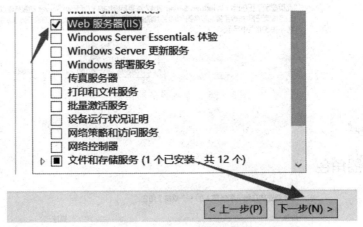

图 5 - 39　添加 Web 服务器

（8）保持默认配置，单击"下一步"按钮，直到最后，单击"安装"按钮，如图 5 - 40 所示。

（9）耐心等待，看到如图 5 - 41 所示界面，单击"关闭"按钮，Web 服务安装完成。

（10）测试 Web 服务器，如图 5 - 42 所示。

使用本书前面实验中生效的域名测试 Web 服务器，本例以"www. xgy. com"为示范。

（11）配置 Web 服务器站点数据。

从服务器"仪表板"中单击"工具"选项，打开 IIS 管理器，如图 5 - 43 所示。

（12）如图 5 - 44 所示，右击"网站"，然后单击"添加网站"。

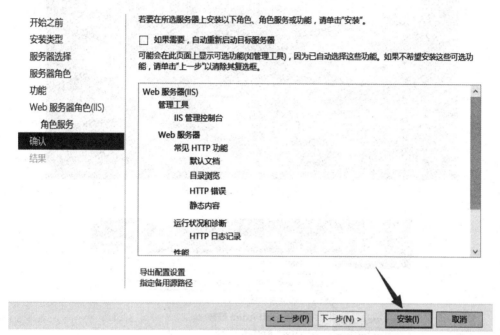

图 5 – 40　安装 Web 服务器

图 5 – 41　完成 Web 服务器的安装

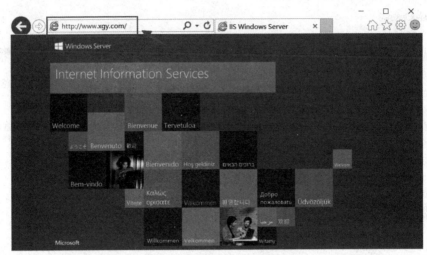

图 5 – 42　测试 Web 服务器

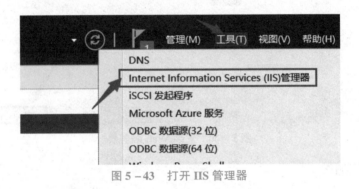

图 5 – 43　打开 IIS 管理器

图 5 – 44　准备添加 IIS 站点数据

（13）填入需要使用的站点域名，并指定存放站点数据的目录，如图 5 – 45 所示。

（14）浏览到需要存放站点数据的文件夹，单击"确定"按钮，如图 5 – 46 所示。

（15）在站点管理器中，关闭 Default 站点，开启新建的网站页面，如图 5 – 47 和图 5 – 48 所示。

图 5 - 45　配置站点数据目录

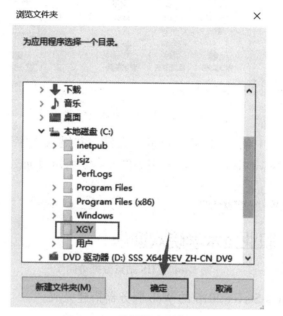

图 5 - 46　选择站点数据目录

图 5 - 47　关闭默认站点服务

图 5 -48   开启新建站点服务

（16）在站点文件夹中创建"index. html"文件，并键入文字进行测试，打开 IE 浏览器，在地址栏中填入"www. xgy. com"，出现如图 5 -49 所示页面。

徐州工业职业技术学院欢迎您

图 5 -49   IIS 站点数据访问

至此，基于 Windows Server 2016 的 Web 服务器搭建完成。

【扩展思考】

如何在 IIS 上配置 HTTPS 的访问？

任务 3   DHCP 服务器配置

【实验目的】

通过在 Windows Server 2016 上配置 DHCP 服务器，为 Windows 客户端自动分配地址、网关及 DNS 信息，了解 DHCP 服务在网络环境中的实际应用场景。

【实验设备与条件】

位于同网段的 Windows Server 2016 服务器和 Windows 客户端（本实验使用 Windows 7）。本实验的演示基于虚拟机（VMware 15. x 版本）中两台互相桥接的主机。

【实验步骤】

（1）在 Windows Server 2016 上配置服务器角色，添加 DHCP 服务。在"开始"菜单中单击"服务器管理器"，启动服务器管理器，并添加服务器角色，根据配置向导，单击"下一步"按钮，如图 5 -50 ~ 图 5 -52 所示。

图 5-50　单击"服务器管理器"

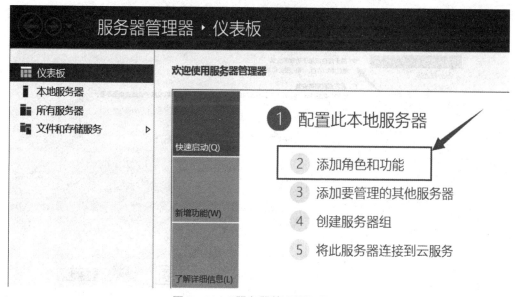

图 5-51　"服务器管理器"页面

在"选择安装类型"窗口中选择"基于角色或基于功能的安装",单击"下一步"按钮,在"选择目标服务器"窗口中,选择目标服务器,如图 5-53 和图 5-54 所示。

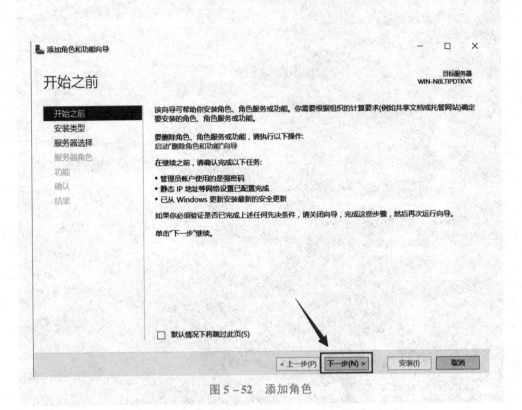

图 5-52　添加角色

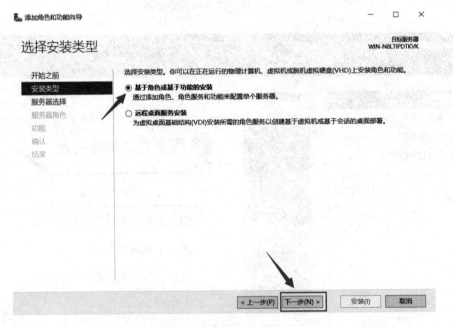

图 5-53　选择安装类型

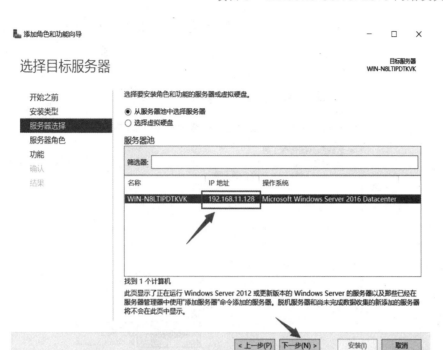

图 5-54　选择目标服务器

在"选择服务器角色"页面勾选"DHCP 服务器"，并单击"下一步"按钮，如图 5-55 所示。

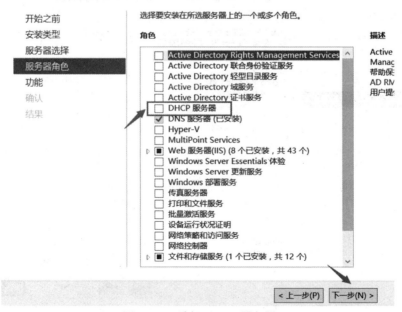

图 5-55　选择 DHCP 服务器

在弹出的向导对话框中单击"添加功能"按钮，如图 5 – 56 所示。

图 5 – 56　添加 DHCP 功能

后续页面保持默认，单击"下一步"按钮，直到单击"安装"按钮，如图 5 – 57 所示。

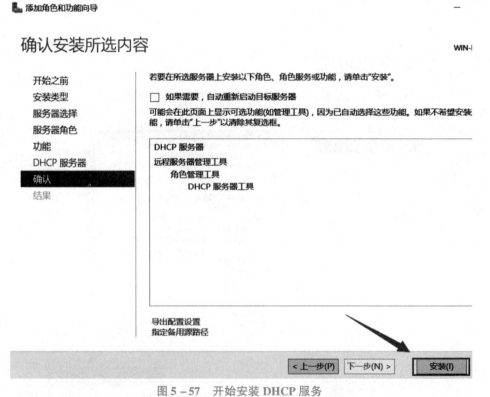

图 5 – 57　开始安装 DHCP 服务

当完成安装后，仪表板中会出现 DHCP 管理项，此时关闭仪表板，如图 5 – 58 所示。

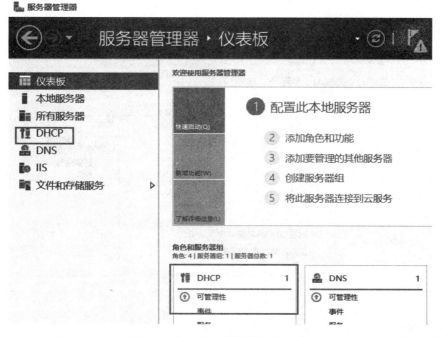

图 5 – 58　DHCP 服务器添加完成

（2）配置 DHCP 服务器。

通过"开始"菜单，打开"Windows 管理工具"中的"DHCP"菜单进行配置，如图 5 – 59 所示。

图 5 – 59　配置 DHCP

出现如图 5 – 60 所示的窗口，找到"新建作用域"并单击。

在向导界面中单击"下一步"按钮，进入"新建作用域向导"界面，如图 5 – 61 所示。

输入作用域的名称（自定义）后，单击"下一步"按钮，如图 5 – 62 所示。

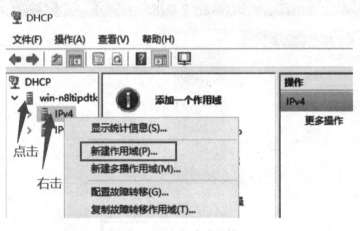

图 5-60 新建作用域

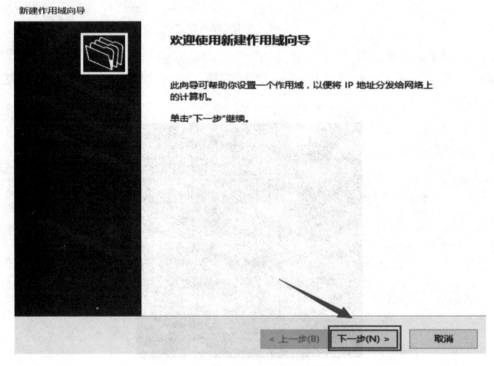

图 5-61 新建 DHCP 作用域

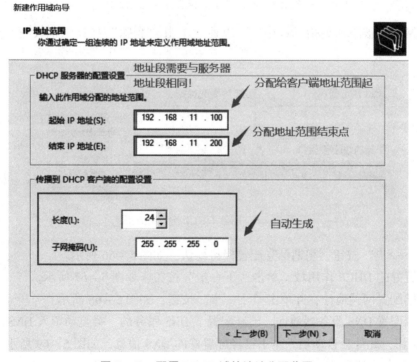

图 5 – 62　设置 DHCP 作用域的域名

在配置对话框中，分别填写客户端获得地址段的起始地址和结束地址。地址段必须与服务器自身的静态地址在相同网段范围内，掩码信息会自动生成，如图 5 – 63 所示。

图 5 – 63　配置 DHCP 域的地址分配范围

单击"下一步"按钮后进入排除地址段对话框，如图 5 –64 所示。

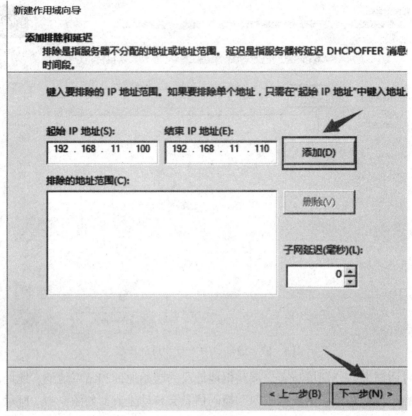

图 5 –64　添加 DHCP 域的地址排除范围

排除的网段会被添加到指示框中，可以通过单击"删除"按钮取消设置，如图 5 –65 所示。

图 5 –65　删除 DHCP 分配地址段

单击"下一步"按钮，租期信息配置保持默认，如图 5 –66 所示。

启用配置好的 DHCP 作用域，单击"下一步"按钮，如图 5 –67 所示。

为客户端配置网关地址，并单击"下一步"按钮，如图 5 –68 所示。

为客户端配置 DNS 服务器地址，已经配置了 DNS 服务的，会自动填入 DNS 地址，单击"下一步"按钮，此处会自动填入本书已经配置好的 DNS 信息，如图 5 –69 所示。

WINS 服务器保持默认，单击"下一步"按钮，如图 5 –70 所示。

新建作用域向导

租用期限
　租用期限指定了一个客户端从此作用域使用 IP 地址的时间长短。

　　租用期限通常应该等于计算机连接至同一物理网络消耗的平均时间。对于主要由便携式计算机或拨号网络客户端组成的移动网络来说，设置较短的租用期限十分有用。

　　同样，对于主要由位置固定的台式计算机组成的稳定网络来说，设置较长的租用期限更合适。

　　设置由此服务器分发时的作用域的租用期限。

　　限制为:

　　天(D):　　小时(O):　　分钟(M):
　　　8　　　　　0　　　　　0

　　　　　　　< 上一步(B)　　下一步(N) >　　　取消

图 5 - 66　配置租期信息

新建作用域向导

配置 DHCP 选项
　你必须配置最常用的 DHCP 选项之后，客户端才可以使用作用域。

　　客户端获得地址之后，系统将会为其指定 DHCP 选项，例如，路由器的 IP 地址(默认网关)、DNS 服务器和该作用域的 WINS 设置。

　　你在此选择的设置将适用于此作用域，并替代你在此服务器的"服务器选项"文件夹中配置的设置。

　　是否要立即为此作用域配置 DHCP 选项?

　　　⊙ 是，我想现在配置这些选项(Y)

　　　○ 否，我想稍后配置这些选项(O)

　　　　　　　< 上一步(B)　　下一步(N) >　　　取消

图 5 - 67　开始配置 DHCP 作用域

新建作用域向导

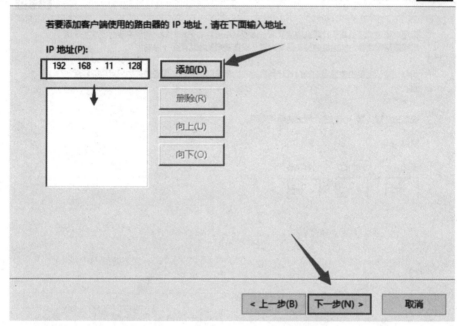

图 5－68　配置 DHCP 作用域的网关信息

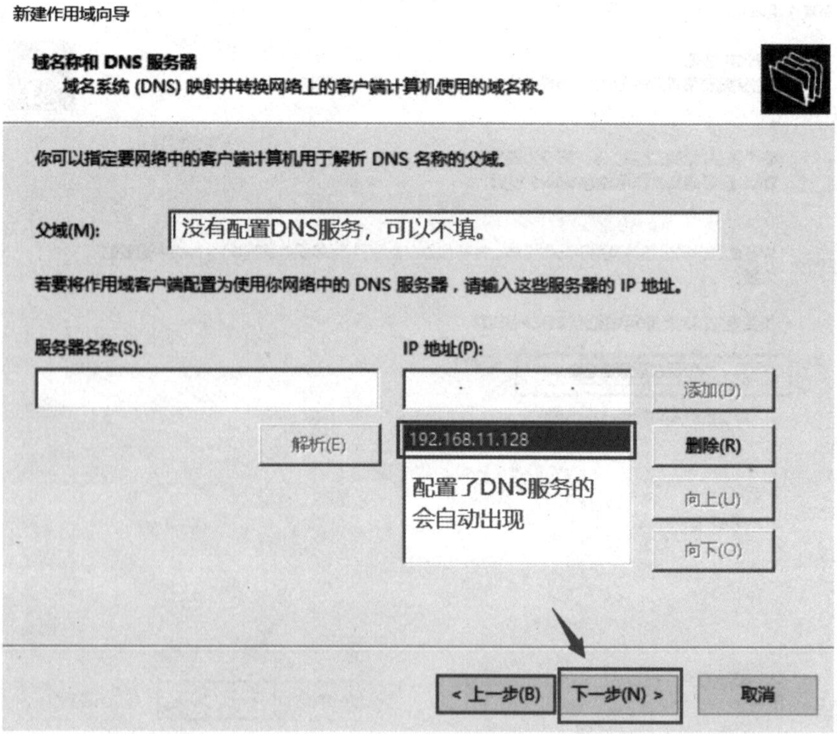

新建作用域向导

图 5－69　配置 DHCP 下发的 DNS 信息

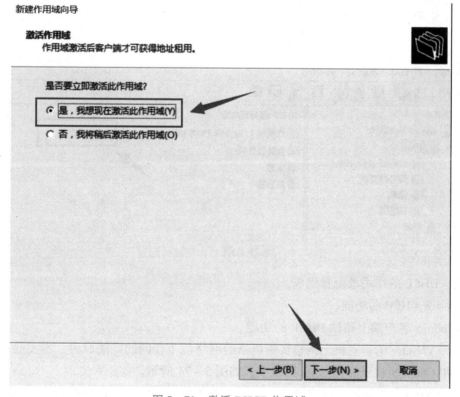

图 5-70 配置 DHCP 的 WINS 服务器信息

勾选"是，我想现在激活此作用域"后，单击"下一步"按钮，开始自动配置 DHCP 作用域，如图 5-71 所示。

图 5-71 激活 DHCP 作用域

单击"完成"按钮，完成 DHCP 服务的配置，如图 5 – 72 所示。

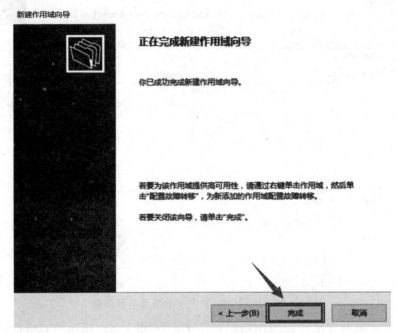

图 5 – 72　完成 DHCP 作用域的配置

完成 DHCP 的配置后，可以在 DHCP 配置菜单中确认新建的 DHCP 域为"活动"状态，如图 5 – 73 所示。

图 5 – 73　确认 DHCP 作用域的配置

至此，DHCP 的作用域配置完成。

（3）测试 DHCP 的功能。

在 Windows 客户端上测试 DHCP 的功能。

在运行 VMware 的宿主机上调整实验机器的网络位于相同的广播域内，本实验中，选择将 Server 和 Client 桥接于虚拟 hosts 网络中，如图 5 – 74 所示。

打开 VMware 的虚拟网络编辑器，选择"更改配置"（需要管理员权限）。

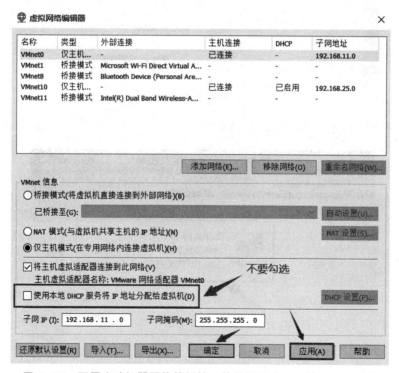

图 5－74　修改 VMware 虚拟网络

在配置窗口中，取消勾选 VMware 的 DHCP 下发功能，主机模式的网卡确认和 Windows Server 2016 在同一个网段（本实验是 192.168.11.0）。单击"应用"按钮，再单击"确定"按钮，如图 5－75 所示。

图 5－75　配置实验机器网络的桥接，并关闭 VMware 的 DHCP 功能

在 Windows 测试所用的客户端中, 打开网络设置界面, 并配置网卡连接, 如图 5 – 76 所示。

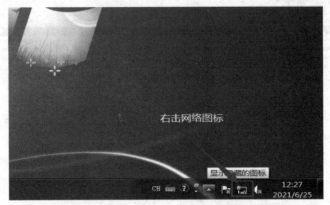

图 5 – 76　设置客户端网卡信息

在弹出的窗口中单击"更改适配器设置", 如图 5 – 77 所示。

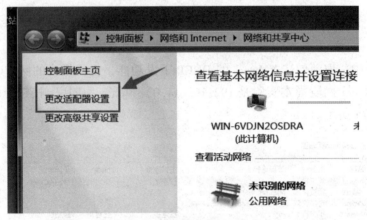

图 5 – 78　设置客户端网卡信息

在网络适配器图标上右击, 如图 5 – 78 所示。

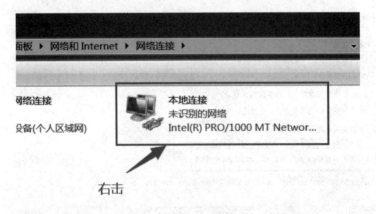

图 5 – 78　设置客户端网卡信息

双击"Internet 协议版本 4 (TCP/IPv4)",如图 5 – 79 所示,打开协议配置界面。

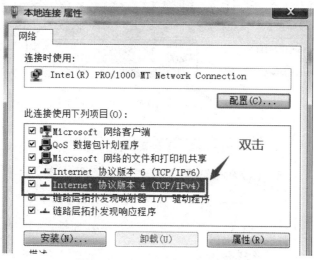

图 5 – 79　设置客户端网卡信息

确保地址配置使用的是自动获得模式,单击"确定"按钮,如图 5 – 80 所示。

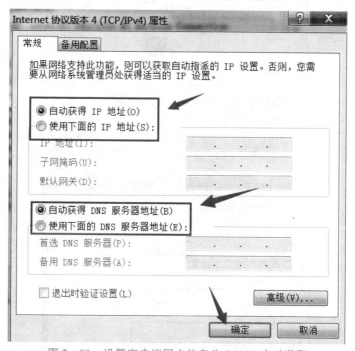

图 5 – 80　设置客户端网卡信息为 DHCP 自动获取

回到网络配置窗口,双击网卡图标,单击"详细信息",验证 DHCP 地址分配是否正确,如图 5 – 81 和图 5 – 82 所示。

验证客户端获得的 DHCP 信息,确认与服务器段配置相符,如图 5 – 83 所示。

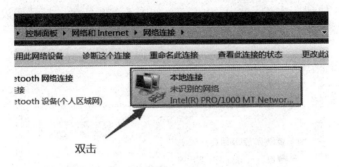

双击

图 5-81   查看网卡地址信息

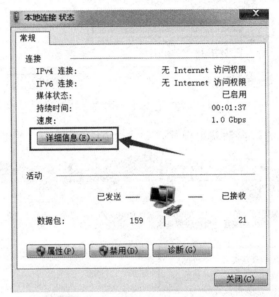

图 5-82   查看客户端网卡信息

图 5-83   验证客户端获得地址信息

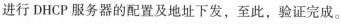

进行 DHCP 服务器的配置及地址下发，至此，验证完成。

【扩展思考】

如何做到 DHCP 服务器对于指定终端设备分配固定的 IP 地址？

任务 4　FTP 服务器的配置

【实验目的】

掌握 Windows Server 系统下配置 FTP 的基本方法，测试客户端能否通过使用 IE 浏览器匿名访问 FTP 服务器并读取文件。

【实验设备与条件】

位于同网段的 Windows Server 2016 服务器和 Windows 客户端（本实验使用 Windows 7）；本实验中的演示利用了桥接于同网卡上的虚拟机（VMware 15）。

【实验要求与说明】

在 Windows Server 2016 上添加 FTP 服务器角色，并配置 FTP 服务器。

在 Windows 7 客户端上登录 FTP 服务器，存取文件（实验使用 IE 浏览器）。

【实验步骤】

（1）在 Windows Server 2016 上配置服务器角色，添加 FTP 服务。

在"开始"菜单中单击"服务器管理器"，启动服务器管理器。选择"添加角色和功能"，在向导界面中单击"下一步"按钮，开始 FTP 服务器配置。如图 5 – 84 ~ 图 5 – 86 所示。

图 5 – 84　选择"服务器管理器"

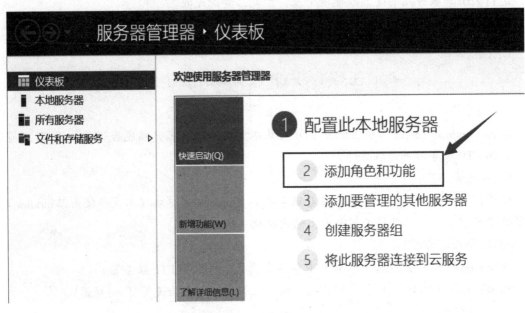

图 5－85　添加角色和功能

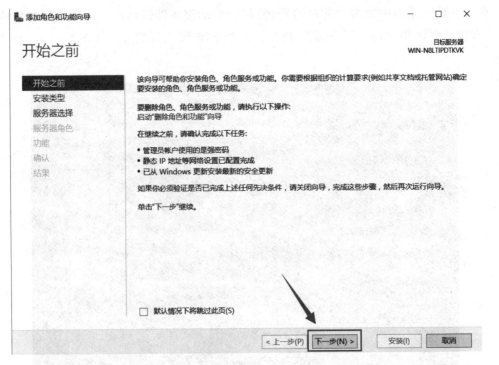

图 5－86　添加角色和功能向导

在"选择安装类型"窗口中选择"基于角色或基于功能的安装"按钮，单击"下一步"按钮，在"选择目标服务器"窗口中，选择目标服务器，如图 5－87 和图 5－88 所示。

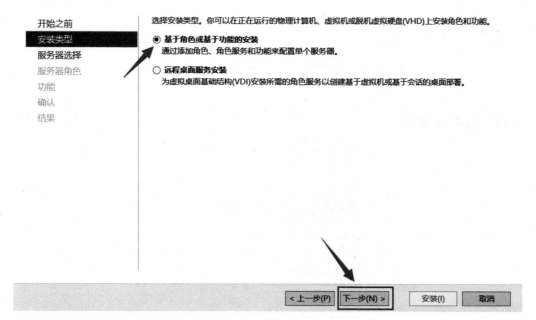

图 5 - 87　选择安装类型

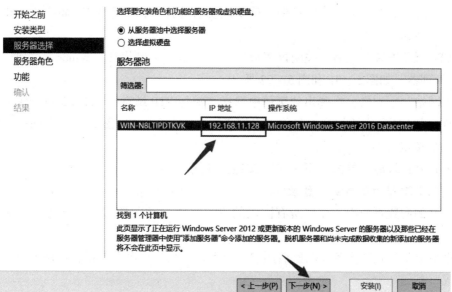

图 5 - 88　选择目标服务器

在右侧"角色"栏中的"Web 服务器"旁单击"下拉箭头",勾选"FTP 服务器",单击"下一步"按钮,如图 5-89 所示。

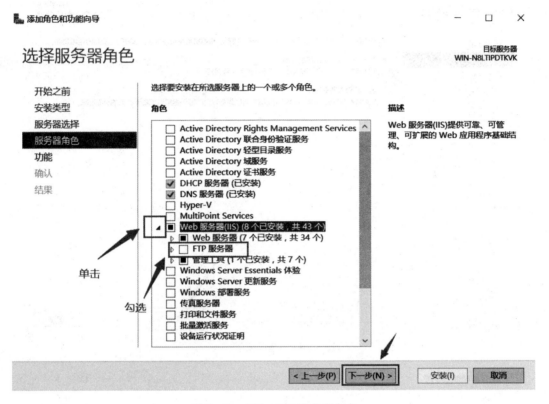

图 5-89　添加 FTP 服务器角色

保持默认,单击"下一步"按钮,确认成功后选择"FTP 服务",如图 5-90 所示,单击"安装"按钮。

当 FTP 服务安装完成后,关闭仪表板,从"开始"菜单找到"Windows 管理工具",并打开 IIS 管理器,如图 5-91 和图 5-92 所示。

在"网站"上右击,在弹出的菜单中选择"添加 FTP 站点",如图 5-93 所示。

如图 5-94 所示,添加站点名称(自定义),并浏览到 FTP 服务器的文件存放目录,单击"确定"按钮。

确认 FTP 目录后,单击"下一步"按钮,如图 5-95 所示。

(2)为 FTP 站点配置匿名登录用户。

在 FTP 的配置页面中,允许所有网段的 FTP 请求,并关闭 SSL 安全连接,如图 5-96 所示。

创建用于登录 FTP 服务器的匿名用户,只允许匿名用户读取数据,如图 5-97 所示,单击"完成"按钮。

在 IIS 管理器中确保新建的 FTP 站点处于"启动"状态,如图 5-98 所示。

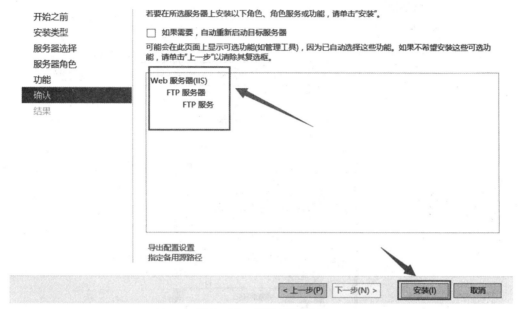

图 5 - 90 安装 FTP 服务

图 5 - 91 打开 Windows 管理工具

图 5-92　打开 IIS 管理器

图 5-93　添加 FTP 站点

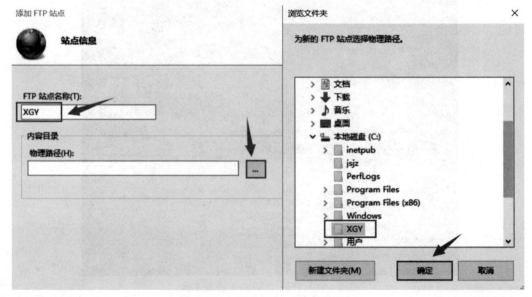

图 5-94　指定 FTP 站点数据目录

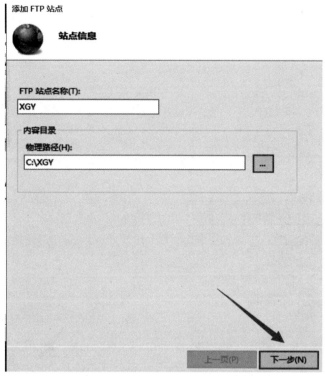

图 5-95　确认 FTP 站点数据信息

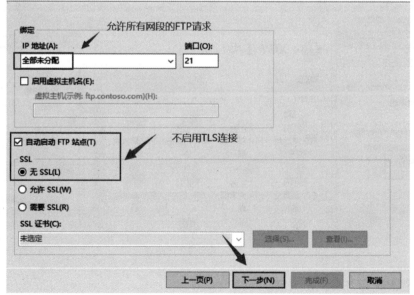

图 5-96　设置 FTP 连接属性

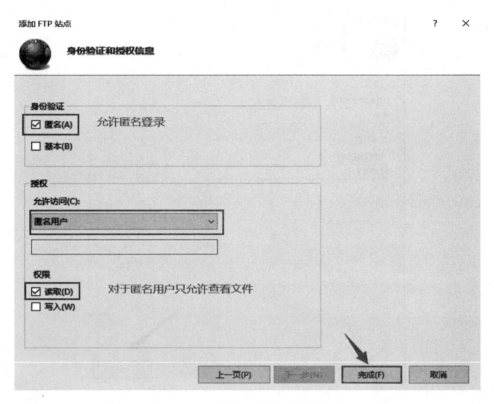

图 5 - 97　配置 FTP 站点的匿名账户

图 5 - 98　启动 FTP 站点

（3）配置 FTP 服务器的防火墙。

在"Windows 管理工具"中找到"高级安全 Windows 防火墙"，如图 5 - 99 所示。

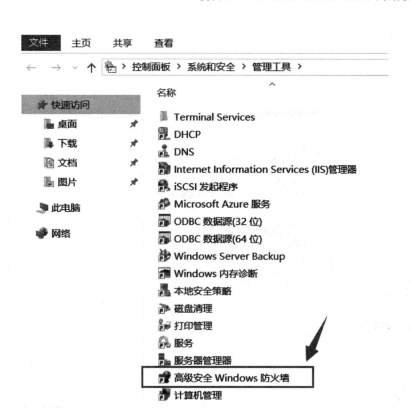

图 5 – 99　配置服务器防火墙

参考图 5 – 100 新建防火墙规则。单击左侧的"入站规则",然后单击右侧的"新建规则"。

图 5 – 100　新建服务器防火墙规则

在出现的规则类型中,选择"自定义",单击"下一步"按钮,如图 5 – 101 所示。

在"程序"对话框中,选择"所有程序",单击"下一步"按钮,如图 5 – 102 所示。

在"协议和端口"界面,选择"TCP""特定端口",并填入"20,21"端口号,如图 5 – 103 所示。

在后续页面中,保持默认,单击"下一步"按钮,如图 5 – 104 所示。

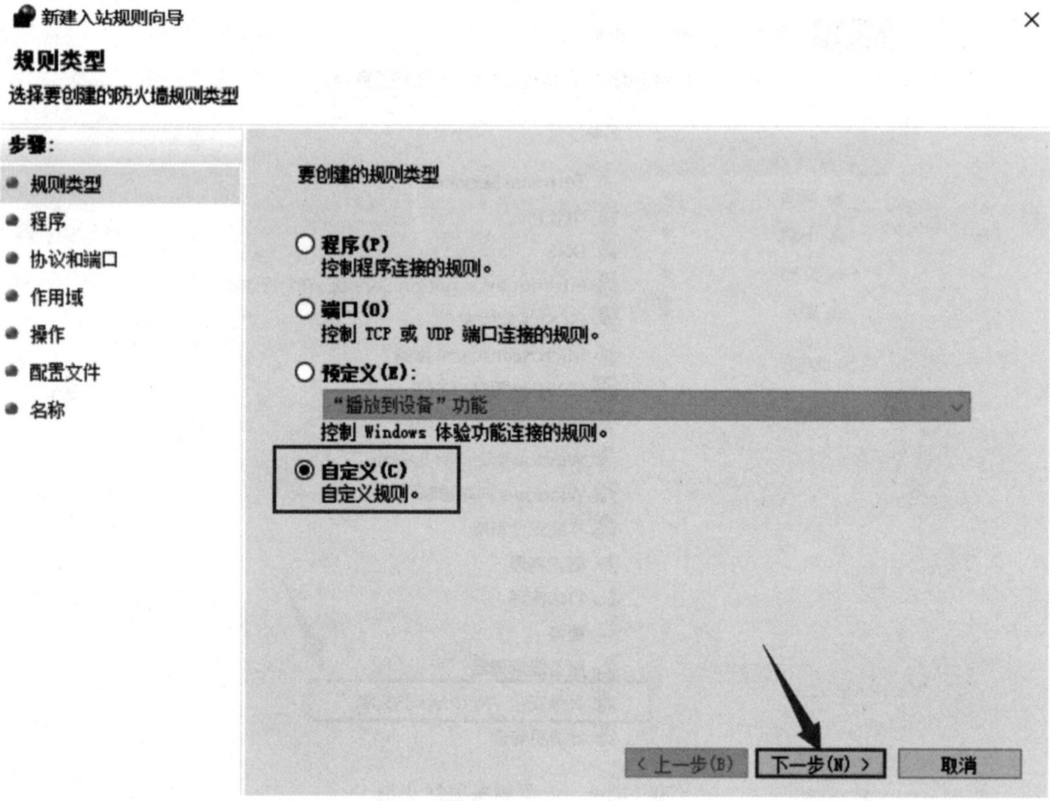

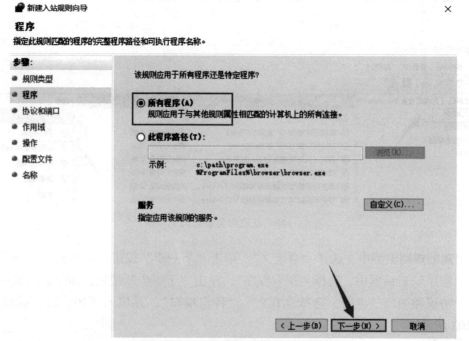

图 5-101 新建防火墙自定义规则

图 5-102 增加防火墙自定义规则

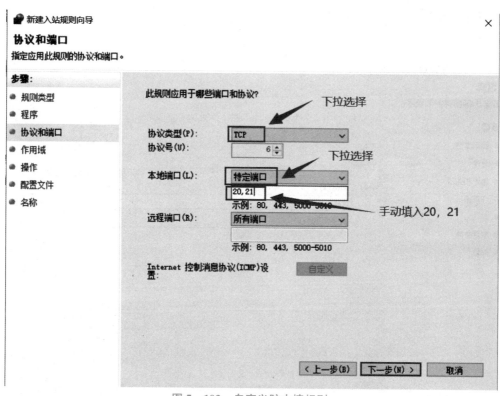

图 5 – 103　自定义防火墙规则

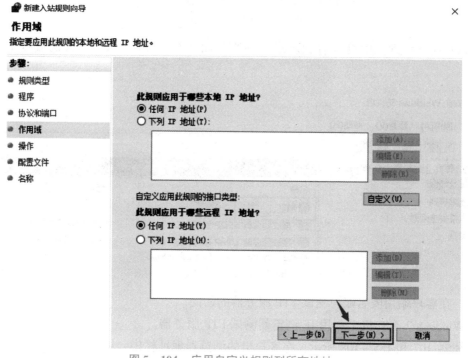

图 5 – 104　应用自定义规则到所有地址

保持默认选项，直到最后一步"名称"选项，填入"FTP"，单击"完成"按钮，如图 5 –105 所示。

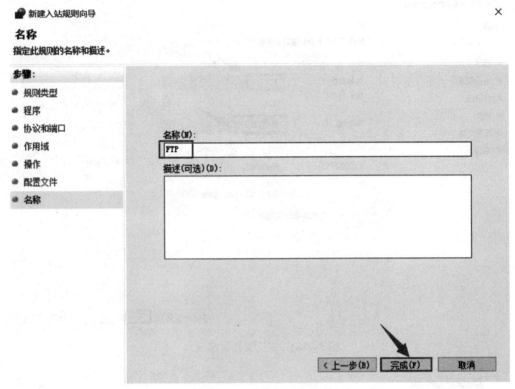

图 5 –105　命名自定义规则

确认在防火墙列表中可以看到新增的规则，如图 5 – 106 所示，防火墙放行 FTP 服务成功。

图 5 – 106　确认防火墙添加自定义规则成功

（4）在客户端用匿名账户测试 FTP 服务器的访问。

在 Windows 7 客户机上利用 IE 浏览器测试 FTP 服务器。

如图 5 –107 和图 5 –108 所示，在客户机的浏览器地址栏中，填入"ftp. xgy. com"信息，可以实现不需要登录就能浏览网页中的测试信息，表明 FTP 服务器的匿名用户登录成功。

图 5 – 107　匿名账户登录 FTP 服务器

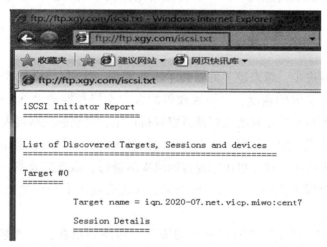

图 5 – 108　匿名用户读取 FTP 服务器文件

至此，FTP 服务器的搭建以及实现匿名用户的读取访问已经完成。

【思考题】

根据上述实验演示，自行在 FTP 服务器中添加一个 FTP 用户，使其能够通过指定的用户名和密码登录，对指定文件夹内的数据能够执行读写操作。

【实训报告】

参考学校实训格式，提交本次课的实训报告。

项目6

Internet接入技术

人们通过互联网上网的一个重要目的就是获取、传递以及交换信息，那么有哪些方法方法和手段可以实现信息的传递呢？如果要传递的不是简单的信息，而是一些访问和控制命令，又如何实现呢？

【项目分析】

随着科技的不断进步，越来越多的新技术不断涌现，光纤、5G技术等新型基础设施的快速普及加快了信息传输的速度，在国家政策的大力支持和推动之下，网络的覆盖越来越广，生活在繁华城市和偏僻乡村的人们都可以获得稳定、可靠的网络接入服务。人们可以方便地通过网络获得所需的信息和服务，人与人的信息实时交流与沟通越加方便，人们生活中原来需要面对面办理的业务现在也可以通过网络实时进行，服务的效率、便利性、安全性得到广泛认可，人们对网络应用的需求越加强大，这也反过来推动和加速网络技术与应用的发展。

Web服务是互联网早期提供的最基础的服务，即使到现在，依然拥有强大的生命力，是人们获取外部信息和服务的重要途径。用户通过浏览器向Web服务器发送网页浏览请求，Web服务器将用户请求的资源传递给浏览器，浏览器再将收到的信息以约定的形式展现给用户。使用收藏夹功能可以在后期实现快速访问，调整浏览器的设置选项可以实现个性化使用需求，安装浏览器扩展来丰富浏览器的功能、提高使用的便利性。任务1主要学习使用Microsoft Edge浏览器浏览信息、下载资源、安装扩展、调整配置选项等内容。

电子邮件是现代人们进行信息传递的一种重要手段，电子邮件的使用就像在生活中收发信件一样简单、便捷。发送和接收电子邮件时，通信的双方都必须拥有电子邮箱账号，发送邮件时并不需要双方同时在线，只需要告诉发送方邮件服务器将邮件发送到哪个邮件服务器的哪个邮件账户即可。接收服务器收到邮件后，会对收到的邮件进行初步的处理，如判断是否为垃圾邮件、是否需要回执提醒等，收件人登录邮箱时告知邮件到达情况。任务2主要学习使用邮件收发、邮件管理、反垃圾邮件功能配置及邮箱基本功能设置等内容。

随着网络技术和通信技术发展，人们对网络应用的需求不断增加，异地办公、远程办公等技术的出现也使得办公形态和工作形态发生了巨大的变化。人们在不方便开展现场管理时，使用远程桌面访问服务器，可以远程使用服务器以及传输文件，就像现场管理服务器一样。不同版本的操作系统对远程桌面的连接以及网络身份认证的配置有一定的差异，任务3

主要学习启用 Windows Server 2016 远程桌面服务、使用 Windows 10 远程桌面连接服务器、配置组策略等内容。

【知识目标】

- 了解浏览器的基本功能、工作原理及相关概念。
- 了解电子邮件的基本概念和使用过程。
- 了解远程桌面和网络身份认证的基础知识及远程桌面连接过程。

【能力目标】

- 能够熟练使用浏览器浏览信息、下载资源、管理收藏夹、安装管理浏览器扩展、调整设置选项。
- 能够熟练地使用邮箱收发邮件、管理邮件、设置反垃圾邮件功能、配置邮箱工作选项。
- 能够熟练配置/启用远程桌面服务、配置组策略、使用远程桌面访问计算机资源及传输文件。

【素质目标】

- 培养学生认真、细致的工作态度。
- 培养学生相互协作的团队精神。
- 训练学生独立思考问题、解决问题的能力。

【课程思政】

我国在推动网络技术发展的过程中，虚心学习国外先进技术、经验，努力开展技术攻关和技术合作，但受到各种因素的影响，中国并没有获得公平对待，某些领域还受到特殊限制和阻碍。我国广大的企业和科技人员勇于承担历史使命，积极进取、努力拼搏，持续开展科学研究和技术创新，解决了一大批长期受制于人的技术难题，在 5G 通信技术、部分网络应用等领域已经实现超越，关键核心技术能够做到安全、自主、可控，有力推动了国家社会经济发展。同学们要努力学好专业本领，掌握专业技能，推进科学技术进步，为建设国家尽自己的一份力量。

【相关知识】

知识点 1　Internet 发展的历史及现状

1.1　Internet 基本概念

Internet 中文一般翻译为国际互联网，有人也直接音译为因特网或英特网。

互联网也是广域网的一种，它使用公共通信网络作为通信子网，世界上大多数的国家都接入该网络，形成逻辑上单一且巨大的全球网络。互联网使用通用网络通信协议，利用交换机、路由器、通信链路形成高效的通信网络，将不同国家和地区的无数网络连接在一起。接入互联网的服务器面向用户提供各种各样的信息服务，用户也可以通过互联网获取所需的信息和服务，不同国家和地区的用户也可以通过互联网相互发送信息。

1.2 Internet 发展过程

互联网最早起源于美国的 ARPA 网，1969 年美国国防部研究计划署（Advanced Research Project Agency，ARPA）主导了一个军事研究项目，目的是为军队提供稳定、可靠的通信网络。基于该研究项目建立起来的网络称为 ARPA 网，1969 年 12 月，实现将加利福尼亚大学洛杉矶分校、斯坦福大学研究学院、UCSB（加利福尼亚大学）和犹他州大学的四台计算机连接起来，构成了 4 个节点的计算机网络。到 1971 年年初，ARPA 网扩展到 15 个节点，连接了 23 台计算机。

ARPA 网及后续的研究成果成了奠定现代互联网发展的基础，诞生了许多的研究成果，极大地推动了网络通信技术的发展，其中最重要的成果是推出网络通信核心协议：TCP/IP 协议。

到 20 世纪 80 年代初，世界上诞生了许多计算机通信网络，这些网络有的运行 TCP/IP 协议，有的运行有其他通信协议，人们开始探讨如何将这些网络连接起来。美国人温顿·瑟夫（Vinton Cerf）提出的解决方案是，在计算机网络内部依然使用原来的协议，在网络间进行通信时使用 TCP/IP 协议。这个方案最终导致了 Internet 的诞生，同时也确立了 TCP/IP 协议互联网的基础地位，温顿·瑟夫后来被人称为"互联网之父"。

ARPA 网虽然取得了极大的成功，但是它也有很大的局限性，要接入该网络，必须要获得美国联邦机构许可，这导致许多未获许可的高校、科研以及商业机构无法连接到 ARPA 网。

为了解决 ARPA 网接入许可的问题，美国国家科学基金会（National Science Foundation，NFS）着手以 TCP/IP 协议为基础建设独立于 ARPA 网的 NSF 网。1986 年实现美国普林斯顿大学、匹兹堡大学、加州大学圣地亚哥分校、依利诺斯大学和康纳尔大学的 5 个超级计算中心联网，各计算机中心使用 56 Kb/s 的通信线路实现数据传输，这就是 NSF 网的雏形。

1987 年，NSF 网络升级，IBM、MCI 和由多家大学组成的非盈利性机构获得 NSF 网的升级、营运和管理权。1989 年 7 月，NSF 网的通信线路速度升级到了 1.5 Mb/s，包含 13 个骨干节点。

由于 NSF 的鼓励和资助，越来越多的高校、研究机构、政府甚至商业机构把自己的网络并入 NSF 网中。1986 年，并入 NSF 网的子网有 100 个。1991 年，并入的子网已经达到 3 000 多个。NSF 网实现了与其他已有网络的连接，开始真正成为 Internet 的基础，NSF 网络也成为 Internet 的骨干网络。随着 Internet 技术的不断发展，接入 NSF 网不再局限于美国、美洲地区，其他地区的网络也开始开始接入 NSF 网络。Internet 的出现，真正实现了将世界上不同地区的设备连接起来，实现了不同地域设备间的高效、可靠通信。

建立 Internet 最初的目的是服务计算机或通信专业研究人员，随着网络用户的不断增加，人们开始将兴趣转到将其作为交流与通信工具，开始为网络赋予更多的功能。

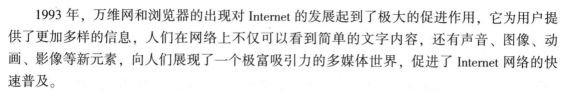

1993 年，万维网和浏览器的出现对 Internet 的发展起到了极大的促进作用，它为用户提供了更加多样的信息，人们在网络上不仅可以看到简单的文字内容，还有声音、图像、动画、影像等新元素，向人们展现了一个极富吸引力的多媒体世界，促进了 Internet 网络的快速普及。

随着互联网的快速发展，其蕴含的商业价值引起了资本的极大关注，商业机构逐步进入互联服务领域，互联网进入蓬勃发展阶段。基于互联网的各种新兴业态也不断出现，出现了一大批快速发展的互联网企业，2020 全球市值最高的公司前 10 名基本上都是互联网企业。

1.3　Internet 在中国的发展

我国互联网发展起步较晚。随着改革开放，中国的科技人员积极扩大与外部开放交流，国家开始加大政策扶持和资金投入力度，我国互联网经历了从无到有、从简单应用到全场景应用，逐步步入发展快车道。在经历了跟踪、追赶、跟跑、并跑几个发展阶段之后，开始追求超越，目前我国在一些互联网应用领域已经处于世界领先位置。

随着 5G 技术在中国的快速普及，到 2021 年，我国已经建成了全球规模最大的宽带网络基础设施。在我国，互联网不仅可以提供即时通信、搜索引擎、新闻浏览、社交应用和远程办公等基础应用服务，还可以提供商务交易、网络娱乐、公共服务等应用。政府机关充分利用网络基础设施，畅通信息发布渠道，打破信息壁垒，部门间共享基础信息，改进审批和业务流程，开通手机或网站服务渠道，为企业和个人提供便捷和快速的服务。

下面列出中国互联网发展的一些标志性事件：

1986 年，北京市计算机应用技术研究所实施的国际联网项目——中国学术网（Chinese Academic Network，CANET）启动，合作伙伴是德国卡尔斯鲁厄大学（University of Karlsruhe）。

1987 年 9 月，CANET 在北京计算机应用技术研究所内正式建成中国第一个国际互联网电子邮件节点，并于 9 月 14 日发出了中国第一封电子邮件："Across the Great Wall, we can reach every corner in the world.（越过长城，走向世界）"，揭开了中国人使用互联网的序幕。

1988 年年初，中国第一个 X.25 分组交换网 CNPAC 建成，当时覆盖北京、上海、广州、沈阳、西安、武汉、成都、南京、深圳等城市。

1988 年 12 月，清华大学校园网采用胡道元教授从加拿大 UBC 大学（University of British Columbia）引进的电子邮件软件包，通过 X.25 网与加拿大 UBC 大学相连，开通了电子邮件应用。

1989 年 5 月，中国研究网（CRN）通过当时邮电部的 X.25 试验网（CNPAC）实现了与德国研究网（DFN）的互连。同年，国家计委利用世界银行立项建设 National Computing and Networking Facility of China（NCFC）。NCFC 项目由中国科学院主持，联合北京大学、清华大学共同实施，主要目标是建设 NCFC 主干网和三所院校网。

1990 年 11 月 28 日，钱天白教授代表中国正式在 SRI-NIC（Stanford Research Institute's Network Information Center）注册登记了中国的顶级域名 CN，开通了使用 CN 域名的国际电子邮件服务。由于当时中国尚未与国际网络实现有效连接，因此 CN 顶级域名服务器并未建在国内，而是暂时建在了德国卡尔斯鲁厄大学。

1992 年 6 月，中国第一次正式讨论接入 Internet 的问题，但由于某些政治因素的影响，没有实现接入 Internet 的目标。1992 年 12 月底，NCFC 工程的院校网，即中科院院网（CAS-NET，连接了中关村地区三十多个研究所及三里河中科院院部）、清华大学校园网（TU-NET）和北京大学校园网（PUNET）全部完成建设。

1993 年 3 月 12 日，中国政府提出和部署建设国家公用经济信息通信网（简称金桥工程）。同年 4 月，中国科学院计算机网络信息中心提出并确定了中国的域名体系。12 月，批准成立国家经济信息化联席会议，专项推进互联网建设。1993 年年底，NCFC 主干网工程完工。

1994 年 4 月 20 日，中国正式接入国际互联网，接入速度只有 64 Kb/s，标志中国正式进入互联网时代，从此中国被国际上正式承认为真正拥有全功能 Internet 的国家。5 月 15 日，中国科学院高能物理研究所设立了国内第一个 Web 服务器，推出中国第一套网页，内容除介绍中国高科技发展外，还有一个栏目叫"Tour in China"。同一时期，国内第一个开放 BBS 论坛曙光 BBS 上线。

1995 年 5 月，中国电信开始筹建中国公用计算机互联网（CHINANET）全国骨干网。

1995 年 8 月，清华大学水木清华 BBS 上线。1995 年下半年，中国第一家网站"瀛海威时空"上线，其原创开发了许多互联网服务应用，向国人普及了互联网的基本概念。1995—1998 年，搜狐、网易、新浪三大门户网站创立。从此，中国互联网发展步入快车道，进入高速发展阶段。

1996 年 1 月，中国公用计算机互联网（CHINANET）全国骨干网建成并正式开通，全国范围的公用计算机互联网络开始提供服务。6 月 3 日，"金桥网"更名为"中国金桥信息网"，授权吉通通信有限公司为中国金桥信息网的互连单位，负责互联网内接入单位和用户的联网管理，并为其提供服务。9 月 6 日，中国金桥信息网（CHINAGBN）连入美国的 256K 专线正式开通。中国金桥信息网宣布开始提供 Internet 服务，主要提供专线集团用户的接入和个人用户的单点上网服务。

1997 年 5 月 30 日，国务院信息化工作领导小组办公室宣布由中国科学院负责组建和管理中国互联网络信息中心（CNNIC），授权中国教育和科研计算机网网络中心与 CNNIC 签约并管理二级域名 .edu.cn。6 月 3 日，中国互联网络信息中心（CNNIC）宣布成立，开始履行国家互联网络信息中心的职责。10 月，中国公用计算机互联网（CHINANET）实现了与中国其他三个互联网络即中国科技网（CSTNET）、中国教育和科研计算机网（CERNET）、中国金桥信息网（CHINAGBN）的互连互通。

1998 年 6 月，CERNET 正式参加国际的 IPv6 试验网 6BONE，同年 11 月，成为其骨干网成员。

1999 年发生两个重大事件：一是马化腾成立腾讯企业，发布即时通信软件 OICQ；一是马云成立了阿里巴巴网站。

2000 年，李彦宏创立百度。同年 9 月，CERNET 的信息服务中心 CERNIC 在国内率先提供 IPv6 地址分配服务。

2003 年上半年，阿里巴巴推出淘宝网，下半年推出支付宝。

2005 年，新浪博客开通。

2009 年，新浪微博开放测试。

2011 年，腾讯推出微信。

2012 年，团购网站开始兴起。

2015 年，互联网开始涉足分享经济，滴滴出行首次出现，解决人们交通出行问题。随后，共享经济开始从交通出行、住房共享等先发领域逐渐向生产制造共享、知识技能共享、劳务共享、科研资源共享等更广阔的范围扩展，新业态、新模式不断出现。

2019 年，5G 正式商用，它可以为用户提供稳定的网络连接、更快的下载速度、更低的网络时延。随着 5G 网络、数据中心等新型基础设施加快建设，人工智能、区块链、云计算、大数据、边缘计算、物联网等数字技术将更为广泛地应用实施。

知识点 2　域名系统概述

2.1　域名系统

在互联网上使用 IP 地址可以实现信息的绝对定位，但是，在实际应用过程中，IP 地址没有规律，不方便记忆和传播，因此较少的情况下人们才直接使用 IP 地址来标记信息位置。人们使用约定的规则，使用特殊结构的字符串来代表 IP 地址，字符串相对 IP 地址来说既便于理解，也便于记忆和传播，这个字符串称作域名。

域名系统（Domain Name System，DNS）是互联网的一项基础服务，负责将域名和对应 IP 地址相互映射，它可以将一个域名解析出所对应的 IP 地址，人们通过域名即可方便地访问互联网，不用再记忆那些没有规律、枯燥的 IP 地址。

2.2　域名服务器

域名服务器提供域名解析服务，它使用分布式数据库来实现域名和 IP 地址的查询与配置。

在 IPv4 时代，全球域名解析共部署了 13 个域名服务器，其中，1 个为主根服务器，其余 12 个为辅根服务器。在设置域名服务器时，由于美国是 Internet 的领先者和推动者，美国一直保持着对互联网域名及根服务器的控制，主根服务器就设置在美国。其余的 12 个辅根服务器，美国部署了 9 个，欧洲区在英国和瑞典各部署了 1 个，亚洲区在日本部署 1 个。13 个域名服务器，使用字母表中的单个字母 A ~ M 命名，13 个域名服务器的命名、部署地点及运行维护单位情况如下：

A：美国弗吉尼亚州，INTERNIC. NET

B：美国加利福尼亚州，美国信息科学研究所

C：美国弗吉尼亚州，PSINet 公司

D：美国马里兰州，马里兰大学

E：美国加利福尼亚州，美国航空航天管理局

F：美国加利福尼亚州，因特网软件联盟

G：美国弗吉尼亚州，美国国防部网络信息中心

H：美国马里兰州，美国陆军研究所

I：瑞典斯德哥尔摩，Autonomica 公司

J：美国弗吉尼亚州，VeriSign 公司

K：英国伦敦，RIPE NCC

L：美国弗吉尼亚州，IANA

M：日本东京，WIDE Project

美国控制了域名解析的根服务器，也就控制了相应的所有域名。美国如果愿意，就可以从技术上屏蔽掉某些域名，使它们的 IP 地址无法解析出来，人们将无法访问这些域名对应的网站。2004 年 4 月，由于美国屏蔽了利比亚的域名，导致利比亚从互联网上消失了 3 天。凭借在域名管理上的特权，美国还可以对其他国家的网络使用情况进行监控。

2.3 中国的域名服务器

由于中国的互联网发展迅猛，域名解析服务必须通过国外的服务器，响应速度必然会受到影响。中国政府一直致力于在国内部署域名服务器，受各种因素的影响，相关工作推进并不顺利。

随着中国在 IPv6 的快速推进，美国才允许中国在 2003 年和 2004 年开通根域名服务器的中国镜像服务器，也就是引进了域名根服务器的 F 镜像服务器和 J 镜像服务器及顶级域名. COM、. NET 的镜像服务器，国内从此有了域名根服务器的镜像服务器。有了域名根服务器的镜像服务器后，国内解析 . CN 域名和 . COM 域名就不用到国外的域名根服务器获得顶级索引了，这将从根本上提高国内网络访问速度。初期镜像服务器均部署在中国电信，后来随着国家将中国电信的拆分，将目前 F 镜像服务器部署在中国电信，J 镜像服务器、. COM 和 . NET 镜像服务器则部署在中国网通。

在 IPv6 时代，由于技术的进步，根服务器的数量不再局限在 13 台，我国"互联网工程中心"联合日本 WIDE 机构（现国际互联网 M 根运营者）和互联网域名工程中心（ZDNS）等共同发起了"雪人计划"，在 2015 年 6 月底前，面向全球招募 25 个根服务器运营志愿单位，共同对 IPv6 根服务器运营、域名系统安全扩展密钥签名和密钥轮转等方面进行测试验证。目前依据"雪人计划"，已在全球完成 25 台 IPv6 根服务器架设，中国部署了其中的 4台，打破了中国过去没有根服务器的困境，实现国内域名解析安全可控。

2.4 中国的 IPv4、IPv6 地址

在 IPv4 时代，由于 IP 地址只包含 4 字节，能够分配的 IPv4 地址只有 43 亿个左右。由于各国的互联网起步和发展速度的差异，各国申请获得的 IPv4 地址数量差异巨大。作为互联网技术发源地的美国，在地址分配上拥有很大的主动权和控制权，分配到了最多的 IP地址。

2019 年 11 月 26 日，欧洲网络信息中心宣布，已经完成了最后一个 IPv4 地址块的分配，世界上已经没有可被分配的 IPv4 地址，IPv4 地址资源正式耗尽。目前除美国外，中国拥有世界上第 2 多的 IPv4 地址资源。

IPv6 由 128 位二进制组成，是 IPv4 地址长度的 4 倍，理论上可以为全球提供无限量的 IPv6 地址。IPv6 节点都可以支持移动 IPv6 功能，可以积极支持移动互联网发展。IPv6 内置安全机制，支持端到端的安全，对数据分组提供加密和鉴别等安全服务，强化了网络安全。IPv6 提供稳定、可靠的网络连接，数据报头使用业务流类别标签，能够实现优先级控制和服务质量保证。

我国是最早启动 IPv6 技术研究的国家之一，1997 年清华大学李星教授领衔的研究组就建立了中国第一个 IPv6 试验网。欧盟 2000 年开始相关研究，而美国的教育网直到 2002 年才开始接触 IPv6。

在邬贺铨院士等专家的推动下，国家开始重视 IPv6 的网络建设，2003 年启动中国下一代互联网示范工程 CNGI，最终建成了全球规模最大的采用纯 IPv6 技术的骨干网 CERNET2。中国创新性地提出了真实源地址验证技术及 IPv6 翻译过渡技术 IVI，在理论创新和 IPv6 的芯片、操作系统、终端及网络设备、安全系统等领域取得了重要进展。

2021 年 4 月 20 日，全球规模最大的互联网试验设施"未来互联网试验设施（Future Internet Technology Infrastructure，FITI）"高性能主干网在清华大学开通，在 FITI 的助力下，我国拥有的 IPv6 地址数量在 2021 年 4 月初跃居全球第一。

知识点 3　Internet 用户接入技术

终端用户要想访问互联网，必须要使用某种方法连接到通信运营商网络，才能访问到互联网上的信息。终端用户和云端二者之间所采用的技术称为 Internet 用户接入技术。

3.1　拨号上网

有线接入最原始的技术通过电话线路实现拨号上网，使用调制解调器（Modem）连接网络，上网速度为 33.6 Kb/s 或 56 Kb/s，并且上网和电话不能同时使用，网络连接可靠性差，目前已经淘汰。

3.2　综合业务数字网

英文缩写为 ISDN（Integrated Services Digital Network），它是以综合数字网（IDN）为基础发展而成的通信网，它能提供端到端的数字连接，用来负载包括语音和非语音业务在内的多种电信业务，是典型的电路交换网络系统。ISDN 可以为用户提供窄带（144 Kb/s）接入和宽带（1.55 Mb/s 以上）接入速度，上网和通话互不影响。

3.3　非对称数字用户线路

英文缩写为 ADSL（Asymmetric Digital Subscriber Line），使用该技术在电话线上产生三

个信息通道：一个速率为 1.5 ~ 9 Mb/s 的高速下行通道，用于用户下载信息；一个速率为 16 Kb/s ~ 1 Mb/s 的中速双工通道，上行和下行速度不对称，这也是其中文名称的由来；一个电话服务通道。这三个通道可以同时工作。由于上网和通话使用不同的信息通道，所以二者互不影响，可以同时进行。其提供的上网速度比 ISDN 高许多，不需要改造线路，直接使用普通电话线即可，因此得到很快的普及。

3.4　混合光纤/同轴电缆

英文缩写为 HFC（Hybrid Fiber – Coaxial），该技术对传统有线电视 CATV（Community Antenna Television）网络进行改造，将光纤传输技术和有线电视同轴电缆相结合。HFC 将光纤先敷设到居民小区的光节点，在节点通过光电转换设备，通过同轴电缆连接到用户。用户只要在有线电视终端加一个 Cable Modem，就能够实现边看电视边上网，可以提供最高 30 Mb/s 的下行速率，上行速率最高可以达到 10 Mb/s。

3.5　光纤接入

光纤接入是当前使用最广泛的有线宽带接入技术，基于 Ethernet 宽带接入技术，是目前国家以及电信部门、IP 运营商极力推动的宽带接入方式，传输介质为光纤，具有接入速率高、部署及运行成本低等特点。

现在用得最多的是无源光网技术（Passive Optical Network，PON），从机房至用户接入端中间没有任何有源的设备及器件，可以极大地降低故障发生的概率和减少运维成本。光纤接入技术当前主要包括 EPON、GPON。

EPON 早期是由设备制造商推动产生的，目的是将应用最为广泛的以太网与 PON 系统相结合，以点对多点的方式解决以太网接入问题。EPON 技术对现有以太网设备和技术具有很好的兼容性，可以实现 1.25 Gb/s 的线路速率，最大支持传输距离 20 km。

GPON 是主要由运营商推动的解决方案，比 EPON 带宽的利用率更高，也能够提供更高的接入速度，可以提供 2.5 Gb/s 带宽。GPON 引入一个新的传输汇聚子层 GTC（GPON Transmission Convergence），可以将任何类型的业务保持原有格式封装后由 PON 系统传输，支持 VLAN 服务、语音服务 VoIP 及 TDM，同时，可以提供可靠的服务质量保证（QoS），是一种高效综合业务的光纤接入技术，拥有强大的操作维护管理和配置功能。

3.6　无线局域网接入

无线局域网（WLAN）也称为无线以太网。是计算机网络与无线通信技术相结合的产物，它利用射频技术来提供传统有线局域网的全部功能，是一种能支持较高速率、能够实现自我管理的计算机局域网技术。无线局域网主要使用 2.4 GHz 和 5 GHz 两个频段，其中 2.4 GHz 频段属于开放频段，各个网络使用者可以在不干扰其他合法系统的情况下自行建设。

无线局域网可以为用户提供方便、灵活的网络接入服务，适合在用户流动性大、有较多数据业务需求的公共区域部署使用。

3.7 蜂窝移动通信系统接入

对于使用运营商 4G 和 5G 网络的用户来说，运营商的蜂窝移动通信网络可以提供语音、数据、多媒体通信等服务，用户可以利用该网络实现快速、便捷的互联网接入。

蜂窝移动通信系统由移动站、基站子系统、网络子系统组成，蜂窝中的无线设备通过无线电波与蜂窝中的本地天线阵和低功率自动收发器进行通信。本地天线通过高带宽光纤或无线回程连接与电话网络和互联网进行连接。当用户从一个蜂窝区域移动到另一个蜂窝区域时，移动设备将自动切换到新蜂窝中的天线。

5G 网络数据传输速率远远高于 4G 网络，具有更大的通信容量和较低的网络延迟。它不仅会为用户提供最基础的语音和网络接入服务，还将开启物联网时代，并且渗透至各个行业，对推动未来云计算、车联网、智能制造、无线医疗、AI 技术发展提供无限可能。

中国华为拥有世界上最先进的 5G 通信技术，2019 年 5G 已经投入商业运行，国家非常重视 5G 网络的建设和应用推广，目前已经建成世界上最大的 5G 通信网络。

【知识链接】

如何保护你的电脑安全?

1. 安装防火墙——电脑的防盗门

防火墙是电脑上网的第一层保护，它位于电脑和互联网之间，就像电脑的一扇安全门。

2. 安装杀毒软件——驻守电脑的警察

相对于防火墙，杀毒软件是电脑的第二层保护手段，它的作用很像上网计算机雇用的专业警察。

3. 及时修复操作系统和应用软件漏洞——电脑较脆弱的后门

(1) 如何修复操作系统漏洞?

方法一：如果 Windows 为正版，保持 Windows Update 为开启状态，Windows 会自动为计算机修复系统漏洞。

方法二：定期使用专业的系统漏洞修复工具扫描系统漏洞。

(2) 如何修复应用软件漏洞?

方法一：定期更新常用软件，尽量保证常使用的软件是最新的版本。

方法二：当收到软件升级提示信息时，应该尽量按照提示立即更新软件程序。

【项目实训】

任务 1   WWW 服务

Web 服务是互联网提供的最基础服务之一，它基于一系列的标准与协议，如 XML、HTTP、TCP/IP 等，这些标准与使用者的操作系统无关，服务的双方均可以使用这些标准和协议进行通信，可以实现跨平台的信息传输。

浏览器要访问某个网站，首先要知道其域名或地址，浏览器会向目的服务器发送访问请求，服务器解析出用户请求的类别和内容，然后将用户请求的资源返回给浏览器。

浏览器收到的服务器返回内容是经过编码的，不再是内容的原始格式，浏览器需要对收到的内容进行解析，恢复成本来的格式，再以适当的形式呈现给用户，这一过程需要浏览器自己来实现。

人们可能经常访问某个网站，每次都手工输入网站的地址并不是最好办法，可以将常用的网站保存到收藏夹，通过收藏夹可以快速访问网站。在浏览器网页时，遇到喜欢或关注的内容，可以及时将其保存到收藏夹，方便后期再次访问。如果一台计算机中安装了几个浏览器，浏览器也可以导入其他浏览器的收藏夹。

在浏览网站时，遇到需要的资源可以下载保存到计算机。较小的资源很快就可以完成下载，对于较大的资源，其下载过程持续的时间会长一些。更改下载文件保存位置可以适应磁盘应用管理、便利后期的查找和使用，通过启动、暂停、取消、删除文件下载，实现下载内容和过程的有序可控。

浏览器一般仅提供一些基础的服务功能，用户使用体验可能不好。遵循浏览器的开放标准，专门开发一些可在浏览器中使用的扩展软件，可以丰富浏览器的功能和使用体验。可以通过应用商店、浏览器来安装和管理浏览器扩展。可以根据使用场景的不同，启用、停止启用、删除已安装的扩展，调整扩展的选项设置，提升使用体验。

【实验目的】

➢ 了解 Microsoft Edge 的特点与功能，掌握浏览器的基本使用方法。

➢ 掌握 Microsoft Edge 收藏夹的功能与作用，掌握收藏夹的使用和管理技能。

➢ 了解 Microsoft Edge 扩展的原理与作用，掌握扩展的安装、管理技能。

➢ 掌握 Microsoft Edge 下载文件的操作方法，并掌握下载管理技能。

➢ 了解 Microsoft Edge 升级原理，掌握手动更新浏览器的技能。

【实验设备与条件】

➢ 计算机操作系统：Windows 10 专业版。

➢ 浏览器：Microsoft Edge。

➢ 能够访问互联网。

一、实验要求与说明

为提高网页访问的安全性，安装操作系统和浏览器更新。

二、实验内容与步骤

1. 访问微软网站，将网站添加到收藏夹

1）打开 Microsoft Edge

Microsoft Edge 浏览器的界面如图 6 – 1 所示，它主要由以下几个部分组成：

从上到下分别是标签栏、地址栏、收藏夹，其下最大的区域为网页浏览区。标签栏会列出所有已打开或新建的页面标签，地址栏用来接收用户输入的网址，收藏夹展示的是用户收藏的页面信息。

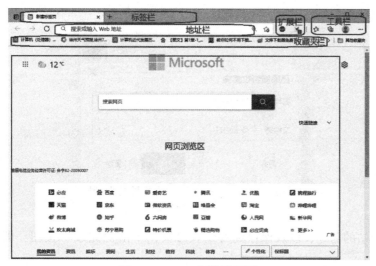

图 6 - 1　Edge 浏览器界面

2）输入微软网站地址

Microsoft Edge 浏览器默认使用 HTTPS（Hypertext Transfer Protocol Secure，超文本传输安全协议）来访问，若使用 HTTP 协议访问网站，浏览器会在地址栏左侧区域显示惊叹号图标和"不安全"文字，提示当前访问的页面没有使用安全访问协议，网页连接不安全。

在地址栏中输入微软网址"https://www.microsoft.com"，按下 Enter 键后，微软网站的服务器会根据我们所在的区域将网站自动切换到微软中文网站，并且使用 HTTPS 协议在服务器和浏览器之间传输信息，如图 6 - 2 所示。

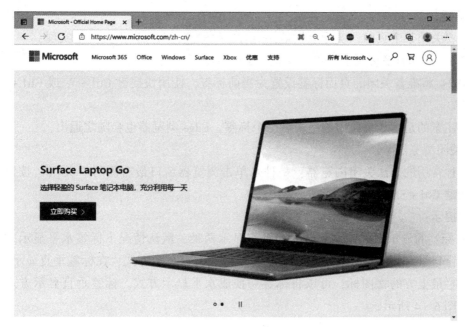

图 6 - 2　打开指定网站

3）将微软网站添加到收藏夹

单击地址栏内部右侧的 图标，弹出"已添加到收藏夹"窗口，如图6－3所示。

图6－3　添加微软网站到收藏夹

设置保存网站的名称，以及保存到哪个收藏夹，单击"完成"按钮，即可将微软网站添加到收藏夹。

还可以使用快捷键 Ctrl + D，即可实现与单击收藏图标一样的功能。

4）浏览网站信息

微软网站打开后，页面的顶部列出了可访问信息的链接，用户单击这些链接，直接跳转到指定的页面，或是单击弹出的跳转目标列表后，再跳转到指定页面。

5）新建或关闭标签

浏览器每打开一个页面，就有一个标签与之对应。

如果要新建一个标签，单击最后一个标签名称后的"新建标签"图标 ，就可以新建一个空白的标签，用户输入要访问的网站名称后即能打开对应网站。也可以使用快捷键 Ctrl + T 新建标签。

如果要关闭某个页面，实际上就是关闭对应的标签，常用以下方法来实现：

方法1：单击标签名最右侧的"关闭"按钮 。

方法2：将准备关闭的页面标签设置为当前标签，使用快捷键 Ctrl + W 或 Ctrl + F4 关闭当前标签。

需要注意的是，如果关闭的是最后一个标签，Edge 浏览器也会随之退出。

6）关闭浏览器

有两种常用的方法关闭浏览器：一种是单击浏览器窗口最右侧的"关闭"按钮；一种使用快捷键 Ctrl + Shift + W。

知识提示：

（1）标签的显示方式有水平显示和垂直显示两种，默认情况下标签水平显示。此时单击浏览器窗口最左侧的 图标，可以将标签切换成垂直显示方式；在标签垂直显示方式下，单击标签栏最上方的 图标，可以将标签切换成水平显示方式。标签垂直显示方式浏览器的外观如图6－4所示。

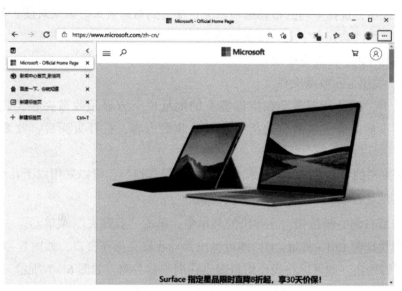

图6-4 标签垂直显示方式

（2）打开多个标签后，要想切换到某个标签，只需用鼠标单击对应的标签名即可。也可使用快捷方式实现标签的快速切换：

快捷键 Ctrl + 数字 N，即可将第 N 个标签切换成前台显示。

快捷键 Ctrl + PageUp 或 Ctrl + PageDown，实现切换到当前标签的左侧或右侧标签切换到前台，当切换到第 1 个或是最后 1 个标签后，会自动循环切换。

（3）移动标签位置。

在标签上按下鼠标左键，拖动到指定位置，松开鼠标标签即可移动当前位置，其对应的标签编号也会随之改变。

（4）设定新标签页的页面布局。

在新标签页上，单击"页面设置"按钮，会弹出"页面布局"设置窗口，如图 6-5 所示。

图6-5 "页面布局"设置窗口

共有 4 个选项，选择不同的布局选项，会直接看到布局效果。如果对前 3 种固定布局不满意，也可以选择"自定义"进行个性化设置。

2. Microsoft Edge 收藏夹管理

1）显示、关闭显示收藏夹栏

默认情况下，Edge 浏览器会在空标签页的地址栏下方显示收藏夹栏，列出收藏夹的内容。当收藏夹的内容过多时，会折叠一部分收藏内容，打开页面后，收藏夹栏会自动隐藏。

改变收藏夹栏的显示方式，首先要弹出收藏夹操作窗口，可以采用以下几种办法：

（1）单击地址栏右侧的"收藏夹"按钮 。

（2）单击最右侧的 按钮，在弹出的菜单中，单击"收藏夹"菜单。

（3）使用快捷键 Ctrl + Shift + O，即可弹出浮动收藏夹操作窗口，如图 6－6 所示。单击操作窗口的图钉按钮，则可以将操作窗口固定在浏览器右侧，如图 6－7 所示。

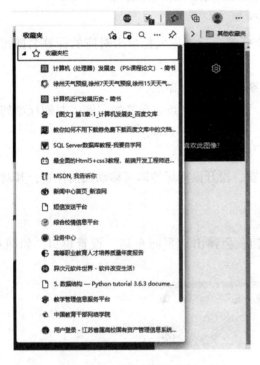

图 6－6　收藏夹操作窗口

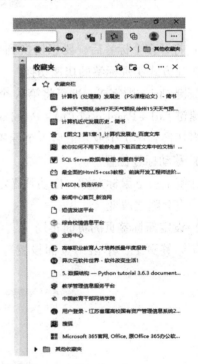

图 6－7　固定显示收藏夹操作窗口

在收藏夹操作窗口中，单击"更多选项"按钮 ，会弹出收藏夹操作菜单，如图 6－8 所示。单击"显示收藏夹栏"菜单选项，会弹出收藏夹栏的显示选项窗口，共有 3 个选项，如图 6－9 所示。

共有 3 个选项，含义分别如下：

"始终"，表示收藏夹栏始终出现在地址栏下方。

"从不"，表示不显示收藏夹栏。

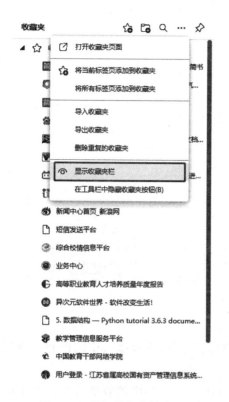

图6-8　显示收藏夹栏选项　　　　图6-9　收藏夹栏显示选项

"仅在新标签页上"，表示只有在打开新标签页时，才显示收藏夹栏。在浏览页面时，不显示收藏夹栏。

可以根据自己的需求，选择对应的选项，然后单击"完成"按钮。

2）在工具栏中显示或隐藏收藏夹按钮

浏览器默认在工具栏上显示收藏夹按钮，如果想隐藏收藏夹按钮，可以按以下步骤执行：

在收藏夹操作窗口中，单击"更多选项"按钮，弹出收藏夹操作菜单，如图6-8所示，单击"在工具栏中隐藏收藏夹按钮（B）"菜单选项，工具栏中的收藏夹按钮就会隐藏。

在工具栏隐藏收藏夹按钮后，如果想在工具栏显示收藏夹按钮，可以在收藏夹操作窗口中单击"更多选项"按钮，在弹出的收藏夹操作菜单中，单击"在工具栏中显示收藏夹按钮（B）"菜单选项，即可恢复在工具栏中显示收藏夹按钮。

最便捷的隐藏工具栏收藏夹按钮的操作是，右键单击工具栏中的"收藏夹"按钮，在弹出的快捷菜单中，单击"在工具栏中隐藏"即可。

3）导出收藏夹

可以把收藏夹的内容导出保存为 HTML 文档格式。操作过程如下：

在收藏夹操作窗口中，单击"更多选项"按钮，在弹出的收藏夹操作菜单中，单击"导出文件夹"菜单选项，打开"另存为"窗口，选择文件的保存位置，输入导出文件的名称，单击"保存"按钮即可，如图6-10所示。

图 6-10　导出收藏夹

4）导入收藏夹

Edge 浏览器支持直接导入本台计算机安装的其他浏览器收藏夹中的内容，也可以通过收藏夹文件导入收藏内容。操作过程如下：

在收藏夹操作窗口中，单击"更多选项"按钮⋯，在弹出的收藏夹操作菜单中，单击"导入收藏夹"菜单选项，打开"导入浏览器数据"窗口，如图 6-11 所示，在此窗口中可以选择从哪里导入，单击"导入位置"下方的下拉菜单按钮，Edge 浏览器会自动显示本计算机安装的其他浏览器名称，可以选择从哪个浏览器导入数据，也可以选择最后一项"收藏夹或书签 HTML 文件"，导入保存到文件中的收藏夹数据，如图 6-12 所示。

图 6-11　导入浏览器数据窗口　　　　　　图 6-12　选择导入位置

在"导入浏览器数据"窗口中，下方列出了可以导入的内容类型，包括收藏夹或书签、保存的密码、个人信息等。根据需要选择要导入的数据类别，单击"导入"按钮即可将指定的内容导入 Edge 浏览器中。

5）管理收藏夹

随着使用时间的增加，添加到收藏夹的页面会越来越多，有时会需要对收藏夹的内容进行整理，删除掉某些不再需要的收藏内容，或是对保存的内容进行修改。操作步骤如下：

在收藏夹操作窗口中，单击"更多选项"■■■按钮，在弹出的收藏夹操作菜单中，单击"打开收藏夹页面"菜单选项，浏览器会新建一个标签，显示收藏夹内容，如图 6 - 13 所示。对收藏夹内容的管理均可在此页面上进行。

图 6 - 13　收藏夹管理

在收藏夹管理页面，左侧显示的是"收藏夹栏"和"其他收藏夹"，使用鼠标单击时，在页面的右侧区域显示当前位置下收藏的页面内容。图 6 - 13 显示的就是浏览器收藏夹栏的收藏内容。在"搜索收藏夹"的文本框内输入拟搜索的名称或 URL，浏览器会搜索选中的收藏夹，并在右侧显示搜索结果。

在这个管理页面，可以对收藏页面进行添加、编辑、删除等基本操作。

如果要手动将某个页面添加到收藏夹，可以单击右侧显示区域上方的"添加收藏夹"按钮，弹出"添加收藏夹"窗口，输入名称及 URL 内容后，单击"保存"按钮，即可将指定的内容添加到收藏夹。图 6 - 14 显示的是手动将搜狐新闻首页添加到收藏夹栏。

如果要修改某个收藏项，可以在收藏项上右键单击，在弹出的快捷菜单中选择"编辑"命令，会弹出"编辑收藏夹"窗口，如图 6 - 15 所示，可以对收藏项的名称和 URL 进行修改，单击"保存"按钮结束编辑操作。

图 6 – 14　手动添加收藏夹　　　　　　图 6 – 15　编辑收藏夹

删除收藏夹的项目有两种常见的操作方法：

①如果要删除单个收藏项，可以直接在收藏项上右击，在弹出的快捷菜单中选择"删除"命令，即可删除当前收藏项。

②如果要一次删除多个收藏项，可选中拟删除收藏项左侧的复选框，当有收藏项选中时，会浮动显示一个确认删除的小窗口，并且显示已经选中的收藏项目数量。如果按下"删除"按钮，则会一次性将选中的收藏项删除。

3. Microsoft Edge 扩展

Microsoft Edge 浏览器提供了网页浏览的基本功能，可以满足一般的信息浏览需要。为了为用户提供更好的使用体验，专门开发了一些具有特殊功能的工具配合浏览器使用，这些工具在 Microsoft Edge 浏览器中称为扩展。扩展不能独立运行，只有在浏览器中才能发挥效力，可以为浏览器添加一些特殊的功能。

1）安装浏览器扩展

在 Microsoft Edge 浏览器的扩展栏，会展示已经安装使用的扩展，在使用过程中，如果扩展产生提示信息，会在扩展图标右下方展示出来。

为浏览器安装扩展的方法有以下几种：

（1）通过微软应用商店安装。以安装 AdBlock 扩展为例，操作步骤如下：

打开应用商店，在应用商店搜索栏中输入 AdBlock 进行搜索。在搜索结果中找到对应的扩展程序，单击对应的 AdBlock 图标，会进入扩展的介绍、安装页面，如图 6 – 16 所示。单击"获取"按钮，就可以自动启动安装进程，起到完成扩展的安装。

（2）通过 Edge 浏览器安装扩展

单击浏览器工作栏最右侧的设置及"其他"按钮，在弹出的菜单中，单击"扩展"选项，打开扩展管理页面，如图 6 – 17 所示。在扩展管理页面的左侧单击"获取 Microsoft Edge 扩展"，会弹出扩展列表页面，如图 6 – 18 所示，左侧显示扩展的类别，右侧显示扩展列表，单击扩展的图标，进入扩展详细信息及获取页面。在浏览器中安装扩展的操作与在应用商店安装扩展的过程类似。

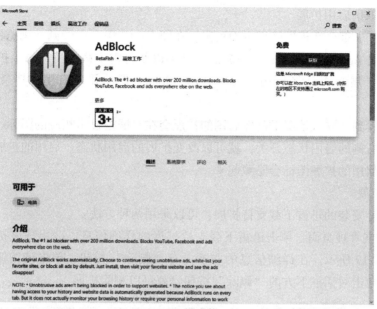

图 6 – 16　通过应用商店安装扩展

图 6 – 17　扩展管理页面

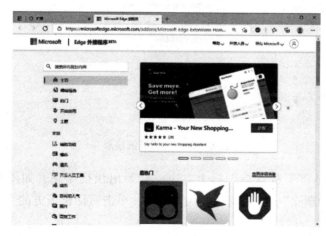

图 6 – 18　扩展列表页面

2）启用/取消启用扩展

安装好的扩展都会在扩展管理页面列出。在图6-17中可以看到，浏览器已经安装了3个扩展，分别是 Adblock Plus、iGG 谷歌访问助手以及迅雷下载支持，每个扩展右侧的启用状态开关显示扩展是否已经启用。图中显示 Adblock Plus 并未启用，其余两个扩展已经启用。

同时可以看到，默认情况下已经启用的扩展会在扩展栏显示相应的图标。

单击扩展右侧的启用状态开关，就可以改变扩展的启用状态。启用的扩展图标会出现在扩展栏，取消启用的扩展图标会隐藏起来。

3）删除扩展

要删除已经安装的迅雷下载支持扩展，可以采用两种方法：

（1）在扩展管理页面，单击迅雷下载支持扩展的详细信息，会出现该扩展的详细信息页面，如图6-19所示。在详细信息的左下方有"删除"按钮，单击该按钮，会弹出确认删除对话框，单击对话框下方的"删除"按钮，就可以删除扩展。

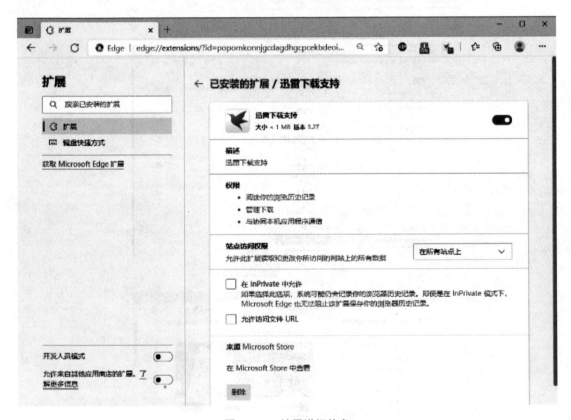

图 6-19　扩展详细信息

（2）在扩展栏迅雷下载支持图标上右击，会弹出快捷菜单，如图6-20所示，单击"从 Microsoft Edge 中删除"，弹出确认删除对话框，单击对话框下方的"删除"按钮，就可以删除扩展。

4. Microsoft Edge 下载设置

用户使用浏览器时，经常会从网站上下载图像、声音、视频、软件等文件，浏览器提供了资源下载功能，用户可以对下载进行设置和管理。

1）将下载文件的保存位置更改到 E 盘 MyDown 目录

在 Windows 10 操作系统中，Microsoft Edge 浏览器下载文件时，默认的保存位置是 C:\Users\Administrator\Downloads。为完成更改位置操作，事先在 E 盘建立一个 MyDown 文件夹。

要修改下载文件保存位置，需要先打开下载操作菜单，有以下几种方法打开下载管理菜单：

（1）若工具栏有"下载"按钮 ⤓，可以单击该按钮。

（2）单击工具栏最右侧的"设置及其他"按钮，在弹出的菜单中单击"下载"选项。

（3）使用快捷键 Ctrl + J。

这 3 种办法都会弹出下载管理菜单，如图 6 – 21 所示。

图 6 – 20　扩展快捷菜单

图 6 – 21　下载管理菜单

单击下载管理菜单右上方工具栏上的 ⋯ 按钮，弹出"更多选项"快捷菜单，单击"下载设置"，会进入下载管理页面，如图 6 – 22 所示，右侧显示了当前下载文件的保存位置。

单击"更改"按钮，会弹出定位文件夹对话框，选择 E 盘的 MyDown 文件夹，单击"选择文件夹"按钮就完成保存位置修改，如图 6 – 23 所示。

2）暂停和恢复下载任务

当用户启动文件下载后，相应的下载任务会出现在图 6 – 21 中的下载管理菜单中，同时会显示下载的速度、文件大小、已下载数量以及任务状态等信息。如果想要终止某个正在进行的任务，将鼠标移动到该任务上，会弹出"暂停"和"取消"按钮。单击"暂停"按钮，则暂停文件下载，并且会显示已暂停信息。

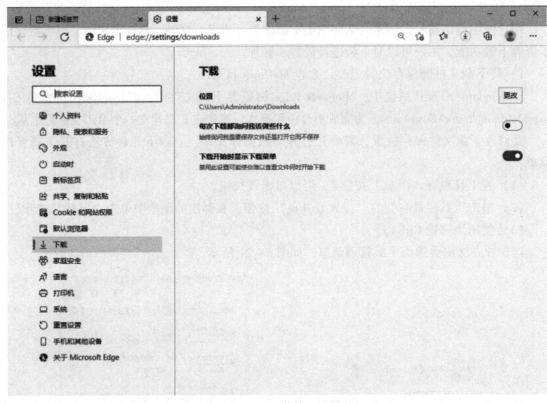

图 6 – 22　下载管理页面

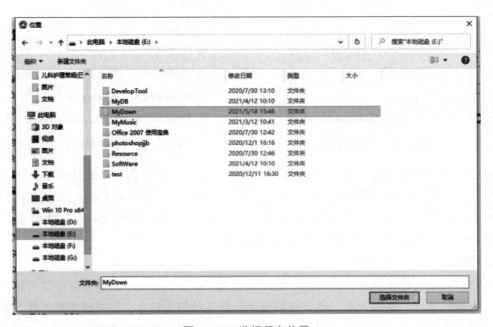

图 6 – 23　选择保存位置

将鼠标移动到已经暂停的下载任务，会弹出"恢复"和"取消"按钮，单击"恢复"按钮，则可以重新启动下载任务。

3）取消和重试下载任务

将鼠标移动到尚未完成的下载任务上，单击弹出的"取消"按钮，则可以取消当前的下载任务，同时删除已经下载的部分文件，下载任务的状态信息更改成"已取消"。

将鼠标移动到已经取消的下载任务上，单击弹出的"恢复"按钮，会恢复下载任务，重新生成一个下载任务。

4）将下载任务从下载管理菜单中移出

下载管理菜单中会列出已完成的、进行中的和取消的下载任务。对于已完成的或取消的下载任务，可以从下载管理菜单中移出。操作方法如下：

右键单击下载任务，在弹出的快捷菜单中，选择"从列表中删除"，就可以将下载任务移出。

5）打开或删除已下载文件

在下载管理菜单中，单击已下载的文件，即可打开文件，对可执行性文件来说，就是运行该文件。

将鼠标移动到已完成下载的文件上，会弹出"在文件夹中显示"和"删除文件"按钮，单击"删除文件"，可以删除已经下载的文件；单击"在文件夹中显示"，则会打开下载文件所在文件夹。

5. Microsoft Edge 升级

及时更新 Microsoft Edge 浏览器，可以获得最新版本的功能体验。Edge 浏览器默认情况下使用计划任务自动进行更新，定期检查微软服务器查询是否有更新版本，若有，则会自动下载并升级到最新版本。

要查看 Microsoft Edge 版本信息，在浏览器设置界面打开"关于 Microsoft Edge"页面，可以看到版本详细信息，若有新版本，可以选择手动更新到最新版本，如图6-24所示。

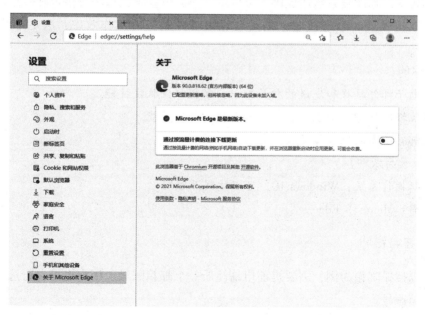

图6-24　浏览器版本信息

任务 2 电子邮件服务

电子邮件服务是互联网早期提供的、目前最常见、应用最广泛的一种互联网服务。通过电子邮件，人们可以通过 Internet 与其他人交换信息。电子邮件可以理解成传统邮件的电子化，相比于传统邮件，电子邮件拥有传输速度快、内容和形式多样、使用方便、费用低、安全性好等的优势和特点。

邮件服务过程需要使用两个服务器——发件服务器、收件服务器，发件人登录发件服务器后，撰写或回复邮件，填写收件人的邮件地址。发件服务器同时服务许多的邮件账号，发件人发送邮件时，发件服务器并不是立刻将邮件发送到收件人所在邮件服务器，而是将邮件送到发件服务器的邮件传输代理。邮件传输代理可以想象成一个缓冲池，所有待发送的有邮件都会送到此处，邮件传输代理会依据一定的处理规则，依次将邮件发送出去。

如果双方使用同一个邮件服务器，邮件传输代理会直接将邮件处理到服务器邮件箱，由邮件箱将邮件存入接收人的邮箱。如果收件服务器与发件服务器不同，发件传输代理会将邮件发送到收件方的邮件传输代理。收件方的邮件传输代理会根据接收人账户信息将邮件投递到用户邮箱。邮件收发只是在开始发送和接收完成的阶段才需要用户操作，其余的过程不需要用户参与，也不要求收发双方同时在线操作。

由于发送邮件并不需要接收方的同意，这样就给一些目的不纯的人提供了发送垃圾邮件的机会。互联网上每天都会产生大量的垃圾邮件，给用户带来不好的使用体验。一般情况下，邮件服务器会提供基础的反垃圾邮件服务，可以自动过滤掉一些垃圾邮件，同时也允许用户自行设置过滤策略，拒绝接收某些类型的邮件，提升用户的使用体验。为了提高反垃圾邮件的工作效率，邮件服务器还提供了黑名单、白名单服务，对来自指定邮件账户、邮件服务器直接采取拒收或者全部接收，提高反垃圾邮件服务的工作效率，满足个性化的使用需求。

【实验目的】

➢ 了解电子邮件接收和发送的相关知识，掌握邮件收发技能。

➢ 了解垃圾邮件相关知识，掌握邮箱反垃圾邮件技能。

➢ 掌握邮箱基本的配置操作技能。

【实验设备与条件】

➢ 计算机操作系统：Windows 10，可以访问互联网。

➢ 浏览器：Microsoft Edge。

一、实验要求与说明

本实验以搜狐邮箱为例，需要提前申请注册一个邮箱账号，用户也可自行选择邮件服务器来申请邮箱账号。

在邮件收发练习过程中，实验者之间可以互相发送邮件，练习邮件收发与管理操作。

二、实验内容与步骤

1. 使用浏览器登录搜狐邮箱

（1）使用 Microsoft Edge 浏览器，访问邮箱登录页面 https://mail.sohu.com。邮箱登录页面如图 6 - 25 所示。

图 6 - 25　邮箱登录页面

搜狐邮箱在登录页面中提供了登录和注册功能。由于已经拥有邮箱账号，输入邮箱账号和登录密码，单击"登录"按钮，即可进入邮箱管理页面，如图 6 - 26 所示。

图 6 - 26　邮箱管理页面

（2）掌握邮箱管理功能。

邮箱管理页面顶部的功能导航栏包括邮箱账户、首页、选项、一箱多邮、地址簿、退出等按钮。

单击账户名，可以打开账户基本信息和一些快捷操作菜单。

单击"首页"按钮，可以快速回到邮箱首页。

单击"地址簿"按钮，可以进入地址簿管理页面。

单击"退出"按钮，退出当前账户，打开邮箱登录页面。

单击"选项"按钮，可以对邮箱进行一些功能设置。

管理页面除顶部外，分为左、右两部分，其中左侧靠上有"写邮件"和"收信"两个常用功能按钮。

邮箱里的文件夹包括未读邮件、收件箱、草稿箱、已发送、已删除、垃圾邮件、其他邮件，从文件夹的名字上均可以理解其内部展示的内容。文件夹名称括号里的数字为该文件夹包含的邮件数量。

星标邮件是指用户如果对某个邮件特别关注，可以通过"标记星标"操作，以后该邮件就会出现在星标邮件文件夹中。由于只有少量重要的邮件或是需要经常使用的邮件才放到这个文件夹中，因此可以加快对某些特别关注邮件的查找速度。

管理页面的右侧部分根据用户当前操作的不同，可能是信息展示，也可能是其他的功能操作。

管理页面右上角设置"分栏"开关，如果"分栏"开关未选中，单击左侧的文件夹，右侧只显示邮件列表；如果"分栏"开关选中，会在邮件列表右侧新增一个邮件内容显示区域，用来显示选中的邮件内容。

2. 接收邮件、阅读邮件

（1）在邮箱管理页面，用鼠标单击"收信"按钮，邮箱会扫描邮件服务器，未读邮件和收件箱的数量可以反映出是否有新邮件。

（2）单击未读邮件或是收件箱，就可以看到未读的邮件列表，单击待读邮件，即可查看邮件的内容，如图 6 – 27 所示。

图 6 – 27　查看邮件内容

分栏模式下查看邮件内容如图 6-28 所示。

图 6-28　分栏模式下查看邮件内容

（3）新邮件阅读之后，未读邮件和收件箱中的数字会自动减少。

3. 写邮件、发送邮件

1）打开写邮件页面

通常有两种情况打开写邮件的页面：

①阅读邮件时，单击"回复"按钮回复当前邮件，此种情况下不用再输入收件人的邮箱，邮件的主题也会自动注明是回复邮件，原邮件的一些信息及邮件内容也会出现在回复邮件正文中。

②直接打开写邮件页面，需要手工输入收件人邮箱地址和邮件主题。

2）简单文本编辑器。

搜狐邮箱的写邮件页面提供一个简单的文本编辑器，用来编辑邮件正文，如图 6-29 所示。该编辑器提供一些基础的文本格式设置及快捷操作，主要包括：

（1）文字格式设置，可以设置字体、字号、颜色、背景等。

（2）对齐方式设置，可以将段落设置为左对齐、居中或是右对齐。

（3）单击日历图标，可以在光标所在位置插入当前日期。

3）填写邮件内容

邮件正文既可以输入文字，也可以使用复制粘贴方法添加图像，并根据需要设置好文本及段落格式。

4）添加邮件附件。

单击文本编辑上方的"添加附件"按钮，会弹出选择附件的对话框，找到要发送的附件，单击"打开"按钮，完成添加附件操作，如图 6-30 所示。

图 6 – 29　编写新邮件

图 6 – 30　添加附件

　　可以为邮件添加多个附件，也可以删除已经添加的附件，附件列表区显示所有的附件。单个附件的大小和总附件大小不超出邮件服务器的要求即可。

　　5）发送邮件

　　用户在编辑新邮件过程中，单击"存草稿"按钮，可以将当前邮件保存到草稿箱。也可以打开草稿箱，选择未完成的邮件继续进行编辑操作。

新邮件编辑完成后，单击"发送"按钮，即可将邮件发送出去，该邮件信息添加到已发送文件夹。

若该邮件曾经保存到草稿箱，发送成功后，草稿箱里会删除该邮件信息。

知识提示：

邮件发送选项

在新邮件文本编辑器下方，有 3 个选项：紧急、要求回执以及定时发送，可以定义邮件发送的一些细节。

选择紧急发送邮件，并不能比普通邮件更快地发送到对方的邮箱中，而是当收件人收到邮件时，该邮件的前面会有"紧急"标记，给收件人一个重要的提醒。

选择要求收件人发送回执时，当收件人打开此邮件时，系统会询问对方是否发回执给邮件发送方，如图 6-31 所示。邮件发送人可以根据收到的回复信息，确认收件人是否收到了该邮件，并且知道什么时候阅读该邮件。但如果收件人在系统询问是否给回执的时候选择了"取消"或"否"，这样就无法收到回执。

图 6-31　邮件回执

选择定时发送，会弹出日期和时间设置对话框，可以设置邮件计划发出的时间，如图 6-32 所示。用户只能选择当前时间以后的某个时间。设置好发送时间后，单击"发送"按钮，邮件会自动移入草稿箱文件夹。当到达设置的时间时，服务器会发出此邮件，发送成功后，将该邮件从草稿箱移入已发送文件夹。

图 6-32　设置定时发送时间

4. 管理邮件

在邮件管理页面，单击左侧的文件夹，会在右侧显示该文件夹下的邮件列表，可以对这些邮件进行删除、标记、移动或排序操作。邮件操作工具栏在邮件列表的上方，提供的操作菜单有快速选择、删除、标记、移至、排序、举报垃圾邮件等，如图 6-33 所示。

图 6 - 33 邮件操作工具栏

首先要选中拟操作的邮件才能进行下一步的操作，单击邮件行前面的复选框可以选中或取消选中当前邮件。单击工具栏最左侧的复选框可以按类别快速批量选择，类别包括未读、已读、全选、不选，可以提高邮件选择效率。

1）删除邮件

邮件的删除有两种不同的效果：一是直接将邮件从邮件服务器彻底删除；二是将邮件移至已删除文件夹。进入该文件夹内的邮件，不会马上从服务器上清除，30 天后邮件服务器才真正删除该邮件，在此之前，用户还可以将邮件移动到其他的文件夹，也可以单击已删除文件夹右侧的"清空"按钮来手动将该文件下的邮件彻底删除。

彻底删除邮件的操作步骤：

（1）选中拟删除的邮件。

（2）单击"删除"菜单，选择"彻底删除"命令，选中的邮件会直接从邮件服务器上清除。

将文件移动到已删除文件夹的操作步骤：

（1）选中拟删除的邮件。

（2）单击"删除"，选择"删除"命令；或者单击"移至"菜单，选择"已删除"命令。这两个操作的效果一样，都是将邮件移动到已删除文件夹。

2）标记邮件

刚刚接收到的邮件会被标记为未读状态，阅读过的邮件会被标记为已读。重要的邮件还可以用星标来标记，给用户很好提醒。

将邮件标记为已读的步骤：

（1）选中拟标记的邮件。

（2）单击"标记"菜单，选择"已读"命令，选中的邮件都会被标记为已读。

将邮件标记为未读的步骤：

（1）选中拟标记的邮件。

（2）单击"标记"菜单，选择"未读"命令，选中的邮件都会被标记为未读。

为邮件添加星标的步骤：

（1）选中拟添加星标的邮件。

（2）单击"标记"菜单，选择"添加星标"命令，选中的邮件都会添加一个星形标记。

取消邮件星标的步骤：

（1）选中拟添加星标的邮件。

（2）单击"标记"菜单，选择"添加星标"命令，选中的邮件都会取消其已经添加的星标。

知识提示：

直接单击邮件列表上最右侧的星形图标，可以实现给当前邮件标记星标或取消星标。与上面的操作不同的是，每次只能操作一封邮件。

3）移动邮件

邮件服务器给用户提供了几个文件夹，用户可以在不同文件夹之间移动邮件。

操作步骤如下：

（1）选中拟移动的邮件。

（2）单击"移至"菜单，在弹出的菜单中选择目标文件夹，即可实现邮件的移动。

4）排序邮件

用户选择不同的排序策略，来调整邮件的显示排列顺序，支持以收件时间、邮件大小为依据排序邮件。操作步骤如下：

（1）选中拟排序文件夹。

（2）单击"排序"菜单，在弹出的菜单中选择拟使用的排序依据，完成当前文件夹内邮件的重新排序。

5. 管理垃圾邮件

垃圾邮件，是指未经收件人同意向收件人发送的收件人不愿意收到的邮件，或收件人不能根据自己的意愿拒绝接收的邮件，主要包含未经收件人同意向收件人发送的商业类、广告类等邮件。有的垃圾邮件会隐藏发件人身份、地址、标题等信息，或是含有虚假的信息源、发件人、路由等信息。

一般情况下，邮件服务器都会提供基础的反垃圾邮件服务，可以识别和标记大多数的垃圾邮件。同时，允许用户使用自己的标准判断邮件是否为垃圾邮件，并且允许用户拒收邮件。支持用户自定义反垃圾邮件策略，以增强识别垃圾邮件的能力，提升用户的使用体验。

邮件服务器若没有正确识别出垃圾邮件，系统还允许用户将邮件指定为垃圾邮件，操作步骤如下：

（1）选中拟操作的邮件。

（2）单击"举报垃圾邮件"，在弹出的确认对话框中，用户需要选择垃圾邮件的种类，确定是否准备将发信人列入黑名单以及是否删除该发信人发送的所有邮件等信息，如图 6 – 34 所示。然后单击"确定"按钮后，完成垃圾邮件确定。

图 6 – 34　确定设置垃圾选项

用户也可以在邮件阅读状态下，单击"举报垃圾邮件"按钮，将当前邮件确定为垃圾邮件。

6. 反垃圾过滤系统设置

除邮件服务器提供的基础反垃圾邮件功能外，还允许用户自己定义反垃圾邮件的规则，使用过滤器、黑名单、白名单来提升反垃圾邮件的效果和使用体验。

1）设置过滤器规则

单击邮箱导航栏上的"选项"按钮，在弹出的菜单中单击"设置"，进入选项设置页面，如图 6–35 所示。单击"反垃圾过滤系统"下的"过滤器"选项，进入"来信规则"界面，其中列出了用户自定义的所有过滤规则，因图 6–35 中该邮箱尚未设置用户自定义过滤规则，因此规则列表为空。

图 6–35　选项设置界面

单击来信规则页面的"创建来信规则"按钮，进入用户自定义过滤规则页面。

规则的状态包括启用和关闭。收信规则只有启用，才能在接收邮件时发挥作用。若不想使用收信规则，可以将其设置为关闭，在接收邮件时，服务器会忽略掉此条规则。

垃圾邮件判断依据包括邮件主题、发件人地址以及邮件内容 3 种，判断操作包括包含、不包含、等于、不等于 4 种，同时还要设置对应的过滤内容。

使用该规则被判定为垃圾邮件的，可以选择将垃圾邮件移动到垃圾邮件、收件箱、已删除。

若要创建一个收信规则，如果邮件的正文中包含旅游或是会议等内容，则直接判断为垃圾邮件，并将其移动到已删除文件夹。规则设置如图 6–36 所示，单击"保存"按钮完成设置操作。

新设置的过滤规则，会出现在来信规则列表中，如图 6–37 所示。每条列表的右侧还有编辑、删除、上移、下移四个快捷操作按钮。单击"编辑"按钮可以弹出规则设置窗口；单击"删除"按钮可以删除当前规则。上移和下移按钮可以设置来信规则作用的顺序。

图 6 – 36　设置过滤规则

图 6 – 37　来信规则列表

知识提示：

当设置并启用多条过滤规则后，当接收新邮件时，反垃圾邮件检测流程如下：

（1）使用服务器基础反垃圾邮件规则，若检测为垃圾邮件，会直接将邮件移至垃圾邮件文件夹，用户设置的过滤规则并没有发挥作用。

（2）若不符合基础反垃圾邮件规则检测标准，服务器会开始启用第一条用户规则，检测是否为垃圾邮件，若检测为不是垃圾邮件，则继续使用下一条规则去检测，直到最后一条规则。在此过程中，只要符合任何一条用户规则，就会直接将邮件标志为垃圾邮件移至垃圾邮件文件夹。若经过所有的用户规则检测都不是垃圾邮件，则将邮件投递到收件箱。

2）设置黑名单

黑名单是邮箱地址或者邮件服务器域的集合。只要是黑名单中所列的发件人或者邮件服务器所发送的邮件，都会被拒收。

加入黑名单的步骤如下：

在选项设置页面单击"反垃圾过滤系统"下的"黑名单"选项，进入"设置黑名单"界面，如图 6 – 38 所示。黑名单设置界面有一个文本框，用户在此输入拟拉黑的邮箱地址或域，文本框下方是黑名单列表。

图 6 – 38　设置黑名单

在文本框中输入"abc@ abc. com"，单击"添加"按钮，将 abc@ abc. com 加入黑名单，新加入的邮箱地址会出现在黑名单列表。若在文本框中输入的是邮件服务器域名，即从@ 开始的所有字符如@ test. com，将其添加到黑名单后，所有来自@ test. com 的邮件都会被拒收。

每一条黑名单右侧都有一个删除按钮，单击此按钮可以将该邮箱移出黑名单。

3）设置白名单

白名单可以是一个邮箱地址或者是一个域，例如 classmate@ test1. com 或@ test2. com。所有"白名单"邮箱发来邮件会直接进入收件箱，不做垃圾邮件过滤。

添加白名单的步骤如下：

在选项设置页面单击"反垃圾过滤系统"下的"白名单"选项，进入"设置白名单"界面，如图 6 – 39 所示。白名单设置界面有一个文本框，用户在此输入信任的邮箱地址或域，文本框下方是白名单列表。

设置白名单

白名单可以是一个邮箱地址或者是一个域，例如abc@abc.com或@abc.com
加入"白名单"中的地址或域的邮件，将不会被当做垃圾邮件过滤。
提示：您的地址簿中的所有联系人，已默认加入白名单中。

添加邮箱地址或域：　guest@test3.com　　　添加

白名单列表

@test2.com　　　　　　　　　　　　　　　　　　　删除

classmate@test1.com　　　　　　　　　　　　　　删除

返回

图 6 – 39　设置白名单

每一条白名单右侧都有一个删除按钮，单击此按钮可以将该邮箱移出白名单。

任务 3　远程登录与文件传输

用户通常情况下都是在现场使用计算机时，用户使用账户和密码登录计算机，可以使用和管理计算机的全部资源。在某些情况下，用户可能不具备现场操作计算机的条件，同时又需要对计算机进行操作，比如服务器对工作环境的要求较高，多安放在有环境控制设备的机房，用户不方便直接进入这些机房来管理计算机，此时远程访问计算机就是一种合适的解决方案。

远程访问过程有两个参与者：一个是被访问计算机，一个是用来访问的计算机，需要两台计算机相互配合才能实现远程访问。首先，被访问的计算机要开启远程桌面服务，允许外部计算机远程访问自己；用来访问的计算机要使用远程桌面程序来连接访问对象，使用双方约定的身份认证方式以及账户密码等信息来登录，通过验证后才能在两台计算机之间建立可靠连接、传递控制管理命令以及传输文件数据。

Windows Server 2016 开启远程桌面服务的同时，需要指定用户身份认证的方式。网络级别身份验证方式需要双方都具备使用网络级别身份认证的条件，Windows 10 在默认情况下不能使用网络级别身份认证，需要重新配置自己的组策略来满足认证需求。

本任务练习如何开启 Windows Server 2016 远程桌面服务、配置 Windows 10 的组策略并远程登录 Windows Server 2016 服务器。远程登录成功后，可以在二者之间进行文件传输。与在操作本地计算机不同的是，执行剪切文件粘贴的对方目标位置的操作时，并不会对源文件造成影响。

【实验目的】

➢ 了解 Windows Server 2016 远程桌面工作原理。

➢ 掌握开启 Windows Server 2016 远程桌面的操作步骤。

➢ 了解网络级别身份验证对远程桌面登录过程的影响，掌握客户端计算机组策略配置操作过程。

➢ 掌握在服务器和客户间传输文件的方法。

【实验设备与条件】

➢ 服务器操作系统为 Windows Server 2016（桌面体验）。

➢ 用户计算机操作系统为 Windows 10。

➢ 用户计算机可以访问服务器。

一、实验要求与说明

用户计算机能够远程登录服务器，必须要满足以下几个条件：

（1）服务器允许用户远程接入。

（2）用户计算机可以通过网络访问到服务器。

（3）用户计算机在登录服务器时的账号和密码正确。

服务器开启远程桌面时，运行远程桌面的终端可以选择是否使用网络级别身份验证。若选择不使用网络级别身份验证，客户端不用做特殊配置就可以凭账号和密码登录服务器。若采用网络级别身份验证，客户端的组策略要进行针对性的设置，否则会出现错误提示。

二、实验内容与步骤

1. 为服务器开启远程桌面服务

登录 Windows Server 2016 后，打开服务器管理器，如图 6 – 40 所示，单击左侧的"本地服务器"，在右侧显示的服务器属性中，可以看到"远程桌面"的状态是"已禁用"。单击"已禁用"进入远程桌面设置窗口。

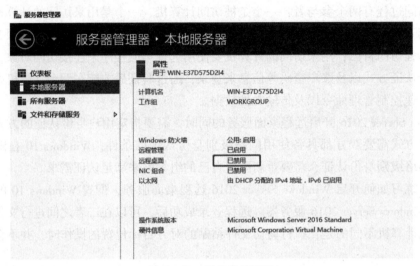

图 6 – 40　服务器管理器

2. 练习不使用网络级别身份验证的远程桌面连接

在远程桌面设置窗口，可以看到远程桌面默认情况下是"不允许远程连接到此计算机"的，要想远程连接到此计算机，必须选择"允许远程连接到此计算机"。

默认情况下，出于网络连接安全考虑，下方的"仅允许运行使用网络级别身份验证的远程桌面的计算机连接"这个选项是选中的。

如图 6 – 41 所示，取消"仅允许运行使用网络级别身份验证的远程桌面的计算机连接"复选框，然后单击"确定"按钮，服务器已经允许用户计算机远程登录，记下服务器的 IP 地址、登录账号和密码，以备远程连接使用。

打开用户计算机，在"开始"菜单中找到"Windows 附件"，运行其中的"远程桌面连接"，如图 6 – 42 所示。

在打开的远程桌面连接窗口中，输入记下的服务器地址，然后单击"连接"按钮，如图 6 – 43 所示。

在弹出的 Windows 安全中心窗口，输入服务器的访问账户和密码，单击"确定"按钮，如图 6 – 44 所示。

用户计算机会向服务器提交远程连接申请，同时提交登录身份验证信息。接下来会弹出确认登录窗口，如图 6 – 45 所示。单击"确定"按钮就可以登录服务器了。若不想在下一次登录服务器时再出现确认窗口，在关闭确认窗口前先选中"不再询问我是否连接到此计算机（D）"，再单击"是"按钮即可。

图 6-41　远程桌面设置窗口

图 6-42　查找"远程桌面连接"程序

图 6-43　"远程桌面连接"窗口

图 6-44　输入账号和密码

用户计算机登录服务器后，就可以像使用本地计算机一样操作服务器了。

3. 使用网络级别身份验证的远程桌面连接

再次打开服务器远程桌面设置窗口，选择"允许远程连接到此计算机"，同时选中"仅允许运行使用网络级别身份验证的远程桌面的计算机连接"选项，如图 6-46 所示，然后单击"确定"按钮。此时，只允许使用网络级别身份验证的客户端远程访问服务器。

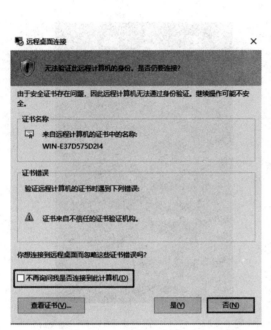

图 6 - 45 远程桌面连接确认窗口

图 6 - 46 远程桌面设置窗口

知识提示：

所谓网络级别身份验证（Network Level Authentication，NLA），是提供给远程桌面连接的一种新安全验证机制。该机制下远程连接的计算机在完成用户身份验证之前，只需要使用较少的服务器资源，通过身份验证之后，登录的终端才会启动完全的远程桌面连接。

使用网络级别身份验证有以下优点：

（1）在终端桌面连接及登录画面出现前预先完成用户验证程序，提前验证部分仅需要使用到较少的网络资源。

（2）可以降低拒绝服务攻击带来的风险。

（3）可以有效防范黑客与恶意程序的攻击。

再次使用用户计算机，运行远程桌面连接程序，继续使用原来的 IP 地址、登录账户和密码尝试连接服务器。与上一次登录过程不同的是，此时没能登录到服务器，而是弹出一个错误信息窗口，提示远程登录失败，如图 6 - 47 所示。

出现错误提示，是用户计算机的一个组策略没有正确启用所致，需要正确配置组策略参数才能解决。解决步骤如下：

在用户计算机键盘上按 Win + R 组合键，打开"运行"程序，输入"gpedit. msc"，然后单击"确定"按钮，打开"本地组策略编辑器"按钮，如图 6 - 48 所示。

图 6 - 47　身份验证出错窗口

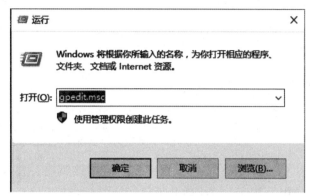

图 6 - 48　运行组策略编辑器

在"本地组策略编辑器"按钮左边的计算机栏里，逐步展开"计算机配置"→"管理模板"→"系统"，单击"系统"文件夹图标，右侧会显示系统选项，向下滚动，找到"凭据分配"，如图 6 - 49 所示。

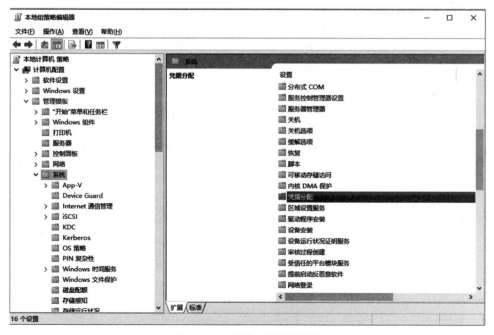

图 6 - 49　查找"凭据分配"

单击进入"凭据分配"界面，找到"加密数据库修正"选项，如图 6-50 所示。

图 6-50 查找加密数据库修正策略

双击"加密数据库修正"进入策略配置窗口，启用该策略，并且将保护级别设置为"易受攻击"，单击"应用"按钮，以生效此策略，如图 6-51 所示。

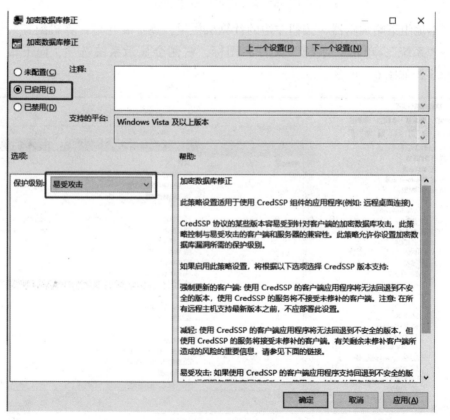

图 6-51 配置组策略

再次运行远程桌面连接程序，就能正常远程登录服务器了。

4. 在用户计算机和服务器之间传输文件

用户计算机远程登录服务器后，二者建立了一个安全、可靠的信息传输通道，通过用户计算机可以使用服务器的各种资源，就像在本地使用服务器一样。计算机和服务器之间也可以进行文件传输操作，就像在同一台计算机上使用文件一样。

从用户计算机向服务器传输文件的操作步骤如下：

在用户计算机中，选择准备传输到服务器的文件，在选中的文件上右键单击，在弹出快捷菜单中，选择执行"复制"命令，如图 6－52 所示。

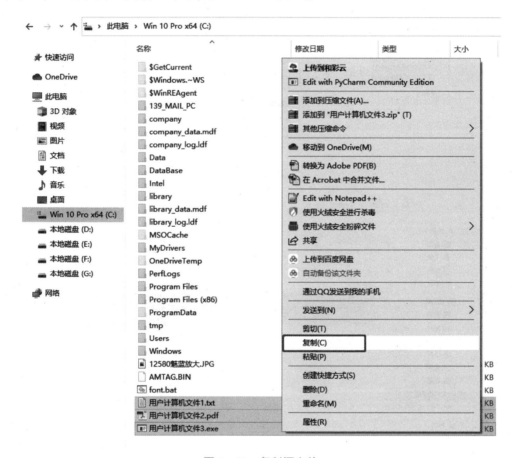

图 6－52　复制源文件

进入服务器，打开服务器 C 盘根目录，在空白区域右击，在弹出的快捷菜单中选择执行"粘贴"命令，如图 6－53 所示，就可以将从用户计算机复制的文件传输到服务器上了，如图 6－54 所示。

知识提示：

与在同一台计算机上操作文件有所不同，在服务器和用户计算机之间传输文件，不会对源文件产生影响。即使在用户计算机上对选中的文件选择执行"剪切"命令再粘贴到服务器，用户计算机上的文件也不会被删除。

要想实现将文件从用户计算机移动到服务器，只能在上述操作完成后，再手动删除用户计算机上的文件。

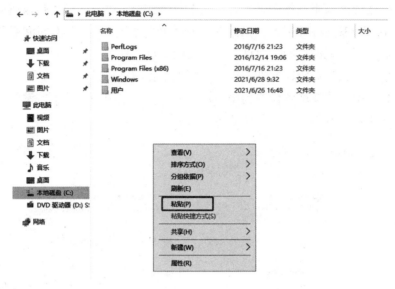

图 6-53　粘贴到目标位置

图 6-54　文件传输完成

从服务器向用户计算机上传送文件的操作过程与上述过程相似，只需要在服务器上复制选中的文件，粘贴到用户计算机的目标位置即可。

【思考题】

1. 如果计算机同时安装了多个浏览器，Microsoft Edge 浏览器想要使用其他浏览器收藏夹中保存的网页地址，可以有几种实现方法？

2. Microsoft Edge 浏览器使用一段时间后，会在计算机中产生大量的网页缓存内容，占用许多存储空间，如何删除这些缓存的文件？

3. 使用 Microsoft Edge 浏览器下载文件时，取消下载任务和暂停下载任务的区别是什么？

4. 在写邮件时，如果要将一封邮件同时发送到多个邮箱，如何操作？

5. 如果出现邮件被错误判断成垃圾邮件，要想避免以后再次出现类似情况，应该如何设置？

6. 对选中邮件执行删除或彻底删除操作，执行结果有哪些不同？

7. 由于管理员拥有最大的操作权限，出于安全考虑，只需要给某些用户授予有限操作权限，如何创建有限权限的用户账户？

8. 在本次练习中，用户计算机使用的是管理员账号登录服务器，那么客户计算机如何使用新建的受限账号远程登录服务器？

9. 在 Windows 10 操作系统中，可以设置共享文件夹，其他计算机中可以使用共享文件夹进行文件传输。在 Windows Server 2016 中，如何设置和使用共享文件夹？

【实训报告】

参考学校实训格式，提交本次课的实训报告。

实验报告

*****************学校

实验报告

实验名称 _____

姓　　名 _____

学　　号 _____

班　　级 _____

教　　师 _____

日　　期 _____

实验* ****************

一、实验目标及要求

（一）实验目标

1. ****************************。

2. ****************************。

3. ****************************。

（二）实验要求

1. ****************************。

2. ****************************。

3. ****************************。

（三）职业素养目标

1. 初步具有熟练掌握****************************的能力。

2. 具有热爱科学、踏实肯钻、实事求是的学风和严谨的工作作风。

3. 树立创新意识、团结协作意识、安全用电、爱护公物意识。

（四）纪律要求

1. 实验期间应听从指导教师的安排。

2. 遵守机房的一切规章制度，不许擅动与实验无关的其他设备，不允许做与实验无关的其他事情，违者严肃处理。

3. 遵守上下课时间安排，不许无故迟到、早退。

4. 实验期间有事外出时，需向指导教师请假。

二、实验步骤

三、实验小结

包括实验时间、地点、学习内容，学到的知识点，心得体会等。

四、附件

附录二

eNSP使用和实验教程详解

一、eNSP 软件说明

1. eNSP 使用简介

全球领先的信息与通信解决方案供应商华为，近日面向全球 ICT 从业者及有兴趣掌握 ICT 相关知识的人士，免费推出其图形化网络仿真工具平台——eNSP。该平台通过对真实网络设备的仿真模拟，帮助广大 ICT 从业者和客户快速熟悉华为数通系列产品，了解并掌握相关产品的操作和配置、故障定位方法，具备和提升对企业 ICT 网络的规划、建设、运维能力，从而帮助企业构建更高效、更优质的企业 ICT 网络。

近些年来，针对越来越多的 ICT 从业者的对真实网络设备模拟的需求，不同的 ICT 厂商开发出了针对自家设备的仿真平台软件。但目前行业中推出的仿真平台软件普遍存在着仿真度不够高、仿真系统更新不够及时、软件操作不够方便等系列问题，这些问题也困扰着广大 ICT 从业者，同时也极大地影响了模拟真实设备的操作体验，降低了用户了解相关产品进行操作和配置的兴趣。

为了避免现行仿真软件存在的这些问题，华为近期研发出了一款界面友好、操作简单，并且具备极高仿真度的数通设备模拟器——eNSP（Enterprise Network Simulation Platform）。这款仿真软件最大限度地模拟真实设备环境，可以利用 eNSP 模拟工程开局与网络测试，协助用户高效地构建企业优质的 ICT 网络。eNSP 支持对接真实设备、数据包的实时抓取，可以帮助用户深刻理解网络协议的运行原理，协助用户更好地进行网络技术的钻研和探索。另外，eNSP 还贴合想要考取华为认证的 ICT 从业者的最真实需求，可以利用 eNSP 模拟华为认证相关实验（HCDA、HCDP – Enterprise、HCIE – Enterprise），帮助用户更快地获得华为认证，成就技术专家之路。

本次 eNSP 的免费发布，将给社会大众提供近距离体验华为设备的机会。无论是操作数通产品，维护现网的技术工程师；还是教授网络技术的培训讲师；或者是想要考取华为认证，获得能力认可的在校学生，相信都可以从 eNSP 中受益。

2. 整体介绍

（1）基本界面（附图 2 – 1）。

附图 2 – 1　基本界面

（2）选择设备，为设备选择所需模块并且选用合适的线型互连设备（附图 2 – 2）。

第一步选择 router switch fram-relay PC

附图 2 – 2　选择设备

在选择框内选择想要的设备。

用鼠标拖入白板中。

这里选择了一个路由器和交换机。

（3）选择合适的线缆，进行设备互连，如附图2-3所示。

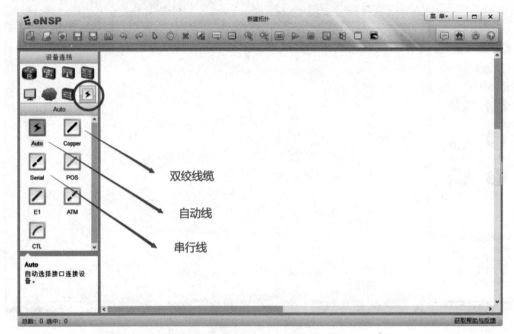

附图2-3　选择合适的线缆

（4）用鼠标选中想要启动的设备，单击如附图2-4所示的按钮，启动设备。

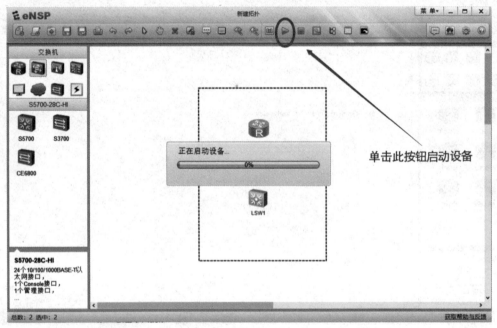

附图2-4　启动设备

（5）配置不同设备：

双击设备，弹出配置命令对话框，在router的Ethernet0/0/0接口配置了IP地址192.168.1.254，如附图2-5所示。

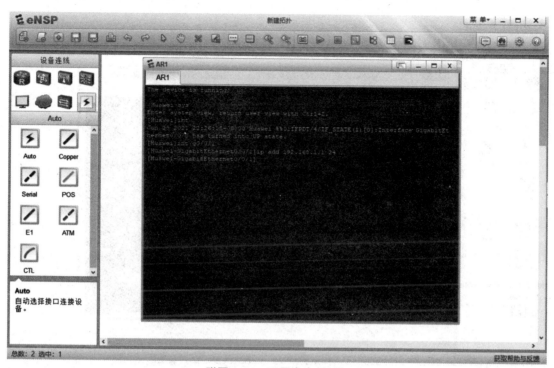

附图 2 - 5 配置命令对话框

用相同的方法加入一台 PC，给 PC 配置 IP 地址 192.168.1.100，如附图 2 - 6 所示。

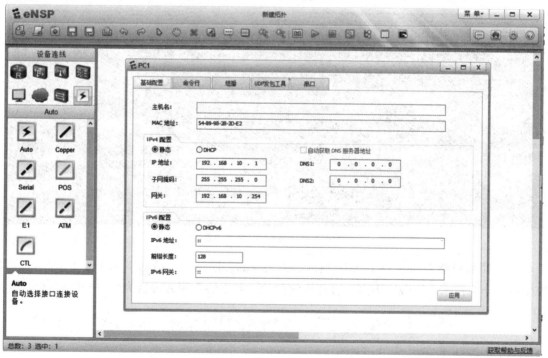

附图 2 - 6 给 PC 配置 IP 地址

(6) 测试设备的连通性，如附图 2 - 7 所示。

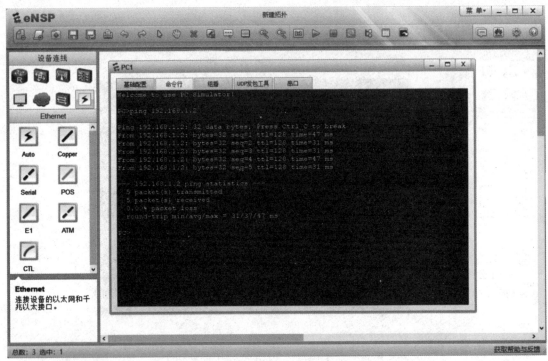

附图 2 - 7　测试设备的连通性

（7）用 PC 去 ping 网关路由器，测试结果是通的，如附图 2 - 8 所示。

```
[R1-Ethernet0/0/0]
[R1-Ethernet0/0/0]ping 192.168.1.100
  PING 192.168.1.100: 56  data bytes, press CTRL_C to break
    Reply from 192.168.1.100: bytes=56 Sequence=1 ttl=128 time=30 ms
    Reply from 192.168.1.100: bytes=56 Sequence=2 ttl=128 time=40 ms
    Reply from 192.168.1.100: bytes=56 Sequence=3 ttl=128 time=30 ms
    Reply from 192.168.1.100: bytes=56 Sequence=4 ttl=128 time=50 ms
    Reply from 192.168.1.100: bytes=56 Sequence=5 ttl=128 time=10 ms

  --- 192.168.1.100 ping statistics ---
    5 packet(s) transmitted
    5 packet(s) received
    0.00% packet loss
    round-trip min/avg/max = 10/32/50 ms

[R1-Ethernet0/0/0]
```

附图 2 - 8　ping 网关路由器

（8）用路由器去 ping PC1 的 IP 地址，也是通的。这是一个最基本的连通实验。相信大家学习了华为技术，会做出更多更有意思的实验。基本的使用方法就为大家介绍到这里了。

二、终端设备的使用（Client、Server、PC、MCS、STA、Mobile）

1. Client 使用方法

（1）Client 具有正常配置 IP、做 ping 测试等基础的功能，作为接入终端使用，如附图 2 - 9 所示。

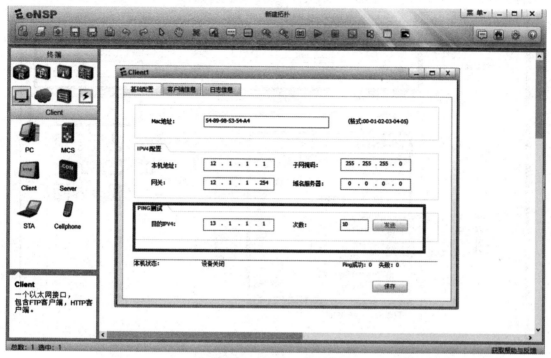

附图 2 – 9　做 ping 测试

（2）当 FTP Client 使用，下载上传文件。

组网图相当简单，如附图 2 – 10 所示。

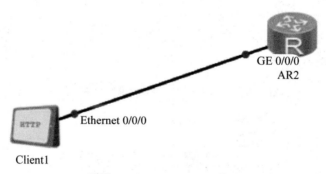

附图 2 – 10　FTP Client 使用

　　在 AR 上设置为 FTP 服务器，并且配置用户名和密码，下面在 Client 界面就可以进行登录了，登录成功后的界面如附图 2 – 11 所示。

（3）当 HttpClient 使用，测试 HttpServer 的功能。这里需要使用到 HttpServer（Server 中提供该功能后续会说明），组网图如下：

　　在 Server 端设置了 HttpServer，如附图 2 – 12 所示。

　　现在使用 HttpClient 查看能够正常使用，如附图 2 – 13 所示。

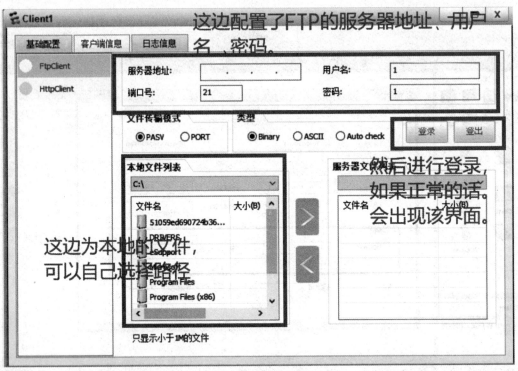

附图 2 – 11　设置为 FTP 服务器

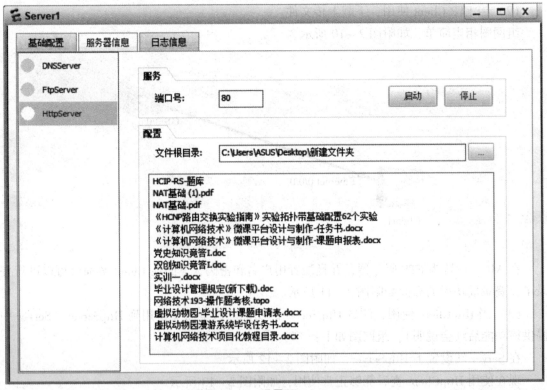

附图 2 – 12　设置了 HttpServer

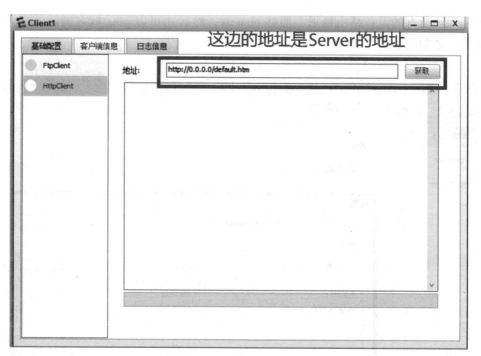

附图 2 – 13　使用 HttpClient

2. Server 使用方法

Server 功能如下：

（1）基本的 IP 配置，和 Client 的界面及使用方法一样。

（2）当 DNS Server 使用组网图时，如附图 2 – 14 所示。

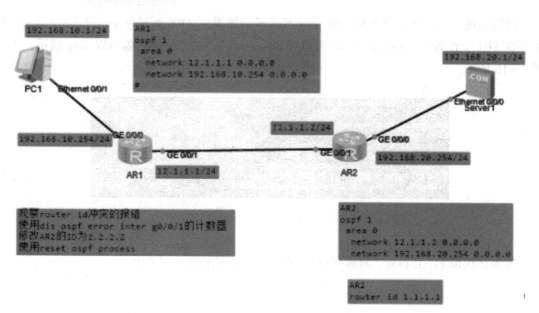

附图 2 – 14　组网图

首先保证所有的设备路由畅通，能够 ping 通，然后才可以 ping 域名测试。在 Server 上进行设置，如附图 2 – 15 所示。

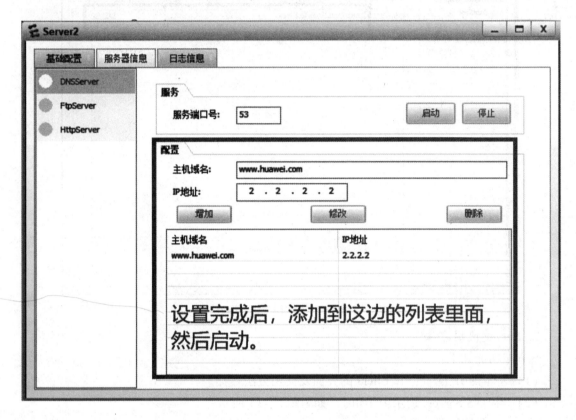

附图 2 – 15　在 Server 上进行设置

设置完成后，就可以进行域名的 ping 测试了。如果在 AR1 上 ping www. huawei. com，就需要在 AR1 上设置 dns resolve，然后再设置 dns server 3. 3. 3. 2，之后就可以 ping 通了，如附图 2 – 16 所示。

```
[Huawei] dns resolve
[Huawei] dns server 3.3.3.2
[Huawei] ping www.huawei.com
PING www.huawei.com(2.2.2.2):56 data bytes,press CTRL_C to break
    Replay from 2.2.2.2:bytes=56 Sequence=1 ttl=254 time=190 ms
    Replay from 2.2.2.2:bytes=56 Sequence=2 ttl=254 time=20 ms
    Replay from 2.2.2.2:bytes=56 Sequence=3 ttl=254 time=20 ms
    Replay from 2.2.2.2:bytes=56 Sequence=4 ttl=254 time=20 ms
    Replay from 2.2.2.2:bytes=56 Sequence=5 ttl=254 time=20 ms
```

附图 2 – 16　域名的 ping 测试

如果在模拟 PC 上 ping，只需要设置 DNS 即可，如附图 2 – 17 所示。

附图 2-17 设置 DNS

当 FtpServer 使用 Server 设置完后，再设置 FTP 的 Client。可以选择 AR、交换机、Client 作为 FTPClient 的客户端。这里采用 Client 作为 FTPClient。组网图（server_ftp. topo）如附图 2-18 所示。

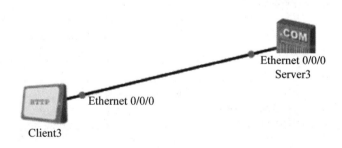

附图 2-18 组网图

设置完成后，需要启动服务，如附图 2-19 所示。

在 Client 中检查 FTPServer 能否登录成功，如附图 2-20 所示。

HttpServer 使用说明如附图 2-21 所示。

模拟器中使用比较多的是终端的模拟 PC。相对来说，这个比较贴合我们的使用习惯。

附图 2 - 19   启动服务

附图 2 - 20   检查 FTPServer 能否登录成功

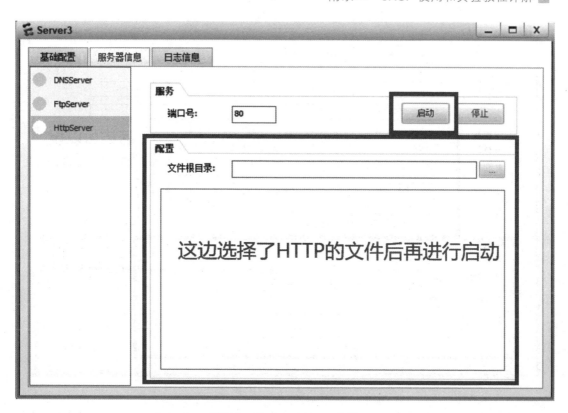

附图 2 – 21　HttpServer 使用

3. PC 使用方法

模拟 PC 主要的功能：

①基本功能。

②组播客户端功能。

③UDP 发包工具。

下面逐一介绍下这个三个功能。

（1）基本功能。基本的组网测试图如附图 2 – 22 所示。

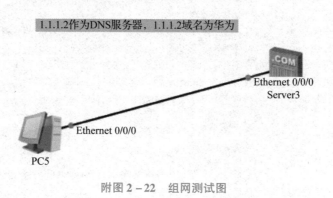

附图 2 – 22　组网测试图

进行基本 IP 设置，设置后可以在 Command 里面进行测试，如附图 2 – 23 所示。

附图 2-23　基本 IP 设置

可以在 Command 菜单中进行 ping、查看 IP 信息、显示 ARP 表象、Tracert 等功能，如附图 2-24 所示。

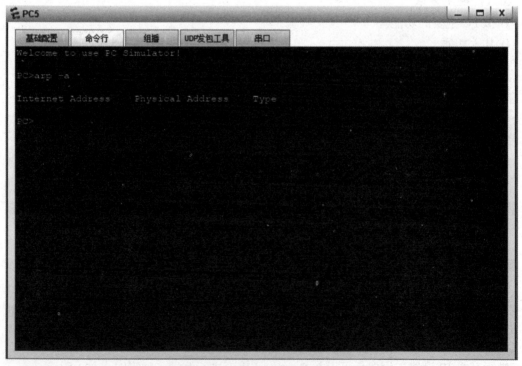

附图 2-24　Command 菜单

（2）组播客户端功能。该功能需要和组播服务器进行配合使用，组网图如附图 2 - 25
所示。

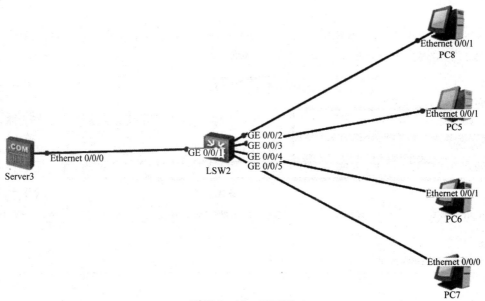

附图 2 - 25　组网图

（3）UDP 发包工具。示例拓扑如附图 2 - 26 所示。

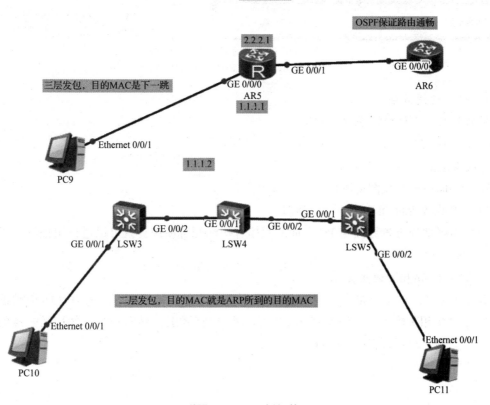

附图 2 - 26　示例拓扑

二层、三层设置的目的 MAC 不一样。二层完全是目的设备的端口地址，三层是与 PC 相连的下一跳的 MAC 地址，如图附图 2-27 所示。

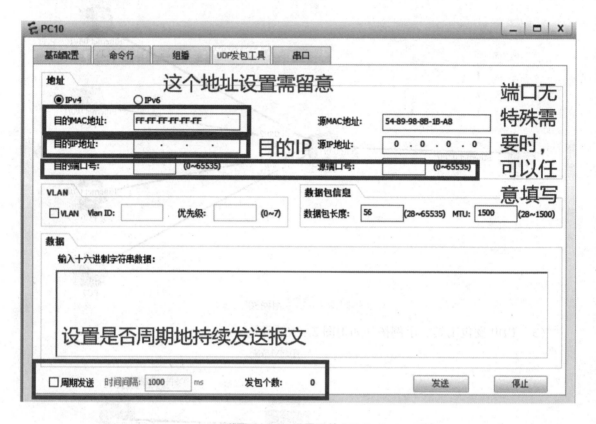

附图 2-27　设置目的 MAC

4. MCS 使用方法

组播源的使用相对来说比较简单。

①设置 IP 界面。

②设置组播地址。

MCS 界面组播示例图如附图 2-28 所示。

（1）IP 设置界面和 Client、PC 类似。

（2）组播地址设置界面与 PC 上面的组播客户端配合使用，就可以进行组播实验了，如附图 2-29 所示。

5. STA 和 Mobile 使用方法

就目前而言，STA 和 Mobile 只有无线网卡，还没有有线的内容。所以这两个设备只能运用在 WLAN 相关配置上。STA 和 Mobile 只是图标有区别，界面和实际作用是一样的，这里以 STA 为例。STA 只有两个功能：

示例拓扑，如附图 2-30 所示。

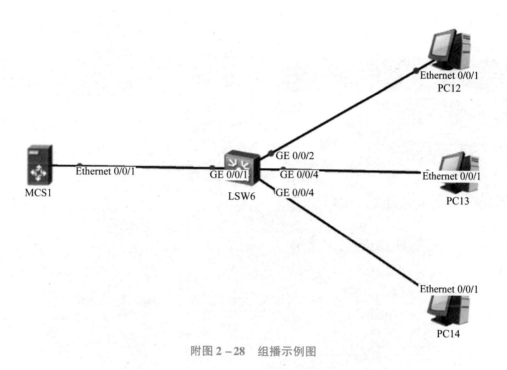

附图 2 – 28　组播示例图

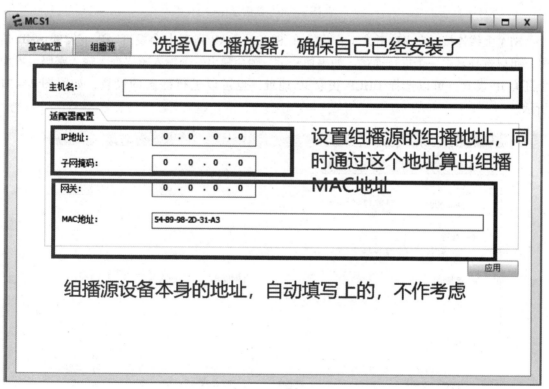

附图 2 – 29　组播地址设置界面

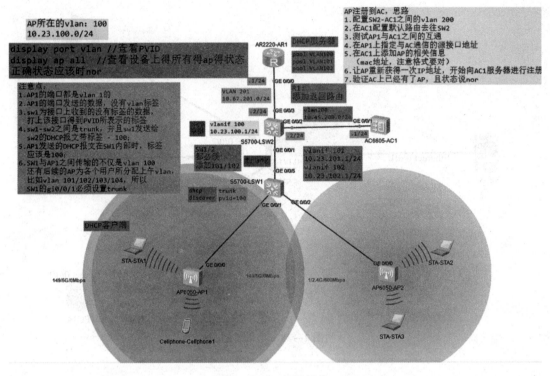

附图 2 – 30　示例拓扑

　　STA 上线连接，在 AP 正常工作后，在 STA 的 VAP 列表中会发现 AP 下发的 SSID 信号。可以选择其中一个进行连接，如果加密了，则会弹出一个输入密码框，输入密码。界面上还有 IP 设置，可以选择 DHCP 获取 IP 地址，也可以进行静态的设置，如附图 2 – 31 所示。

附图 2 – 31　STA 上线连接

正常连接上后，会显示如附图 2 – 32 所示界面。

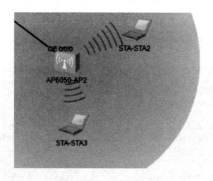

附图 2 – 32　正常连接上

STAUDP 发包参见 PC 的发包，一样的界面，一样的设置，一样的效果。

三、交换机

前面已经把终端、中间连接设备都介绍完了，现在开始介绍 eNSP 的各个设备了。
交换机的基本使用：
①连线。
②导出设备配置。
③导入设备配置。
④设置端口。
⑤抓包。
具体说明：

示例拓扑如附图 2 – 33 所示。

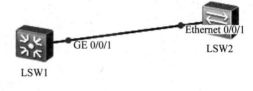

附图 2 – 33　交换机

（1）连线，目前 S5700 只有 24 个 GE 口，并且不能添加接口板，S3700 只有 22 个 Ethernet 口和 2 个 GE 口。

（2）导出设备配置。

添加完这两个交换机后，连线就完成了。启动设备，双击设备，会弹出命令配置窗口。配完后，如附图 2 – 34 所示。

要导出配置文件，则右击设备，选择"导入设备配置"，如附图 2 – 35 所示。保存配置，如附图 2 – 36 所示。

现在设备的配置就导出来了，文件格式是 xxx. cfg。

（3）导入设备配置。

配置文件只有在设备没有启动的情况下才能够导入。右击设备，选择"导入设备配置"即可。

（4）设置端口。

界面如附图 2 – 37 所示。

附图 2 – 34　配置 IP 地址

附图 2 – 35　导入设备配置

```
<Huawei>sa
The current configuration will be written to the device.
Are you sure to continue?[Y/N]y
Now saving the current configuration to the slot 0.
Dec 13 2013 17:19:52-08:00 Huawei %%01CFM/4/SAVE(1)[1]:The user chose Y when deci
ding whether to save the configuration to the device.
Save the configuration successfully.
```

附图 2 – 36　保存配置

附图 2 – 37　设置端口

例如，在 IPOP 上新建一个连接，选择 telnet 登录方式，地址设定为 127.0.0.1，端口号设定为设备的串口号，已经连接上了，如附图 2 – 38 所示。

附图 2 – 38　已经连接上

（5）抓包。

如果能想查看报文的交互过程，可以右击设备，选择"数据抓包"，如附图2-39所示。

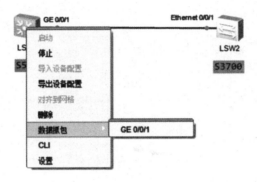

附图2-39　选择数据抓包

四、AR（以一款AR为例）

1. 基本使用

对于交换机的使用方法，在AR上也是一样的。

2. 添加接口板

添加一个AR2240，右击设备，选择"设置"，会弹出如附图2-40所示的面板。

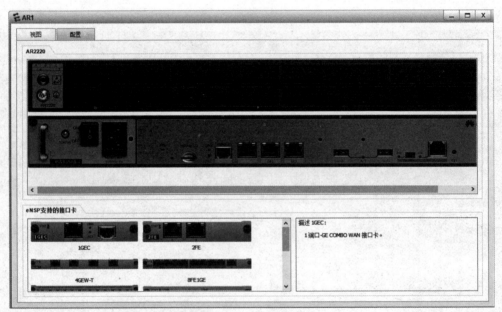

附图2-40　添加接口板

添加板卡，如附图2-41所示。

添加成功后，如附图2-42所示。

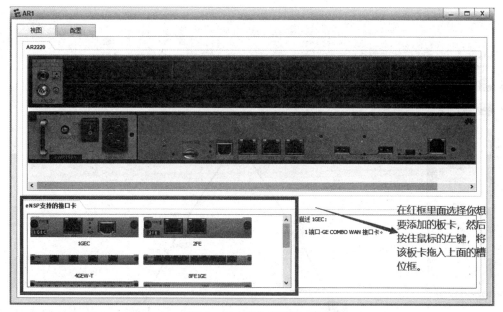

附图 2 – 41 添加想要的板卡

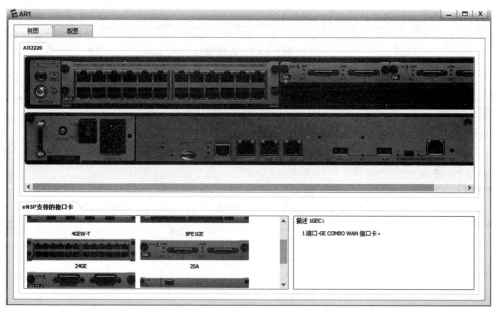

附图 2 – 42 添加成功后

选择连线，如附图 2 – 43 所示。

五、WLAN（AC、AP）

1. 基本功能

基本功能相当简单，读者可以自己研究。

2. 设置 AP 的 MAC

设置 AP 的 MAC，如附图 2 – 44 所示。

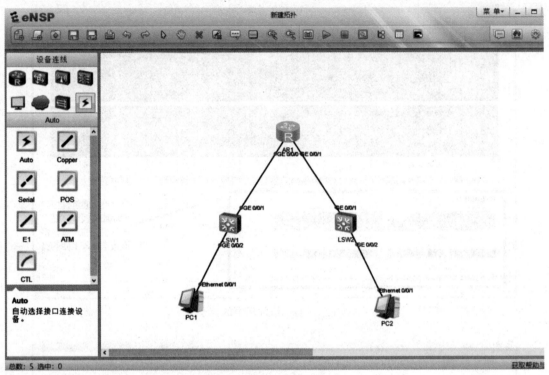

附图 2 – 43　选择连线

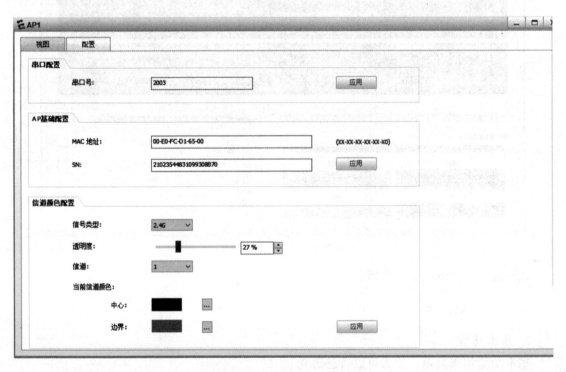

附图 2 – 44　设置 AP 的 MAC

3. 设置覆盖范围的个性化

正常情况如附图 2 – 45 所示。可以在 AP 的设置界面中自行设定，如附图 2 – 46 所示。

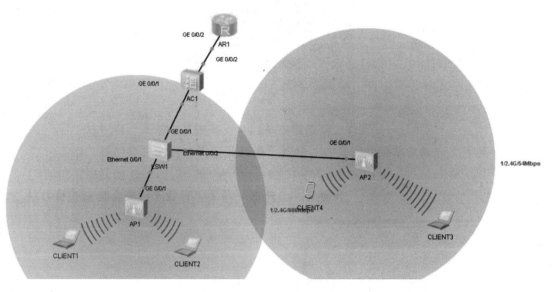

附图 2 – 45　设置覆盖范围

这边设定那个射频下的哪个信道的透明度和信道颜色，自己喜欢的就行

附图 2 – 46　AP 的设置界面

右击 AP，选择"关闭信号范围"（关闭后，如果想再次打开的话，同样的操作，选择打开即可），如附图 2 - 47 所示。

附图 2 - 47 关闭信号范围

附录三

VMware虚拟机实战

本附录将在理解虚拟机功能的基础上，详细介绍虚拟机的配置与安装、虚拟机系统的备份和恢复，培养用户操作虚拟机的实战能力。

一、创建虚拟机

安装虚拟机操作系统前，需要建立一个虚拟机，并进行必要的配置。下面就以 VMware 为例进行具体介绍。

1. 建立虚拟机

VMware 程序安装完成后，可以通过以下操作步骤建立虚拟机。

步骤 1：运行 VMware 软件，打开 VMware 窗口，选择"文件"→"新建"→"新建虚拟机"命令，如附图 3 - 1 所示。

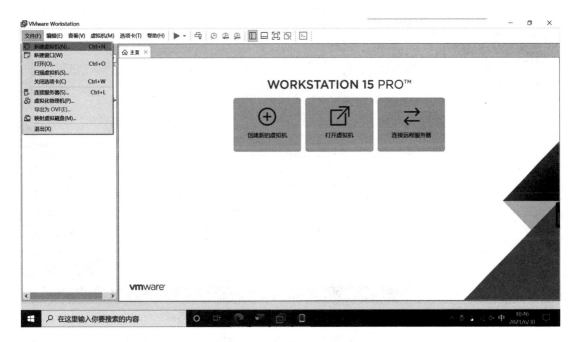

附图 3 - 1　打开 VMware 窗口

步骤 2：打开"新建虚拟机向导"对话框，单击"下一步"按钮，如附图 3 - 2 所示。

附图 3 – 2　打开"新建虚拟机向导"

步骤3：打开"安装客户机操作系统"对话框，选择从何处安装操作系统，可以选择从光盘或者 ISO 镜像，也可选择稍后再进行系统安装，这里选择"稍后安装操作系统"，如附图 3 – 3 所示。

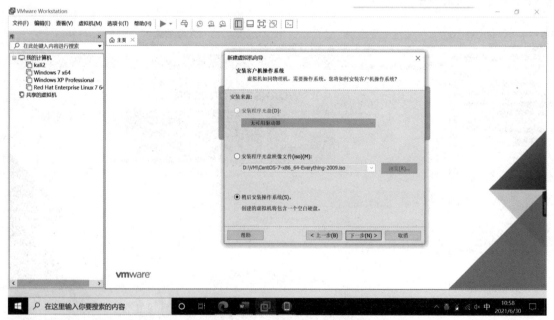

附图 3 – 3　打开"安装客户机操作系统"对话框

步骤4：打开"选择客户机操作系统"对话框（附图 3 – 4），在该对话框中列出了VMware 支持的所有操作系统，用户可以根据自己的需要选择操作系统。默认选择"Microsoft Windows"单选按钮，在"版本"下拉列表框中列出了软件支持的所有 Windows

操作系统版本，包含 DOS。这里选择"Windows XP Professional"选项，单击"下一步"按钮。

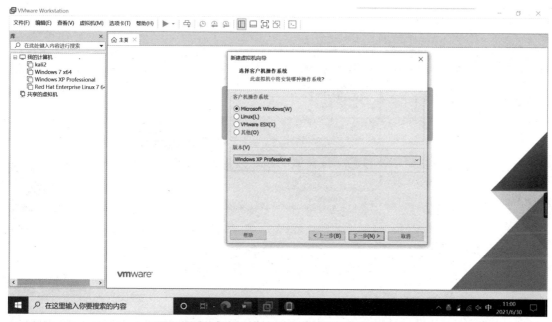

附图 3 – 4　打开"选择客户机操作系统"对话框

步骤 5：打开"命名虚拟机"对话框（附图 3 – 5），在"虚拟机名称"文本框中输入虚拟机的名称。VMware 的目标文件夹默认为系统分区下的 My Documents 文件夹。如果用户需要变更安装路径，可以单击"浏览"按钮，选择新的路径，然后单击"下一步"按钮。

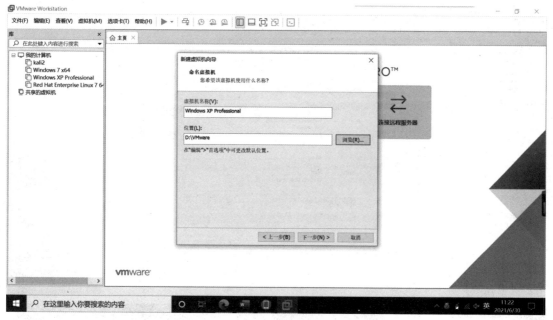

附图 3 – 5　打开"命名虚拟机"对话框

步骤6：打开"指定磁盘容量"对话框（附图3-6），Windows XP系统默认的最大磁盘空间为40 GB，默认选中"将虚拟磁盘存储为单个文件"单选按钮，单击"下一步"按钮继续。

附图3-6 打开"指定磁盘容量"对话框

步骤7：打开"已准备好创建虚拟机"对话框，这里会显示之前的配置信息，确认无误后开始创建虚拟机，如附图3-7所示。

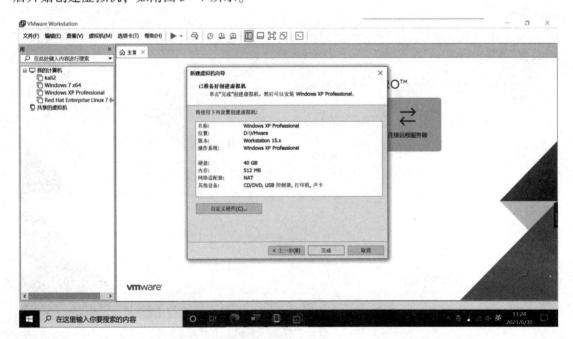

附图3-7 打开"已准备好创建虚拟机"对话框

虚拟机创建完毕返回主页面，此时"Windows XP Professional"虚拟机作为一个选项卡即显示在主界面上，如附图 3 – 8 所示。

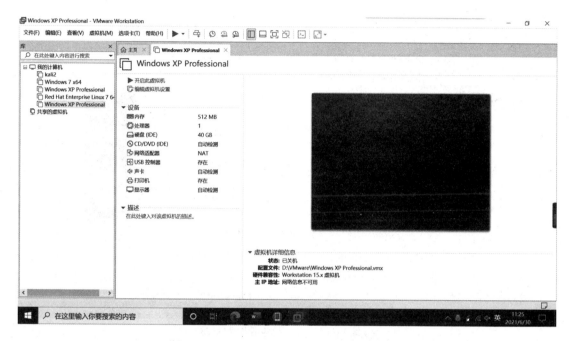

附图 3 – 8　"Windows XP Professional"对话框

2. 设置虚拟机

这里所指的设置，就是对上述已经创建好的虚拟机的内存容量、共享文件夹、网络类型等进行调整。

1）修改内存配置

在创建虚拟机时，已经设置了内存的大小，但是有时候需要更改虚拟机内存容量。配置内存容量的操作步骤如下：

步骤 1：运行 VMware 软件，选择需要修改内存的虚拟机（以 Windows XP Professional 为例），然后在"命令"标签下单击"编辑虚拟机设置"命令，打开"虚拟机设置"对话框，如附图 3 – 9 所示。

步骤 2：在硬件选项卡的"设备"列表框中选择"内存"选项，右侧窗格中即显示当前虚拟机的内存设置，拖动"该虚拟机内存"滑块，调整所需内存的容量，单击"确定"按钮，内存容量配置成功。

提示：设置虚拟机内存时要注意，如果设置得过大，则占用物理主机中的内存资源；如果设置得过小，则在虚拟机中运行虚拟系统时，速度会很慢。建议虚拟机中的内存大小设置为真实内存的 3/5 即可。

2）资源共享设置

设置虚拟机的共享文件夹是为了与物理主机进行文件交流时更加方便，具体设置步骤如下：

步骤 1：运行 VMware，选择需要配置共享文件夹的虚拟机（以 Windows XP Professional 为例），选择"虚拟机"→"设置"命令，弹出"虚拟机设置"对话框。

附图 3-9　"虚拟机设置"对话框

步骤 2：选择"选项"选项卡，在左侧的列表框中选择"共享文件夹"选项，在右侧"文件夹共享"下面选择"总是启用"单选按钮，如附图 3-10 所示。要将共享文件映射为虚拟系统中的一个驱动器，则进一步选择"在 Windows 客户机中映射为网络驱动器"复选框。

附图 3-10　选择"总是启用"

步骤 3：单击"添加"按钮，弹出"添加共享文件夹向导"对话框（附图 3 – 11），单击"下一步"按钮继续。

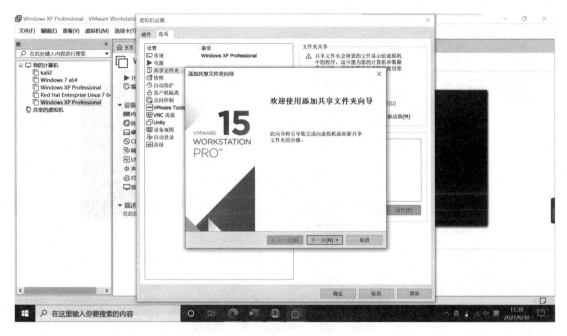

附图 3 – 11　"添加共享文件夹向导"对话框

步骤 4：弹出"命名共享文件夹"对话框（附图 3 – 12），在"名称"文本框中输入共享文件夹的名称，单击"浏览"按钮来添加需要共享的文件夹。

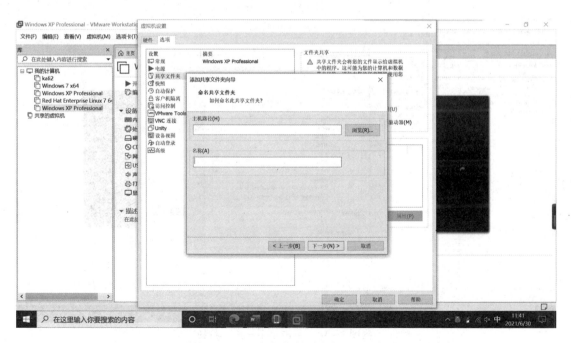

附图 3 – 12　"命名共享文件夹"对话框

步骤5：打开"浏览文件夹"对话框（附图3-13），选择要设置为共享的文件夹，单击"确定"按钮返回。

附图3-13 "浏览文件夹"对话框

步骤6：单击"下一步"按钮（附图3-14），打开"指定共享文件夹属性"对话框，选择附加属性为"启用此共享"，还可设置"只读"属性，单击"完成"按钮即完成设置，如附图3-15所示。

附图3-14 单击"下一步"按钮

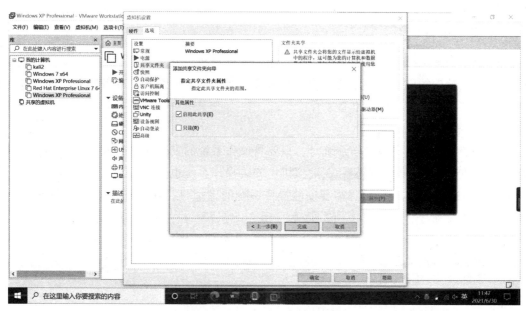

附图 3 - 15　单击"完成"按钮

3）设置工作目录路径

工作目录路径的主要作用是保存挂起的文件与快照，挂起与快照功能相当于虚拟机系统的"暂停"与"一键还原"。设置工作目录路径的主要步骤如下：

步骤 1：运行 VMware，选择需要设置工作目录路径的虚拟机（以 Windows XP Professional 为例），选择"虚拟机"→"设置"命令，弹出"虚拟机设置"对话框。

步骤 2：选择"选项"选项卡，在"设置"列表框中选择"常规"选项，单击"浏览"按钮，选择工作目录的路径，然后单击"确定"按钮即可，如附图 3 - 16 所示。

附图 3 - 16　单击"确定"按钮

二、虚拟系统安装准备

刚创建完的虚拟机就相当于一台刚装好硬件的计算机，它有自己的 IOS、硬盘、光驱连接设备，唯一缺少的就是操作系统。像安装系统需要配置 IOS 设置、准备安装文件一样，在虚拟机中安装系统也需要做好准备工作。

1. 配置光驱设备

在真实的计算机上安装操作系统时，只要将操作系统的安装光盘放入光驱，再设置从光驱启动即可进行操作系统的安装。在虚拟机中安装操作系统也是一样。

步骤 1：运行 VMware，选择需要安装操作系统的虚拟机，在"命令"区域中单击"编辑虚拟机设置"命令，如附图 3 – 17 所示。

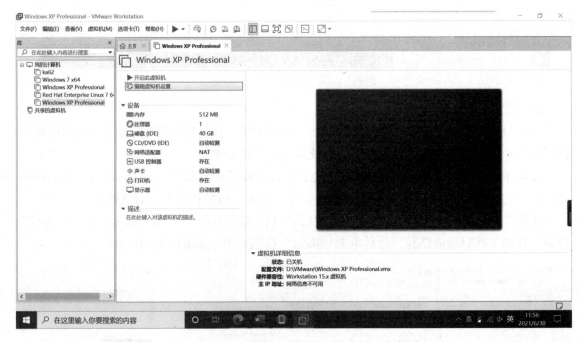

附图 3 – 17　单击"编辑虚拟机设置"命令

步骤 2：在打开的"虚拟机设置"对话框的"硬件"选项卡中，选择"CD/DVD（IDE）"选项，在右侧的"连接"区域中选择"使用物理驱动器"单选按钮，并设置光驱对应的盘符，如附图 3 – 18 所示。

在虚拟机中使用真实光驱安装操作系统时，虚拟机会读取真实的光驱，比较耗费系统资源，建议在安装操作系统时使用 ISO 镜像文件，以提高安装速度。

另外，需注意的是，当选择"使用物理驱动器"单选按钮时，如果真实主机有"虚拟光驱"，为了避免认错光驱，建议不选择"自动检测"选项，直接指定物理光驱盘符。

附图 3 – 18　选择"使用物理驱动器"

如果使用 ISO 映像安装系统，则执行以下步骤：

步骤 1：在"连接"区域中选择"使用 ISO 映像文件"单选按钮，再单击"浏览"按钮，在打开的对话框中指定已经准备好的映像文件，如附图 3 – 19 所示。

附图 3 – 19　单击"浏览"按钮

步骤 2：单击"确定"按钮完成虚拟机光驱的配置。

2. 设置光驱启动

在真实的计算机上安装操作系统时，可以在计算机启动时，按 Del 键设置 IOS 从光驱启动，虚拟机的 IOS 界面与真实的 IOS 有所差别，操作步骤如下。

在 VMware 主窗口中单击"启动该虚拟机"链接，在虚拟机初启动时根据提示及时按下F2 键，如附图 3 – 20 所示。

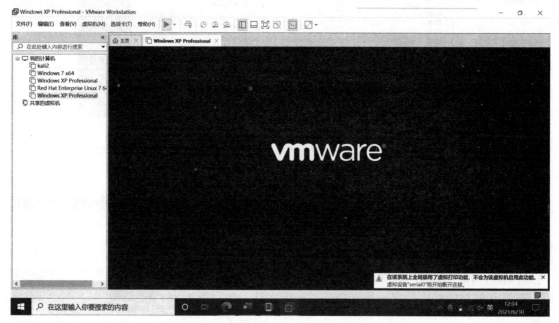

附图 3 – 20　启动界面

注意：在操作时，应先移动鼠标至虚拟机窗口并单击，这样虚拟机才能接收键盘的输入信息，如果鼠标需要退出虚拟机窗口，按 Ctrl + Alt 组合键即可。

三、在虚拟机上安装操作系统

在物理主机上安装操作系统，需要首先对空白的硬盘进行分区和格式化，在虚拟机中安装操作系统也是一样。这是必需的一步，只是格式化的步骤可以合并在系统安装的过程中，或者事先使用专门的工具软件。

1. 分区和格式化

如果是在虚拟机上安装 Windows 2000 以上系统，并且使用的是安装版的操作系统文件，那么就可以在安装的过程中对虚拟机硬盘分区和格式化（安装程序自带分区和格式化功能），而不必在准备工作中增加这项任务；但是安装版的光盘不容易得到，网络上、大卖场上随处可见的是 Ghost 版的操作系统。而要使用 Ghost 版系统光盘或 ISO 文件安装系统，就必须首先执行分区格式化的步骤。

Ghost 安装光盘上都带了多个工具软件，其中必不可少的就是分区工具。在诸多分区工具中，比较好用的是 Diskgen（DiskGenius）。附图 3 – 21 所示是一个 Ghost 版系统安装 ISO 文件的启动界面，其中就有 Diskgen 这个工具。

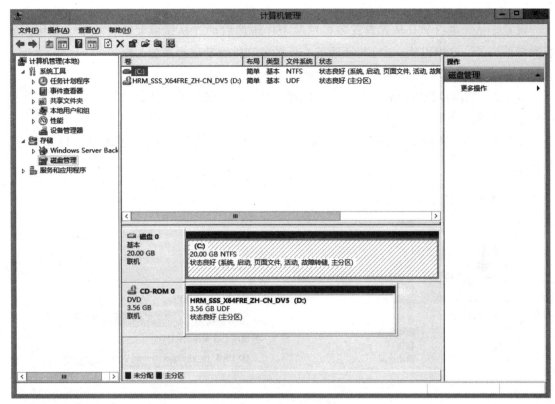

附图 3 – 21　Diskgen 程序

运行 Diskgen 程序，可以看到虚拟机中的"硬盘"还是一片空白，如附图 3 – 22 所示。

附图 3 – 22　虚拟机中的"硬盘"还是一片空白

虚拟机的分区规划根据个人需要而定，如果应用比较简单，划分两个分区即可；复杂的应用根据实际需要而定。

2. 安装操作系统

设置好从光盘启动（从光盘安装）或从 ISO 镜像启动（从镜像安装）之后，就可以安装操作系统了。这里以从一个 Ghost 版的 ISO 镜像文件安装虚拟系统为例。

步骤 1：在虚拟机主界面中单击"启动该虚拟机"链接。

步骤 2：当虚拟机启动后，开始读取镜像文件启动系统安装界面，选择"安装系统到第一分区"菜单。

步骤 3：接下来 Ghost 程序启动，自动完成余下的全部安装步骤，如附图 3-23 所示。

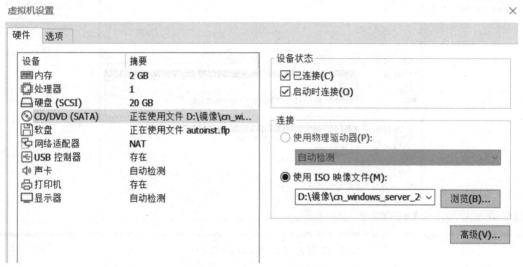

附图.3-23 Ghost 程序启动

按照同样的方法可以继续在虚拟机中安装其他 Windows 操作系统。如果需要安装低版本的 DOS、Windows 98，最好直接从网络下载相应的 ISO 文件，因为现在已经找不到软盘和光盘版的 DOS 或 Windows 98 了，而这类资源在网络上仍然可以下载到。

3. 安装虚拟机工具

在虚拟机中安装完操作系统之后，接下来需要安装 VMware Tools。VMware Tools 相当于 VMware 虚拟机的主板芯片组驱动和显卡驱动、鼠标驱动，安装 VMware Tools 之后，可以极大地提高虚拟机的性能。在虚拟机中安装 VMware Tools 的具体步骤如下：

步骤 1：启动需要安装驱动程序的虚拟机（以 Windows XP Professional 为例），选择"虚拟机"→"重新安装 VMware Tools"命令，如附图 3-24 所示。

步骤 2：弹出"软件更新"对话框，单击"下载和安装"按钮下载相关程序。

步骤 3：开始下载，进行下载操作之前，确保已经连接互联网。下载完成之后，执行安装步骤。

步骤 4：安装向导启动后，单击"下一步"按钮继续，如附图 3-25 所示。

步骤 5：打开"安装类型"对话框，VMware Tools 有 3 种程序安装方式：Typical（典型）、Complete（完全）、Custom（自定义）。默认选择 Typical（典型）单选按钮，单击"下一步"按钮继续。

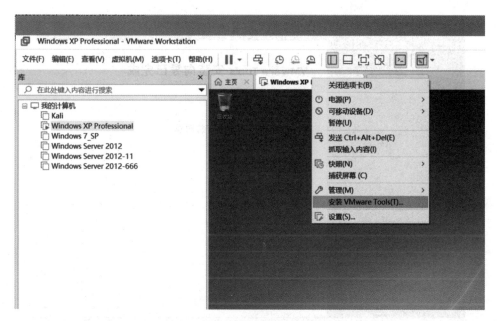

附图 3 – 24　安装 VMware Tools

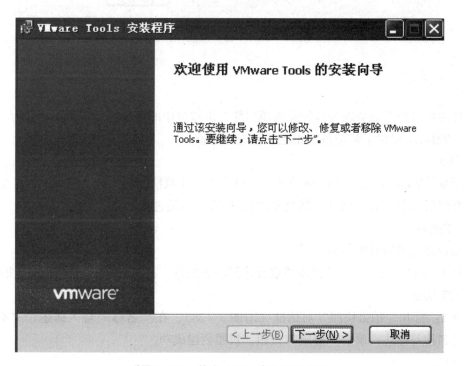

附图 3 – 25　单击"下一步"按钮继续

步骤 6：然后单击"安装"按钮继续。

步骤 7：待安装完成，会弹出附图 3 – 26 所示的对话框。单击"完成"按钮重新启动虚拟机系统。

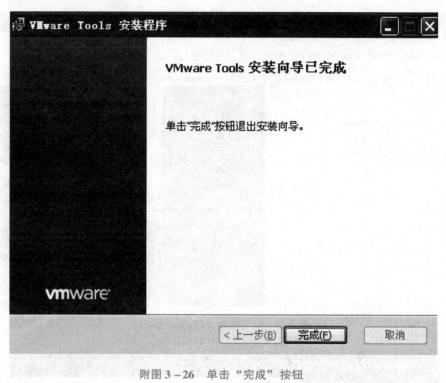

附图 3 – 26 单击"完成"按钮

四、虚拟机备份

物理主机操作系统会因为各种原因而损坏,虚拟机中的操作系统也是如此。为了解决这个问题,VMware 提供了两种备份和还原系统的功能。

1. 快照与恢复

快照是 VMware 最具魅力的设计之一,相当于"还原精灵"软件功能。虚拟系统的一切都设计好以后(包括安装软件、修改设置),即可对系统进行快照。

1)快照

使用快照功能的具体步骤如下:

步骤 1:运行 VMware,选择需要进行快照的虚拟机,在工具栏中单击"拍摄快照",如附图 3 – 27 所示。

步骤 2:打开"拍摄快照"对话框(附图 3 – 28),在"名称"与"描述"文本框中输入快照的名称与描述,单击"确定"按钮,快照创建成功。

2)恢复

恢复快照的步骤非常简单,其具体操作步骤如下:

步骤 1:运行 VMware,选择需要恢复快照的虚拟机,在工具栏中单击"恢复到快照"。

步骤 2:弹出如附图 3 – 29 所示对话框,直接单击"是"按钮即可将系统恢复到快照前的状态。

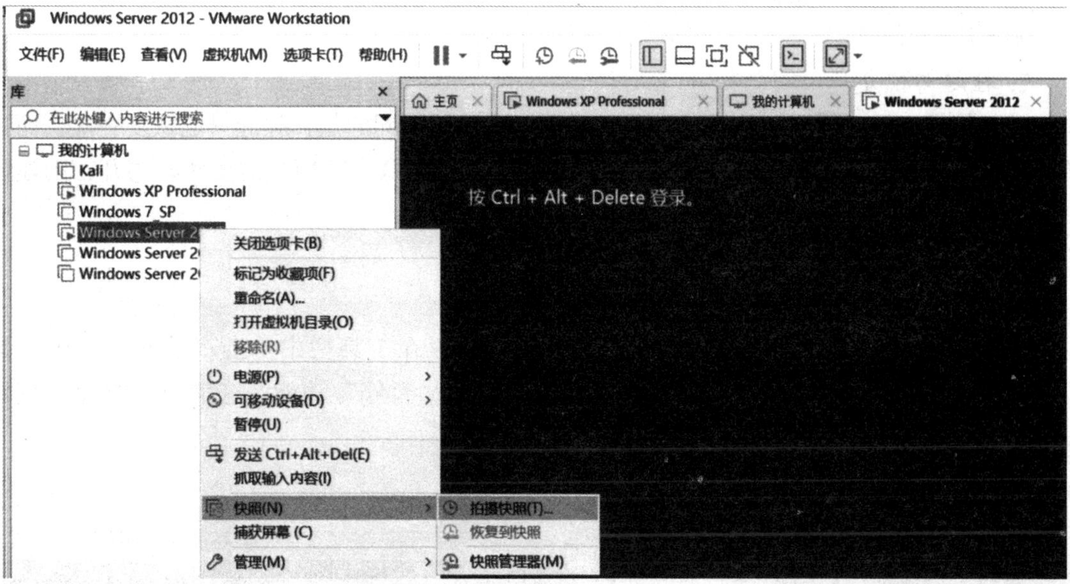

附图 3 - 27 单击"拍摄快照"

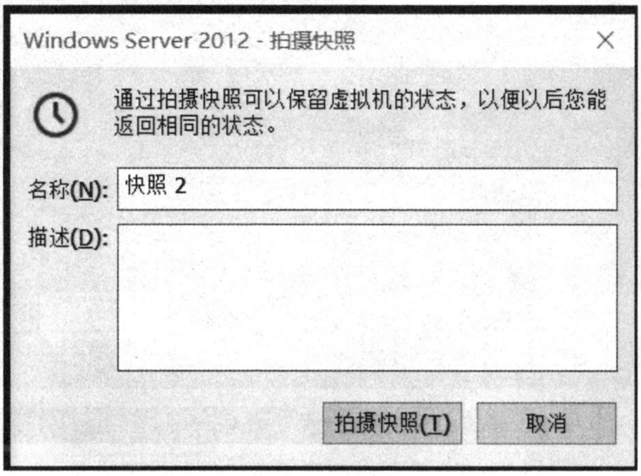

附图 3 - 28 打开"拍摄快照"对话框

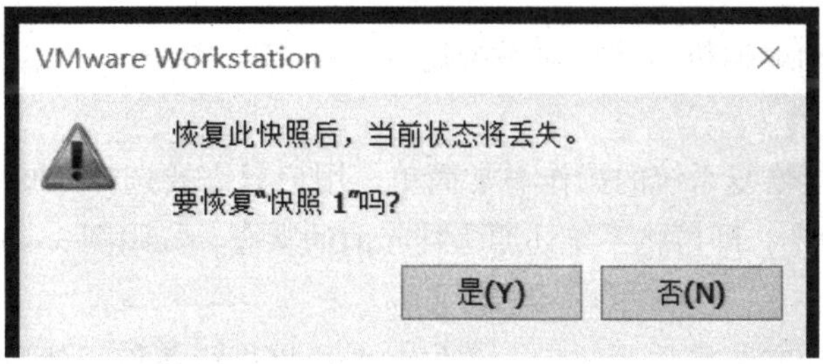

附图 3 - 29 弹出"恢复快照"对话框

提示：用户可以在主窗口中查看该虚拟系统是否被"快照"过，如果没有被"快照"过，则无法进行恢复。

2. 挂起与恢复

挂起相当于平时所说的休眠，挂起到硬盘。与快照不同的是，挂起只能恢复一次，而快照可以恢复多次。当虚拟系统在运行时（如软件在安装中），若用户需要暂时离开，则建议使用"挂起"功能。

1）挂起

使用"挂起"功能的具体步骤如下：

运行 VMware，选择需要进行挂起操作的虚拟机，在工具栏中单击"挂起客户机"即可，如附图 3 – 30 所示。挂起功能相当于播放器里的"暂停"功能，这里的"挂起"按钮设计也同"暂停"按钮一致。

附图 3 – 30　在工具栏中单击"挂起客户机"

当系统进行"挂起"以后，会在其系统信息区显示挂起状态的图片，如附图 3 – 31 所示。

提示：只有在启动虚拟机后才可对系统进行"挂起"操作。

2）恢复

使用"挂起"功能恢复系统的操作非常简单，用户只需要选择"虚拟机"→"电源"→"继续运行客户机"命令，即可将系统还原为挂起前的状态，如附图 3 – 32 所示。

提示：

①在虚拟机中成功安装操作系统后，首先对虚拟机进行备份，然后尝试访问互联网中的恶意网站，以分析网站攻击原理。或者在虚拟机中安装含有病毒、木马和流氓软件的程序，不管操作系统被破坏到什么程度，即便瘫痪，也可以轻松地对系统进行恢复。

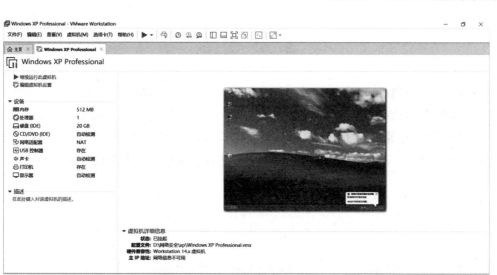

附图 3－31　系统信息区显示挂起状态的图片

附图 3－32　单击"继续运行客户机"

②在"虚拟机"菜单下有"拍照"和"录屏"功能，使用它们可以获得 BIOS 等图片或操作系统的安装视频。

五、总结

对于虚拟系统的安装，弄清楚虚拟机的各种有用设置十分必要。通过设置从光盘或 ISO 文件启动，可以完成对虚拟机硬盘的分区和格式化，从而安装一个更接近于实际应用的虚拟机。共享设置可以方便地在本机和虚拟机传送文件，而虚拟机的备份操作可使用户获得一个永不崩溃的虚拟系统，一劳永逸。

参 考 文 献

［1］谢希仁．计算机网络［M］．6 版．北京：电子工业出版社，2013．

［2］胡道元．计算机网络［M］．2 版．北京：清华大学出版社，2009．

［3］刘四清．计算机网络技术基础教程［M］．北京：清华大学出版社，2008．

［4］梅创社．计算机网络技术［M］．3 版．北京：北京理工大学出版社，2020．